JN272656

機械・設備の
リスク低減技術

セーフティ・エンジニアの基礎知識

向殿 政男 監修
日本機械工業連合会 編

日本規格協会

執筆者名簿

監　修	向殿　政男	明治大学名誉教授
執　筆	飯田　龍也	オムロン株式会社
	石川　　篤	住友重機械工業株式会社
	川池　　襄	一般社団法人日本機械工業連合会
	木下　博文	平田機工株式会社
	志賀　　敬	富士重工業株式会社
	清水　尚憲	独立行政法人労働安全衛生総合研究所
	宮崎　浩一	一般社団法人日本機械工業連合会

(五十音順・敬称略，所属は執筆時)

まえがき

「未然防止」，安全にとってなによりも大事なことである．残念ながら現実には，事故が起きてから対策に乗り出す「再発防止」が行われることが多い．本来は，事故が起きる前に方策を施しておくべきである．事故の発生を望んでいるものはいない．再発防止より未然防止が先であるべきことについては論をまたない．

しかし，現実には痛ましい事故が起き，"二度と起こしません"という誓いのもとに，再発防止対策が施される．ひどい場合には，"これまで事故がなかったから"という主張のもとに何の方策も施さず，事故が起きたときに初めてそのことだけに対策を施して済ます「モグラたたき的再発防止対応」がまかりとおっている．実に悲しいことである．これでは，悪くいえば，事故が起きるのを待っているようなもので，墓石安全――誰か犠牲者が出て，墓石が建たない限り安全対策を施さない――と揶揄されても仕方がない．作業者は安心して職場で機械や設備を取り扱ったり，働いたりできないし，事故はなくならないだろう．

事故撲滅のために，一般的には作業の現場では，安全管理を厳重にし，作業者に注意するように呼び掛けられるが，その前にやるべきことがあるはずである．それが施設・設備側，すなわちハード側に事前に安全方策を施しておく未然防止策である．これこそが本質のはずである．安全は，"事後より事前に，下流より上流で，被害を受ける側より被害を与える側が，（エネルギー的にも権力的にも）力の小さなものより力の大きなものが，優先して方策を施すのが原則"であることは，安全学――安全を総合的に考察する学問――が教えるところである．

なぜ，ハード的な未然防止策が十分に施されないのだろうか．コスト的に対応できなかった，技術的に安全方策が不十分・不完全だった，想定外の事故

だった，等々の事後の言い訳はいくらでも見つけ出すことはできるだろう．しかし，本当は，事前に危険の源である危険源を見つけ出しておいて，その「リスク」を正しく評価して，それに対して方策を施しておかなかったことが，真の原因である．

　ここでいうリスクとは，危険性の度合いともいうべきもので，その危険源によって危害が引き起こされる頻度と，その危害のひどさとの組合せのことである．未然防止で最も大事なことは，残されたリスクの大きさが，"これならば現場でも対応できる，受容できる，許容できる"と思われる程度の適切なレベルまで事前にハード的にリスク低減をしておく，いわゆるリスクアセスメントの考え方である．リスクアセスメントとは，狭義には，危険なところを見つけ出し，その危険性の大きさを評価するところまでをいうが，ここでは，適切なリスクになるまで手をうつステップも一緒に含めて，リスクアセスメントを広く解釈することにする．こう考えるとすると，リスクアセスメントが未然防止の基本であることがわかる．

　リスクアセスメントという言葉は，それぞれ機械・設備の設計のステージで，製造ラインの構築と運用のステージで，そして労働作業の現場のステージで，馴染みになりつつあるが，その本質は，なかなか理解されにくいところがあるようである．リスクアセスメントにおけるステップの基本は，機械設備の使用の条件を明確にすること，危険源を同定すること，各危険源のリスクを評価すること，許容可能なまでリスクを低減しておくことである．これらの考え方は上記の各ステージで共通であるが，具体的な手段や方法はそれぞれのステージでは異なっていることに注意する必要がある．しかし，どのステージでも大事なことは，最後のステップのリスクを低減することである．その基本はハード的にリスクを低減するリスク低減技術にある．すなわち，リスク低減技術がリスクアセスメントの，したがって，未然防止のためのキーポイントになっている．

　本書は，リスク低減技術について，現場での経験豊かな研究者が，また国際安全規格の専門家が，わかりやすく，丁寧に記述したものである．機械・設備の安全に関する取組みの全体像と歴史について，リスク低減技術の詳細につい

て，リスク低減の実際について，リスク低減のための具体的な機器・手段について，そして作業者が残留リスク基づいてリスク低減のために身に付けるべき保護具などについて，有益なコラムや各種の指針とともに具体的に紹介されている．また，記述にあたっては，安全関係の用語についてもできるだけ標準的なものを使うように心がけられている．統一した標準的な用語を提案することで，現実には多少の混乱が見られるのに対して，安全関係者が安全に関して共通の概念のもとで話ができるようになることを願ってである．

　前述したように，安全確保の基本は，未然防止であり，未然防止の実現は，リスク低減技術にある．本書の内容は，安全にかかわるあらゆる関係者，すなわち前述の機械・設備の設計（機械設計安全），製造ラインの構築と運用（機械運用安全），労働作業の現場（機械作業安全）という各ステージにかかわる関係者，また，規制者，管理者，技術者，作業者などの各立場の関係者全員に役に立つ内容であり，ぜひ読んでいただきたい．特に，安全の専門家として技術的に安全を実現し，安全を評価するセーフティ・エンジニアには，ぜひとも理解して，本書に記されている技術を活用していただきたいと願っている．

　本書が，我が国の安全技術の向上と，セーフティ・エンジニアの育成と，事故の未然防止にいささかでも貢献できれば幸いである．

2013年7月

明治大学名誉教授　向殿　政男

目　次

まえがき ·· 3

第1章　機械・設備安全に関する取組み ··· 15
1.1　機械・設備による労働災害の現状 ··· 16
1.2　機械安全に関する取組みの歴史 ·· 20
1.3　我が国の機械安全に関する指針 ·· 25
1.4　ILOの機械安全に関する取組み ·· 33
1.5　『メーカのための機械工業界リスクアセスメントガイドライン』
　　（日本機械工業連合会） ··· 37
1.6　機械・設備安全にかかわる専門家 ··· 37
　　1.6.1　機械・設備安全にかかわる専門家の役割 ······················ 37
　　1.6.2　現時点の機械安全に資する種々の専門家の例 ················ 39

第2章　リスク低減技術について ·· 45
2.1　機械の設計とリスク低減戦略—ISO 12100 ························· 46
　　2.1.1　ISO 12100の改正の経緯 ··· 46
　　2.1.2　ISO 12100:2010におけるリスク低減戦略 ·················· 47
　　2.1.3　代表的な保護方策 ·· 58
　　2.1.4　制御システムの性能レベルを決定するためのリスクアセスメント ··· 71
2.2　複数の機械が連携する統合生産システムのリスク低減戦略—ISO 11161 ··· 75
　　2.2.1　統合生産システムのリスクアセスメントとリスク低減戦略 ··· 75
　　2.2.2　ISO 11161による統合生産システム（IMS）への要求事項 ··· 78
　　2.2.3　統合生産システム構築のためのリスクアセスメント
　　　　　—タスクベースドアプローチ ······································· 91
2.3　支援的保護装置の考え方と適用例 ··· 105
　　2.3.1　支援的保護装置の基本的考え方と位置付け ··················· 105
　　2.3.2　ヒューマンエラーと支援的保護装置の適用範囲 ············ 108
　　2.3.3　支援的保護装置を利用した安全管理の必要性 ················ 110
　　2.3.4　支援的保護装置の適用例 ·· 112

2.3.5	支援的保護装置に関する国際標準化への展開	116
第2章	主な関連規格	117

第3章　リスク低減の実務 ································ 121
3.1　【事例1】機械メーカ：成形機のリスク低減（住友重機械工業株式会社）···· 122
　　3.1.1　当社の紹介 ·· 122
　　3.1.2　成形機とは ·· 122
　　3.1.3　成形機の部位と機能 ······································ 122
　　3.1.4　成形機の一般的な使い方 ·································· 124
　　3.1.5　労働災害発生状況 ·· 126
　　3.1.6　成形機のリスク ·· 127
　　3.1.7　成形機のガードとインタロック ···························· 129
　　3.1.8　まとめ ·· 135
3.2　【事例2】機械ユーザ：プレスラインのリスク低減（富士重工業株式会社）··· 136
　　3.2.1　事業所の紹介 ·· 136
　　3.2.2　当所のリスクアセスメント活動について ···················· 137
　　3.2.3　既存のプレスの安全対策 ·································· 141
　　3.2.4　今後の活動について ······································ 153

第4章　リスク低減のための機器・手段 ······················ 155
4.1　リスク低減のためのガードとインタロック ······················ 156
　　4.1.1　ガードの機能による選択 ·································· 156
　　4.1.2　危険源の数と位置によるガードの囲い方の選択 ·············· 157
　　4.1.3　危険区域への接近の性質と頻度によるガード（開閉方法）の選択 ······ 160
　　4.1.4　可動式ガードの開閉とインタロック機能 ···················· 164
4.2　保護装置（安全防護策） ······································ 168
　　4.2.1　保護装置とインタロックによる開口部の安全確認 ············ 168
　　4.2.2　作業者が安全な位置に存在することを確認 ·················· 169
　　4.2.3　検知保護装置による安全確認 ······························ 170
4.3　リスク低減に使用される制御機器 ······························ 175
　　4.3.1　ガード・インタロックのためのスイッチ安全制御機器 ········ 176
　　4.3.2　安全柵の開口部・安全柵の内側と安全確認 ·················· 182
　　4.3.3　非常停止装置 ·· 190
　　4.3.4　イネーブル装置 ·· 192
　　4.3.5　その他の防護機器 ·· 194
　　4.3.6　制限装置 ·· 200
　　4.3.7　警告・警報機器 ·· 203
4.4　機械安全のためのコントローラとネットワーク ·················· 205

4.4.1　機械安全のためのセーフティ・コントローラ………………205
　　4.4.2　機械安全のためのセーフティ・ネットワーク……………206
　　4.4.3　制御システムにおけるフールプルーフとフェールセーフ，
　　　　　　フォールトトレランス…………………………………………207
　4.5　駆動（制御）装置と安全………………………………………………209
　　4.5.1　電気的駆動装置について…………………………………………209
　　4.5.2　液（油）圧・空圧装置について…………………………………209
　第4章　主な関連規格……………………………………………………………213

第5章　保護具 …………………………………………………………217
　5.1　保護具とは………………………………………………………………218
　　5.1.1　リスク低減方策としての保護具の位置付けと優先順位………218
　　5.1.2　保護具の選定に関する留意点……………………………………218
　5.2　保護帽……………………………………………………………………219
　　5.2.1　保護帽とは……………………………………………………………219
　　5.2.2　保護帽の種類と使用区分……………………………………………220
　5.3　保護めがね………………………………………………………………222
　　5.3.1　保護めがねとは………………………………………………………222
　　5.3.2　保護めがねの種類と使用区分………………………………………222
　　5.3.3　保護めがねの選択と管理方法………………………………………224
　5.4　防音保護具………………………………………………………………224
　　5.4.1　防音保護具とは………………………………………………………224
　　5.4.2　防音保護具を使用する基準…………………………………………225
　　5.4.3　防音保護具の保守管理………………………………………………225
　5.5　安全帯……………………………………………………………………226
　　5.5.1　安全帯とは……………………………………………………………226
　　5.5.2　安全帯の種類と構造…………………………………………………226
　　5.5.3　安全帯の種類の選定…………………………………………………226
　　5.5.4　安全帯の使用上の注意事項…………………………………………229
　5.6　安全靴……………………………………………………………………230
　　5.6.1　安全靴とは……………………………………………………………230
　　5.6.2　安全靴の種類と形式…………………………………………………230
　　5.6.3　安全靴の構造とJISマーク…………………………………………231
　　5.6.4　安全靴の選択と管理方法……………………………………………232
　第5章　主な関連規格……………………………………………………………233

あとがき……………………………………………………………………………235

コラム
コラム1　state of the art──最新技術と技術基準の見直し……………… 43
コラム2　統合生産システムのインタフェース…………………………… 77
コラム3　セーフティ・システムインテグレータにふさわしい人物……… 82
コラム4　統合生産システムの安全性を確保するための仕組み………… 104
コラム5　ライトカーテンのミューティング……………………………… 186
コラム6　セーフティライトカーテンのブランキング…………………… 189
コラム7　なぜ安全規格のなかでは機器などの名称に"Safety"（安全）を
　　　　　つけないのか………………………………………………………… 204

付録　関連法規集
付録1　機械の包括的な安全基準に関する指針…………………………… 238
付録2　危険性又は有害性等の調査等に関する指針……………………… 253
付録3　機械譲渡者等が行う機械に関する危険性等の通知の促進に関する指針… 258
付録4　厚生労働省労働基準局長機械譲渡者等が行う機械に関する危険性等の
　　　　通知の促進に関する指針の適用について………………………… 260

索引……………………………………………………………………………… 265
執筆者紹介……………………………………………………………………… 269

図一覧
図1.1-1　労働災害による死傷者（1999年度～2010年度）……………… 16
図1.1-2　製造業における要因別労働災害の割合（2010年度）………… 17
図1.1-3　不安全な状態（2010年度）……………………………………… 18
図1.1-4　不安全な行動（2010年度）……………………………………… 19
図1.2-1　安全のための技術の変化………………………………………… 20
図1.3-1　機械の安全化の手順……………………………………………… 27
図1.3-2　機械の残留リスク情報などの流れ……………………………… 28
図1.3-3　残留リスクマップの様式例……………………………………… 30
図1.3-4　残留リスク一覧の様式例………………………………………… 31
図1.3-5　残留リスクマップのなかに残留リスク一覧の内容を記載した様式例… 32
図1.4-1　"機械使用における安全と健康"の表紙イメージ……………… 34
図1.6-1　機械安全専門家の定義…………………………………………… 38

図 2.1-1	リスクアセスメントの手順	50
図 2.1-2	リスク見積もり	53
図 2.1-3	ISO/IEC Guide 51 で示される安全の概念	55
図 2.1-4	許容可能なリスクと ALARP	56
図 2.1-5	バリとり	60
図 2.1-6	キャップを取り付けた例	60
図 2.1-7	安全距離をとった例（食肉加工機械）	61
図 2.1-8	最少すきま（製粉機械）	61
図 2.1-9	フェールセーフ実現例	63
図 2.1-10	遮断及エネルギの消散のための手段	65
図 2.1-11	メタルコネクタの例	66
図 2.1-12	消火器の例	66
図 2.1-13	両手操作制御装置のカバー	66
図 2.1-14	冗長化の例	68
図 2.1-15	ISO 12100 で示されるリスクアセスメントフローと ISO 13849-1 との関係	72
図 2.2-1	ISO 12100 と ISO 11161 の関係	76
図 2.2-2	統合生産システム構築のための手順（ISO 11161）	80
図 2.2-3	インテグレータを中心とした IMS 構築のための情報の流れ	81
図 2.2-4	統合生産システムに求められる要求事項の分析	81
図 2.2-5	システム制限の仕様	83
図 2.2-6	タスクの決定	85
図 2.2-7	危険源，危険区域及び関連する危険状態の決定	86
図 2.2-8	タスクゾーンの決定	86
図 2.2-9	制御範囲を含む安全防護策の決定	90
図 2.2-10	統合生産システム構築フロー（ISO 11161）	92
図 2.2-11	IMS 最終形イメージ	93
図 2.2-12	リスク見積もりの手法	102
図 2.3-1	メーカ（設計・製造者）とユーザ（使用者）によるリスク低減のプロセスと優先順位	106
図 2.3-2	ヒューマンエラーの分類	108
図 2.3-3	メーカとユーザが行うリスク低減方策の優先順位と期待される支援的保護装置のリスク低減効果	109
図 2.3-4	総合生産模擬ライン	113
図 2.3-5	総合生産模擬ラインの全体システムの概要	113
図 2.3-6	使用した機材の写真	114
図 2.3-7	実験機器の構成と基本的な動作イメージ	115

図 3.1-1	射出成形機の外観	123
図 3.1-2	成形プロセス	123
図 3.1-3	金型	123
図 3.1-4	製品例	123
図 3.1-5	成形機の部位	124
図 3.1-6	金型温調器	125
図 3.1-7	樹脂乾燥器	125
図 3.1-8	取出しロボット	125
図 3.1-9	労働災害発生状況（2007年）	127
図 3.1-10	成形機の主要な危険領域（カバーを外した状態）	128
図 3.1-11	成形機全体のガードとインタロック付き可動式ガード	129
図 3.1-12	ガード閉	130
図 3.1-13	ガード開	130
図 3.1-14	ノズル領域のインタロック回路	130
図 3.1-15	電磁ロックとポジションスイッチ	131
図 3.1-16	電磁ロックのアクチュエータ	131
図 3.1-17	操作側可動式ガードのインタロック回路	132
図 3.1-18	型締装置フルカバー	133
図 3.1-19	実際の危険なケース	133
図 3.1-20	安全防護方策の例	134
図 3.1-21	安全柵のインタロック	134
図 3.2-1	当社の生産品のイメージ	136
図 3.2-2	改善箇所の表示例	138
図 3.2-3	タンデムラインのイメージ	142
図 3.2-4	トランスファーラインのイメージ	142
図 3.2-5	ハンドリングロボットの例	143
図 3.2-6	ロボット用ガードの例	144
図 3.2-7	機械内立入中カードの使用例	145
図 3.2-8	作業中のため安全柵が開けられている様子	145
図 3.2-9	材料投入設備の周辺	146
図 3.2-10	材料投入とライトカーテン（俯瞰図）	147
図 3.2-11	MBの可動エリア（安全扉：閉）	148
図 3.2-12	MBが可動エリアに出てきたところ（安全扉：開）	148
図 3.2-13	トランスファープレスのシャッター部分	149
図 3.2-14	スライドロックのロック機構部	150
図 3.2-15	レーザスキャナの例	151
図 3.2-16	安全プラグ	151

図 3.2-17	安全スイッチの場所	152
図 3.2-18	安全スイッチ部分	152
図 4.1-1	危険源の数及び位置によるガード選択のフローチャート	158
図 4.1-2	トランスミッション部への接近を防止する囲いガードの例	158
図 4.1-3	四方（全体）を囲い込む距離ガードの例	159
図 4.1-4	四方と上部（全体）を囲い込む距離ガードの例（上部からの飛来物もブロックできる）	159
図 4.1-5	局部距離ガードの例	160
図 4.1-6	材料の供給／取出し口（トンネル）のみを囲った部分距離ガードの例	160
図 4.1-7	固定式又はインタロック付き可動式ガードを選択するためのフローチャート	161
図 4.1-8	固定式ガードの例	161
図 4.1-9	自己閉鎖式ガードの例	162
図 4.1-10	動力作動カバーの例	162
図 4.1-11	ジャバラにより危険部位全体を囲い込む例	163
図 4.1-12	ボール盤の伸縮するガード	163
図 4.1-13	柵そのものが移動することでカバーする範囲が変化する例	163
図 4.1-14	スライド式インタロック付きガードの例	164
図 4.1-15	施錠式インタロック装置によるガードの解錠条件	165
図 4.1-16	危険源の起動（作業者の安全を確認）	166
図 4.1-17	危険源の停止（作業者の侵入を検知）	166
図 4.1-18	機械類におけるインタロック装置の位置付け	167
図 4.2-1	両手操作制御装置	169
図 4.3-1	リミットスイッチの例	177
図 4.3-2	ヒンジ式ドアスイッチの例	178
図 4.3-3	キー式ドアスイッチの例	179
図 4.3-4	キーとスイッチ本体	179
図 4.3-5	非接触式ドアスイッチの例	180
図 4.3-6	セーフティライトカーテンの例	183
図 4.3-7	セーフティライトカーテン（水平に設置）による不存在確認	184
図 4.3-8	セーフティレーザスキャナの例	185
図 4.3-9	セーフティレーザスキャナの応用例	185
図 4.3-10	セーフティレーザスキャナで不存在確認し，セーフティライトカーテンで侵入検知をする	187
図 4.3-11	セーフティマットの例	187
図 4.3-12	セーフティマットとセーフティライトカーテンを併用した例	188

図 4.3-13	ステレオカメラ方式のセーフティビジョンシステムによる存在検知の例	190
図 4.3-14	押しボタン式非常停止スイッチの例	191
図 4.3-15	ロープ式非常停止スイッチの例	192
図 4.3-16	ティーチングペンダント（図左）とイネーブリングスイッチ（図右）の例	193
図 4.3-17	3ポジションの動作	193
図 4.3-18	両手操作スイッチの例	194
図 4.3-19	ドアスイッチ組込みのトラップドキーとその使い方の例	195
図 4.3-20	ドアスイッチのロックアウトの例	196
図 4.3-21	押しボタンスイッチカバーの例	196
図 4.3-22	複数人作業を前提としたハスプとパドロックの例	197
図 4.3-23	タグの例	197
図 4.3-24	ホイストクレーンのテレコンの例	198
図 4.3-25	ホールド・トゥ・ラン機能を組み込んだイネーブリング装置の例	199
図 4.3-26	安全ブロック	199
図 4.3-27	クレーンのジブとその角度	200
図 4.3-28	過負荷検出装置	201
図 4.3-29	圧力調整弁の例	201
図 4.3-30	ロボットの回転軸にリミットスイッチを組み込んだ例	202
図 4.3-31	ロードセルを用いたロードリミッタの例	202
図 4.3-32	警告表示の例（セーフティライトカーテンのミューティング状態）	203
図 4.4-1	光電スイッチのフェールセーフ機能	208
図 4.4-2	多重化によるフェールセーフとフォールトトレランス	208
図 4.5-1	油圧システム概念図	210
図 4.5-2	空圧システム概念図	211
図 5.2-1	検定合格標章	219
図 5.2-2	保護帽の分類	220
図 5.2-3	保護帽の種類	221
図 5.3-1	保護めがねの分類	223
図 5.3-2	保護めがねの例	223
図 5.4-1	防音保護具の分類	225
図 5.5-1	安全帯の各部の名称（1）	227
図 5.5-2	安全帯の各部の名称（2）	228
図 5.6-1	安全靴（1層底）の構造と主部位の名称	231
図 5.6-2	安全靴のJISマーク表示の例	232

表一覧

表 1.2-1	機械・設備による労働災害防止についての取組み動向	21
表 1.2-2	我が国の機械安全に関する主な法律・規則	22
表 2.1-1	ISO 12100 新版, 旧版及び JIS の対比表	46
表 2.1-2	リスクアセスメント及び保護方策に関連する用語	48
表 2.1-3	リスクアセスメントを実施する前に必要とされる情報	51
表 2.1-4	危険源（ハザード）分析手法の例	53
表 2.1-5	危害のひどさ及び発生確率, 並びにそれらの要件	54
表 2.1-6	保護方策の分類と例	59
表 2.1-7	代替などの例	62
表 2.1-8	ガイドラインで示されるフェールセーフ化が必要とされる制御区分	64
表 2.1-9	オペレータ及び機械に対して機能（自動化の程度）を割り当てる際に考慮すべき人間工学原則	69
表 2.1-10	手による重量物の取扱い	69
表 2.1-11	人間-機械間インタフェースを決定する要因の例	70
表 2.1-12	人間-機械間インタフェース設計時の検討項目	71
表 2.1-13	リスクアセスメントなどに関する用語	73
表 2.2-1	ISO 12100 と ISO 11161 の対象範囲	75
表 2.2-2	用語及び用語の説明	78
表 2.2-3	ISO 11161 要求事項の概略（各箇条）	79
表 2.2-4	ISO 11161 の 5.1.2 及び 5.1.3 の要約	84
表 2.2-5	ISO 11161 の 5.1.4 の要約	85
表 2.2-6	ISO 11161 で示される本質的安全設計	87
表 2.2-7	ISO 11161 で規定される安全防護策	88
表 2.2-8	ISO 11161 で規定される使用上の情報	90
表 2.2-9	タスク分析で決定すべき事項	94
表 2.2-10	タスクリスト例	96
表 2.2-11	タスク分析例	97
表 2.2-12	危険源の分類	98
表 2.2-13	タスク分析と危険源（危険源・危険事象・危険状態）分析例	101
表 2.2-14	リスト分析とリスク評価の例	103
表 3.1-1	成形現場のリスクが潜む作業の例	126
表 4.5-1	油・空圧装置の構成要素（コンポーネント）とその安全性向上方策の例	212
表 5.4-1	管理区分の決定方法	225
表 5.5-1	安全帯の種類と分類	227

第1章
機械・設備安全に関する取組み

　製造業における労働災害は，日々の活動に加えてリスクアセスメントの実施など現場の努力により減少してきているが，リスク低減手段の不適切な選択や保護装置の無効化など課題も多い．

　本章では，厚生労働省の『職場のあんぜんサイト』[*1]で公開されている労働災害統計のデータ[*2]を，労働災害発生の確率が高くなる要素である"不安全な状態"と"不安全な行動"の視点から分析し，今後，強化すべき安全対策の方向性を確認する．

　加えて，厚生労働省が発表した各種指針，ISO（国際標準化機構）・IEC（国際電気標準会議）の動きやILO（国際労働機関）の機械安全に関する指針とリスク低減とのかかわりを示すとともに，機械・設備の安全を担う専門家の資質と役割について考察する．

---

*1　厚生労働省『職場のあんぜんサイト』
　　http://anzeninfo.mhlw.go.jp/index.html
*2　2011・2012年度のデータは東日本大震災の影響が大きく一般的傾向がみえない可能性があるため，主として2010年度のデータを採用する．

1.1 機械・設備による労働災害の現状

厚生労働省は，1999 年 4 月に『労働安全衛生マネジメントシステムに関する指針』を告示．その後，機械による労働災害低減のために『機械の包括的な安全基準に関する指針』，『危険性又は有害性等の調査等に関する指針』などを告示した（後掲の**表 1.2-2** を参照）[*3]．

製造業における労働災害による死傷者は，**図 1.1-1** に示したように 1999 年には全体の 31％を占める 43,998 人であったが，2010 年には 21％（23,028 人）に減少している．前述の各種指針が徐々に浸透している結果と考えたい．労働災害低減のためのこれらの指針は，災害発生後に対策する"もぐらたたき"から事前に危険性（リスク）を想定し対策する予防の強化へと変換させるものである．

労働災害統計データによると，製造業の機械による労働災害は，製造業全体の労働災害の約 40％である（**図 1.1-2**）．機械以外の要因では，自動車・運搬

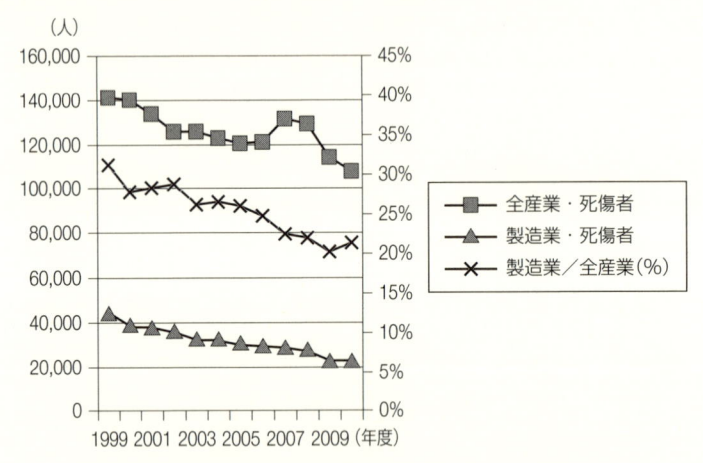

図 1.1-1 労働災害による死傷者（1999 年度～2010 年度）[1]

[*3] 『機械・設備のリスクアセスメント―セーフティ・エンジニアがつなぐ，メーカとユーザのリスク情報』(2011 年，日本規格協会) に詳しい．

1.1　機械・設備による労働災害の現状

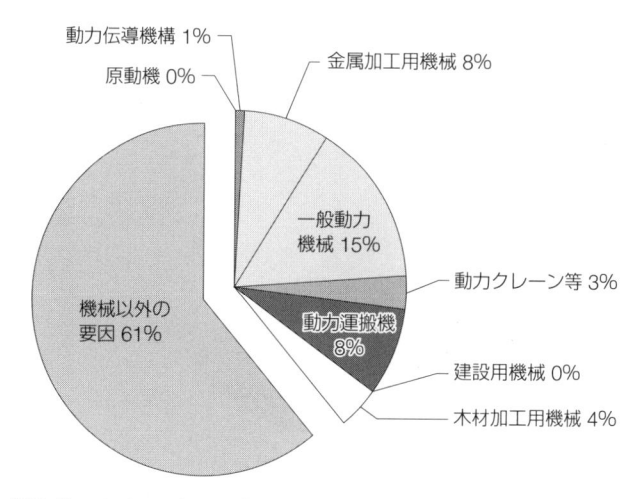

図 1.1-2　製造業における要因別労働災害の割合（2010 年度）[1]

車による事故，手動工具（ハンマ，ナイフ，手押し車など），はしご・脚立などの用具，仮設物・建設物などでの転倒，酸・アルカリなどの有害物質による災害などがある．

機械類のうち，工場建屋内にて使用される設置型の機械・設備［図では"一般動力機械"と"金属加工用機械"］による災害は，23％であった．"建設用機械"，"動力クレーン等"，"動力運搬機"（トラック・フォークリフトなど）は，移動できる機械であるため運転資格が必要である．木材加工用機械（携帯用機械，丸のこ，チェーンソーなど）では，手持ち機械による災害が主なものである．これらの機械類については，一般動力機械とは異なる安全対策が必要となる．

(1) "不安全な状態"による災害

製造業における労働災害を"**不安全な状態**"について分析すると，**図 1.1-3** のようになる．ここで，"安全措置"（防護・安全装置）の不備による災害は，危険源への接近又は危険な状態での作業を禁止する防護装置があれば防げると想定できる．つまり，機械の設計・製造・設置段階での安全対策を実施することで防げると思われる災害が 19％あるということである．

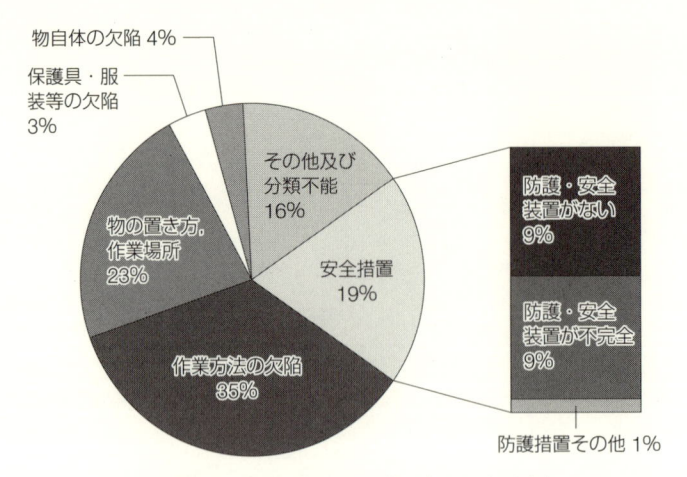

図中テキスト:
- 物自体の欠陥 4%
- 保護具・服装等の欠陥 3%
- その他及び分類不能 16%
- 防護・安全装置がない 9%
- 安全措置 19%
- 防護・安全装置が不完全 9%
- 作業方法の欠陥 35%
- 物の置き方,作業場所 23%
- 防護措置その他 1%

図 1.1-3　不安全な状態（2010 年度）[1]

"作業方法の欠陥"（不適当な機械・ジグ・道具の使用，不安全な作業手順など）と"保護具・服装等の欠陥"は，管理項目とその監視方法の改善が必要となる．"物の置き方，作業場所"による災害の要因には，主として作業に必要な通路・空間の不足，部品の置き場所，積み上げ方が不適切などが想定できる．

(2) "不安全な行動"による災害

"不安全な行動"について分析すると，図 1.1-4 に示すようになる．不安全な行動のなかでも"危険場所への接近"，"運転中の機械・装置の掃除・注油・修理・点検等"，"防護・安全装置を無効にする"が，リスク低減を考慮する場合に注目すべきポイントである．

"誤った動作"による災害が全体の約 1/3 を占めていることに対しては，誤った操作をしても危険状態にならない（フールプルーフ，本書 4.4.3 参照）機能の装備や"安全作業手順"の徹底とその監視・監督手段の構築が課題である．

"防護・安全装置を無効にする"が原因の災害は 1%しかないが，ハインリッヒの法則を考慮すると，安全装置が無効化されているケースは実際には多いものと予測できる．

1.1 機械・設備による労働災害の現状

保護具・服装の欠陥 3%
防護・安全装置を無効にする 1%
運転中の機械・装置の掃除・注油・修理・点検等 12%
その他 13%
誤った動作(つかむ・支えるなど) 33%
危険場所への接近 24%
不安全な道具(手など)・手順 14%

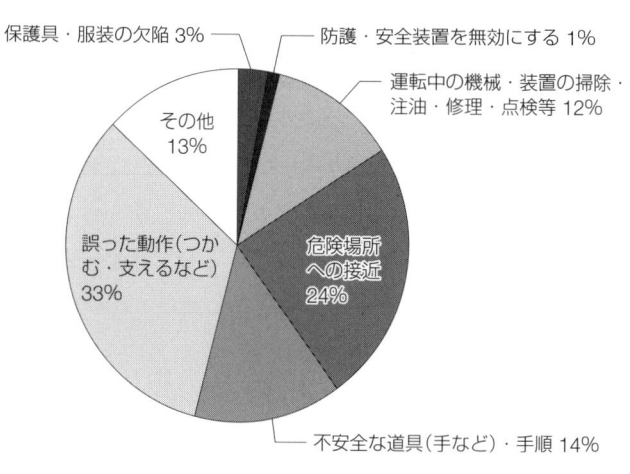

図 1.1-4　不安全な行動（2010 年度）[1]

(3) 製造業の機械・設備に対するリスク低減

以上のような事故例の分析結果から，これらのリスクの低減に関して，次のような活動が必要と考える．

■機械・設備のリスク低減を推進する活動
① "不安全な状態"の減少のため，**リスク低減手段の選択基準と安全防護装置の活用**を啓蒙する．　⇒**本書第 4 章，特に 4.1 と 4.2**
② 人が接近して行う"作業の安全化"のため，作業（清掃・点検・調整など）に応じた**制御モード・運転（作業）モードの選択**と機械・設備の**危害のひどさ（パワーなど）の制限**を推進する．　⇒**本書 4.2.3(4)**
③ "**人による管理**"（作業者の資格・権限，道具・保護具の選択，安全な作業手順など）を確実にする手法・手段を構築する．　⇒**本書 4.6，4.3，第 5 章**

1.2 機械安全に関する取組みの歴史

我が国の機械安全に関する取組みは，ISO・IEC などの国際規格や ILO などと連携している．国内での戦後の"安全と衛生"に関する重要な取組みとしては，1947 年に制定された『労働基準法』の"第 5 章　安全と衛生"に明記された後，1972 年に『労働安全衛生法』として分離・独立した法律が制定されたことが挙げられる．国際的な活動としては，ILO の活動や ISO・IEC などの制定にも積極的に関与してきた．

労働災害を減少させる対策と，関連する機械や保護具の検定・認証活動は，こうした取組みとともに発展してきた．しかし，機械による災害防止のための制御技術の発展は，危険状態を検出するセンサと検出機能実現のためのマイコンの出現（1980 年代）を待つ必要があったのかもしれない（**図 1.2-1**）．

機械・設備による労働災害防止についての取組みの動向を**表 1.2-1** に示す．また，我が国における機械安全に関する法律・規則などの主なものを**表 1.2-2** に示す．

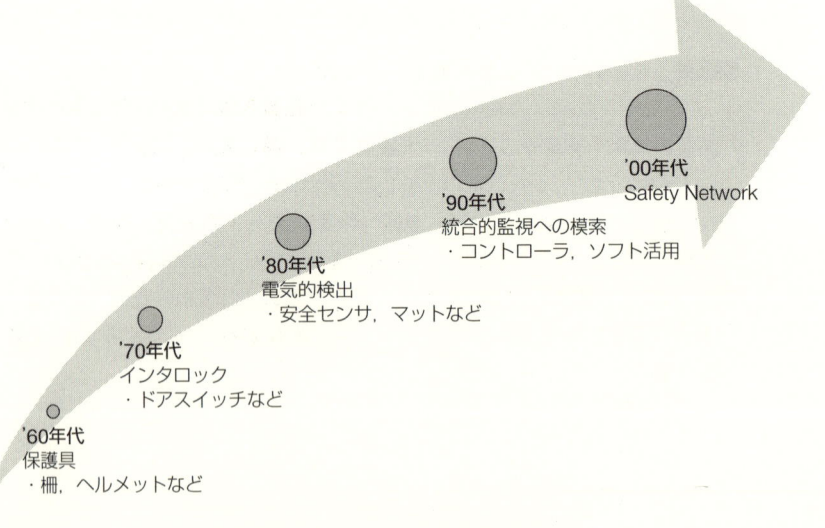

'60年代
保護具
・柵，ヘルメットなど

'70年代
インタロック
・ドアスイッチなど

'80年代
電気的検出
・安全センサ，マットなど

'90年代
統合的監視への模索
・コントローラ，ソフト活用

'00年代
Safety Network

図 1.2-1　安全のための技術の変化

1.2 機械安全に関する取組みの歴史

表1.2-1 機械・設備による労働災害防止についての取組み動向

	日本と厚生労働省の動向	主な国際的動向 (ISO・IEC・ILO など)	技術の変化,主な規格の発行,国内の動向など
'59年まで	'47年4月:『労働基準法』を公布(第5章 安全と衛生) '51年:ILO に再加盟	'06年:国際電気標準会議(**IEC**)を設立 '19年:第1次世界大戦が終結,国際労働機関(**ILO**)を結成 '47年:国際標準化機構(ISO)を設立 '53年:**IEC/TC44** を設置(工作機械などの安全担当)	'48年:自動制御研究会が発足 '57年:日本自動制御協会が発足
'60年代		'63年6月25日:ILO の第47回総会にて『**機械の防護に関する条約**』(119号)を採択 同時に同条約を補足する『勧告』(118号)を採択	自動制御が本格的に採用されるようになる. '60年:東京工業大学と九州工業大学に制御工学科設置 '62年:大阪大学基礎工学部に制御工学科設置
'70年代	'72年6月8日:『労働安全衛生法』を公布 '73年7月31日:ILO の『機械の防護に関する条約』を批准 '77年:『動力プレス機械構造規格』を告示	'72年:『ローベンス報告書』を発表(職業上の安全・衛生について言及した英国の職場の安全衛生委員会の報告書)	ライト・カーテンなどのセンサ類を開発(米国:STI, 独:Leuze など)
'80年代		各国・地域(特に欧米)で安全制御機器の規格制定の検討がはじまる	安全制御機器にマイコンを採用(安全センサの機能が向上)
'90年代	'99年4月:『労働安全衛生マネジメントシステムに関する指針』を公表	'90年:ISO/IEC Guide 51 を制定*1 '91年:**ISO/TC199** を設置(機械類の安全性のための規格作成担当) '98年8月:『欧州機械指令』(機械類についての CE マーク)を制定	'97年:IEC 61496-1(電気的検知保護装置)を制定 日本機械工業連合会(JMF)が IEC/TC44(1998年),ISO/TC199(1992年)の国内審議団体となる

表 1.2-1（続き）

	日本と厚生労働省の動向	主な国際的動向 （ISO・IEC・ILO など）	技術の変化，主な規格の発行，国内の動向など
'00 年代	'01 年 6 月：『機械の包括的な安全基準に関する指針』を公布 '06 年 3 月：『**危険性又は有害性等の調査等に関する指針**』（リスクアセスメント指針）を公布	'01 年：『労働安全衛生マネジメントシステムに関するガイドライン（ILO-OSH 2001）』を ILO の専門家会議*² において採択，ILO 理事会の承認を経て同年 12 月出版	'07 年：ISO 11161-1（統合生産システム）を制定
'10 年代	'11 年 4 月：『**機械ユーザーへの機械危険情報の提供に関するガイドライン**』を公表 '12 年 3 月 16 日：『**機械譲渡者等が行う機械に関する危険性等の通知の促進に関する指針**』を公布	'12 年 4 月：ILO 理事会が『**機械使用における安全と健康についての実施要項**』を採択	'10 年 3 月：『**メーカのための機械工業界リスクアセスメントガイドライン**』を発表（JMF）

*1 '90 年：ISO/IEC Guide 51 を制定．規格作成者のためのガイドとして，安全に関する基本事項（例えば，規格を 3 層構造に分類することなど）を規定．'99 に［対応 JIS：JIS Z 8051:2004（安全側面—規格への導入指針）］．
*2 ILO の専門家会議は，政府（行政機関）・経営者団体・労働者団体より推薦された専門家により構成される．
参考）本表の作成に際しては，厚生労働省ウェブサイト，ILO ウェブサイト，JMF ウェブサイト，ISO ウェブサイト，IEC ウェブサイトなどを参考にした．

表 1.2-2 我が国の機械安全に関する主な法律・規則

法律・規則など	概　　要	制　　定
法律：国会で制定する．		
労働基準法（法律）	労働関連の基本になる法律である． 第 5 章で『安全及び衛生』について定めてあったが，『労働安全衛生法』の制定で削除された． 災害補償について定めてある．	昭和 22 年 4 月 7 日 法律 49 号
労働安全衛生法（法律）	労働災害の防止のための基準，責任体制，自主的活動の促進などにより労働者の安全と健康を確保するとともに，快適な職場環境の形成を促進することを目的とする．事業者の安全配慮義務について規定している．	昭和 47 年法律 57 号

1.2 機械安全に関する取組みの歴史

表 1.2-2（続き）

法律・規則など	概　　要	制　　定
政令：内閣が制定する． **省令**：大臣が制定する．		
労働安全衛生施行令（政令）	『労働安全衛生法』にもとづき，主として労働安全衛生法の対象となる用語の定義と適用範囲について定めている．	昭和47年政令第318号
規則（省令）	労働安全衛生法を施行するために必要な規則を定めている．『労働安全衛生規則』，『クレーン等安全規則』，『ゴンドラ安全規則』，『労働安全コンサルタント及び労働衛生コンサルタント規則』などがある．	
労働安全衛生規則（省令）	『労働安全衛生法』及び『労働安全衛生施行令』に基づき，これらを実施するために定められた規則．リスクアセスメント，危険情報提供などを努力義務化している．	昭和47年労働省令第32号
告示：大臣が制定する．『特定機械の構造規格』，『安全関係の構造規格』などの詳細規格を示す． **公示**：大臣が制定する．技術上の指針や安全基準．『工作機械の構造の安全基準』，『コンベヤの安全基準』，『機械譲渡者が行う機械に関する危険性等の通知の促進に関する指針』などがある．		
危険性又は有害性等の調査等に関する指針	『労働安全衛生法』第28条の2第1項の規定にもとづく措置，つまり事業者による自主的な安全衛生活動への取組みを促進することを目的にリスクアセスメントの実施方法などを示す．	平成18年3月10日公示第1号
通達：法令でなく法律の適用範囲や解釈などを示す． 　**発基**：大臣又は次官名で発する労働基準局関係の通達． 　**基発**：労働基準局長名で発する通達． 　**基収**：労働基準局長が疑義に答えて発する通達．		
機械の包括的な安全基準に関する指針（基発）	『労働安全衛生法』第28条の2第1項及び第3条第2項の規定にもとづく措置．全ての機械に適用できる包括的な安全確保の方策に関する基準を示したもので，機械の製造などを行う者及び機械を労働者に使用させる事業者の両者が，この指針に従って機械の安全化を図っていくことを目的としたもの．	平成13年6月1日付け基発第501号
通知：上記以外に厚生労働省労働基準局安全衛生部安全課長通知があり，各種通達や法律などの情報を都道府県労働局の担当者及び関連団体へ周知する文書を発することがある．（例：『プレス機械に関する通知』，基安安発0223第1号）		

『労働安全衛生法』では，特に危険な機械について個別の規制を設けている．代表的なものを以下に示す．

(1) 製造に関する規制（構造規格と検定・自主検査）

クレーン・ボイラ・プレス機械などの製造については，機械の構造を定めた"構造規格"があり，自己確認・第三者による個別検定・型式検定などで確認することが求められる．ボイラ・クレーンなどの製造については，製造許可の取得が義務付けられている．

> 構造規格の例：研削盤構造規格，工作機械安全指針，木工機械構造規格，プレス構造規格，プレス・シャーなどの安全装置の構造規格

検定が必要な保護具（例えばヘルメットなど）の製造については，型式検査を取得することが義務付けられているが，使用時の点検は自主検査のみでよい．

(2) 設置に関する規制

検定が必要な機械の設置については，監督署への設置報告が義務付けられている．クレーン・ボイラなどは，行政による落成検査の実施が必要である．

(3) 運転に関する規制

クレーン・ボイラ・プレス機械などには，登録検査機関による定期的な性能検査が義務付けられている．

― 定期自主検査・検査記録及び作業開始前点検の義務付け
― 作業主任者の設置の義務付け：動力プレス5台以上・木材加工機械5台以上の職場では作業主任者を設置する義務がある．
― 運転資格：クレーン・フォークリフトなどの運転に際しては，個別の資格（クレーン・デリック運転士免許，玉掛け技能講習修了者，フォークリフト運転技能講習修了者など）が必要である．

(4) 技術基準

技術基準は，各省庁が告示する省令で技術的な事柄についての規制を明記したもの．

> 例：『電気設備に関する技術基準を定める省令』（経済産業省）

『空気調和設備等の維持管理及び清掃等に係る技術上の基準』（厚生労働省）

1.3 我が国の機械安全に関する指針

　厚生労働省は，労働災害を減少させるには，災害が発生した事例を参考に安全対策を実施するだけでなく，機械のユーザである製造現場のリスク（危険性）をあらかじめ調査・対策することが必要と認識し，現場のリスクアセスメントを含む管理システムの強化のため**『労働安全衛生マネジメントシステムに関する指針』**(1999 年，労働省告示第五三号）を告示した．

　これに続き，**『機械の包括的な安全基準に関する指針』**［本書では"**機械の包括安全指針**"と略す．2001 年，基発第 501 号］を公布した．同指針は，機械設計時のリスクアセスメント，危険・災害情報の共有とユーザが実施するリスクアセスメントについて示したものである．

　これらの指針のリスクアセスメント活動を推進する（努力義務化）ために，『労働安全衛生法』の改正［2005 年，平成 17 年法律 108 号］の公布において，**『危険性又は有害性等の調査等に関する指針』**［本書では"**リスクアセスメント指針**"と略す．2006 年，厚労省公示第 1 号］が公示された（**本書の付録 2 に全文を収録**）．関連して，『労働安全衛生マネジメントシステムに関する指針』は 2006 年（基発第 0317007 号），"機械の包括安全指針"は 2007 年（基発 0731001）に改正を行うことで，リスクアセスメントの実施義務が強化された（本書の付録 1 に"**機械の包括安全指針**"の全文を収録）[*4]．

　さらにメーカとユーザで"リスク情報の共有"を推進するために，2012 年に，厚生労働省令第 9 号にて『労働安全衛生規則』の"第 24 条の 13"に『機械に関する危険性等の通知』を追加した（**図 1.3-2**）．また同年，官報にて**『機械譲

[*4] リスクアセスメントの努力義務化については『機械・設備のリスクアセスメント―セーフティ・エンジニアがつなぐメーカとユーザのリスク情報』(2011 年，日本規格協会）に詳しい．

渡者等が行う機械に関する危険性等の通知の促進に関する指針』（本書では"**残留リスク情報指針**"と略し，厚生労働省告示第132号）を告示し，同年4月1日より施行した（**本書の付録3**に全文を収録，**付録4**も参照）．

(1) リスク低減と"機械の包括安全指針"

図 **1.3-1** は，"機械の包括安全指針"の別図として示されたフローチャートである．上段がメーカ（機械の設計・製造等を行う者）によるリスク低減のプロセスで，下段がユーザ（機械を導入・設置する事業者）によるリスク低減のプロセスである．

メーカは，メーカが想定する使用上の条件で許容可能と判断した（対策できなかった／しなかった）リスク，いわゆる"残留リスク"についてユーザに対策の実施を委ねるため，残留リスク情報をユーザに提供する．

ユーザは，メーカから入手した使用上の情報（残留リスク情報を含む）や社内の労働災害情報などを参考にして，機械が設置された状態でのリスクアセスメントを実施する．ユーザにおけるリスク低減プロセスには，本質安全や安全防護（及び付加保護方策）に加えて，追加の保護方策である安全作業手順書・教育・資格・権限などの管理的手法と，作業者が身に着ける保護具による対策により，全てのリスクを"**現場の作業者が許容できるレベル**"（**本書1.4**及び**第2章の図 2.1-3，図 2.1-4** 参照）に低減することが求められる．

(2) リスク低減と"残留リスク情報指針"

図 **1.3-2** は図 **1.3-1** を並べ替えて，使用上の情報のうち"残留リスク情報"の提供を強調し"残留リスク情報指針"の位置付けを示したものである．

リスクを低減するうえで重要なのは，メーカより提供される使用上の情報のうち"危険性の情報"（**残留リスク情報**）である．

同指針では，残留リスクを提供する主体を機械の製造・設計者に限定せず"機械譲渡者等"とすることで，機械メーカから機械ユーザまでのサプライチェーンの関係者（例えば，機械商社，輸入業者，エンジニアリング会社，中古の機械を譲渡する会社など）を含めている．生産システムの場合，複数のメーカの複数の機械（例えば，ロボット，搬入・搬出機器，ツールチェンジャーなど）を組み合わせて構成することがある．組合せはエンジニアリング会社（部

1.3 我が国の機械安全に関する指針

機械の製造等を行う者の実施事項

(1) 危険性又は有害性等の調査の実施
1. 使用上の制限等の機械の制限に関する仕様の指定
2. 機械に労働者が関わる作業における危険性又は有害性の同定
3. それぞれの危険性又は有害性ごとのリスクの見積もり
4. 適切なリスクの低減が達成されているかどうかの検討

(2) 保護方策の実施
1. 本質的安全設計方策の実施（別表第2）
2. 安全防護及び付加保護方策の実施（別表第3，別表第4）
3. 使用上の情報の作成（別表第5）

↓ 機械の譲渡，貸与　　　使用上の情報の提供

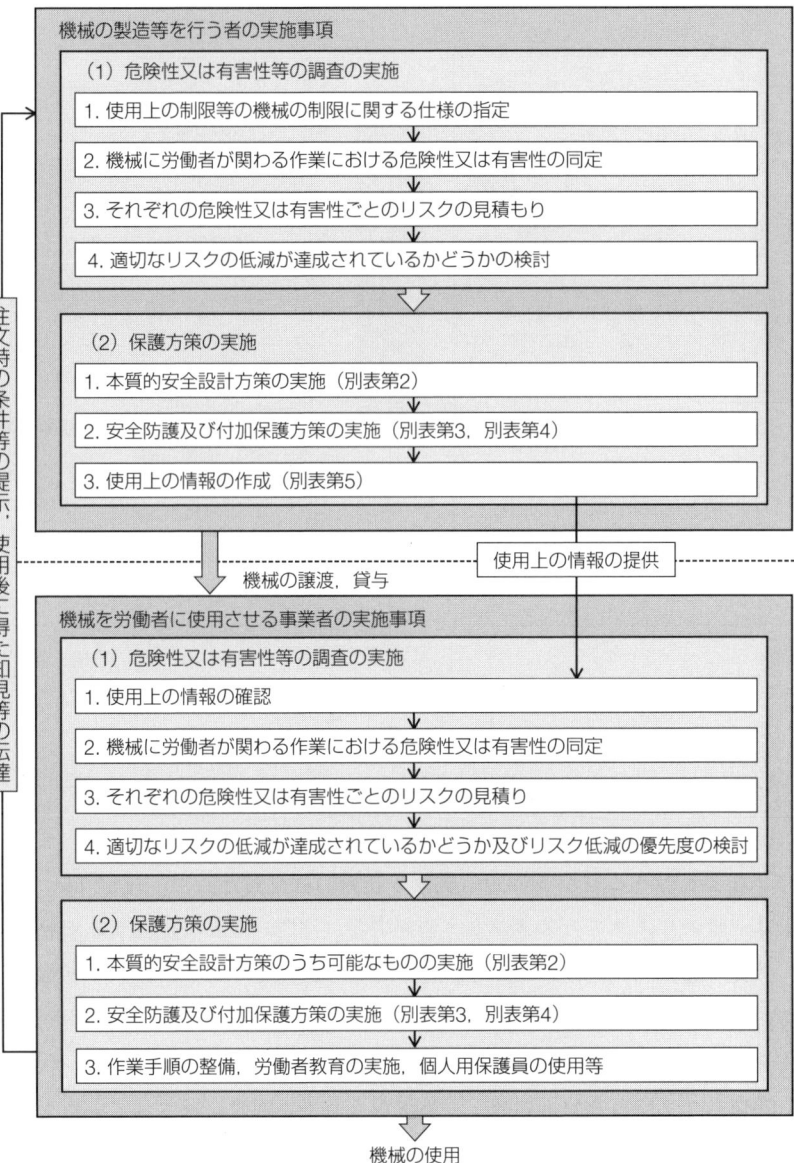

機械を労働者に使用させる事業者の実施事項

(1) 危険性又は有害性等の調査の実施
1. 使用上の情報の確認
2. 機械に労働者が関わる作業における危険性又は有害性の同定
3. それぞれの危険性又は有害性ごとのリスクの見積り
4. 適切なリスクの低減が達成されているかどうか及びリスク低減の優先度の検討

(2) 保護方策の実施
1. 本質的安全設計方策のうち可能なものの実施（別表第2）
2. 安全防護及び付加保護方策の実施（別表第3，別表第4）
3. 作業手順の整備，労働者教育の実施，個人用保護員の使用等

↓ 機械の使用

注文時の条件等の提示，使用後に得た知見等の伝達

図 1.3-1　機械の安全化の手順[2]

機械の残留リスク情報等の提供の流れ（"機械包括安全指針"より）

機械の設計・製造者

リスクアセスメント
・機械の制限（仕様）の指定
・危険源の同定
・リスクの見積りと評価

↓

本質的安全設計方策

↓

安全防護，付加保護方策

↓

使用上の情報

（保護方策）

努力義務に

○改正安衛則第24条の13
○機械譲渡者等が行う機械に関する危険性等の通知の促進に関する指針

危険情報，残留リスク情報等の提供

→

機械使用事業者

・使用上の情報の内容の確認
・実際の使用状況でのリスクアセスメント

↓

可能であれば本質的安全設計方策

↓

安全防護，付加保護方策

↓

追加の保護方策
・作業規準，マニュアルの整備
・訓練，教育，監督
・個人用保護具の使用

↓

機械の使用

（保護方策）

労働安全衛生法第28条の2（努力義務）

具体的には
・残留リスクマップ
・残留リスク一覧
を作成し，交付する

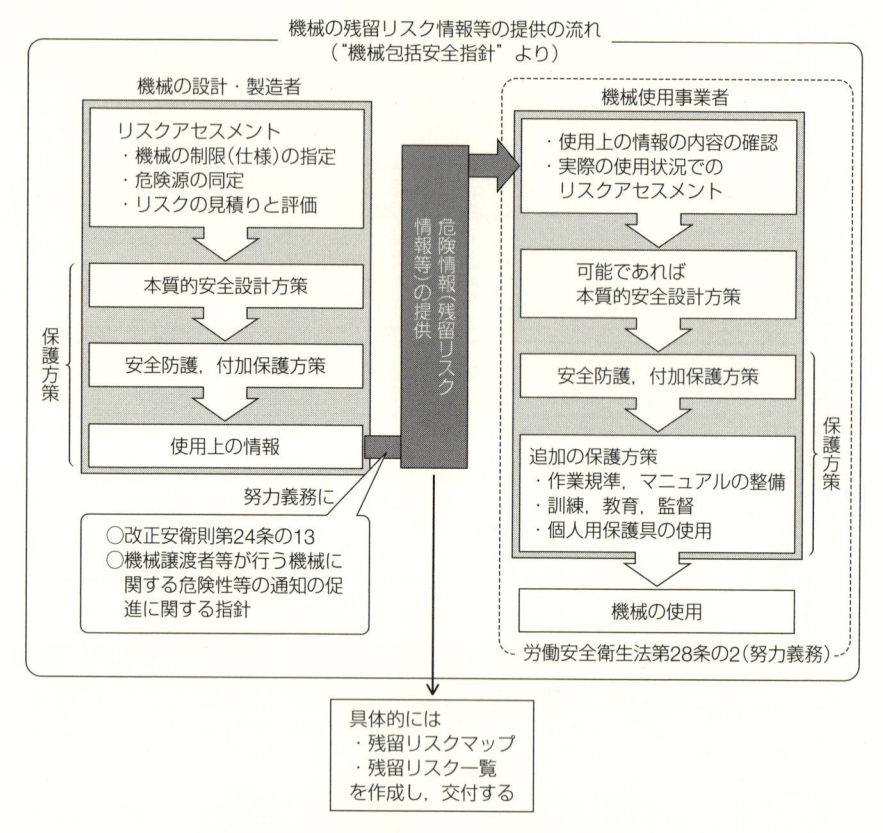

図 1.3-2　機械の残留リスク情報などの流れ[3]

門）などが行うことが多いが，機械・設備の譲渡者として"残留リスク情報"をユーザのリスクアセスメント実務担当者（部門）などに提供する義務がある．

機械の譲渡者（機械メーカを含む）から，機械そのもののリスクと機械使用時のリスク低減策・管理手法についての情報提供があれば，機械ユーザによる安全な状態の構築と"安全な行動"のための管理が容易になる．

残留リスク情報そのものは，これまでも取扱説明書に記されていたケースが多いと思われるが，同指針により，取扱説明書全体に分散されている情報をまとめて提示することになる．この情報の形・内容がユーザにおけるリスクアセ

スメントの実施に際して使いやすい状態になっていることが，重要である．そこで，同指針では，"残留リスクマップ"（図 1.3-3）と"残留リスク一覧"（図 1.3-4）の二つの情報の提供を義務付け，その様式例を参考として示している．簡単な機械については，残留リスクマップのなかに残留リスク一覧の内容を記載してもよいとしている（**図 1.3-5**）．

"残留リスクマップ"は，機械の全体図（必要に応じて部分図を追加する）を示し，そこに危険部位（危険源）を示すことで，視覚的に理解しやすくすることを意図している．

"残留リスク一覧"は，危険性と作業者・作業とのつながりを明確にし，必要な作業現場での（推奨される）安全対策を示すとともに，取扱説明書における記載場所を明示することで作業ごとのリスクアセスメントの実施が容易になるように配慮している．

残留リスク情報を入手したユーザには，事業所の実態を考慮にいれてリスクアセスメントを実施し，安全な状態と安全な行動の確保・維持・管理をすることが望まれる．

"**安全な状態**"のうち，機械そのものについては機械メーカに依存するものの，設置条件，制限事項を含む使用条件，特に使用する作業者の能力（資格を含む）・経験は，残留リスクの項目の数やユーザでの対策に大きな影響があるので，"残留リスクマップ"・"残留リスク一覧"とともに提示することが重要である．『メーカのための機械工業界リスクアセスメントガイドライン』（JMF，**本書 1.5** 参照）の「6.1 制限仕様（関係する作業者を含む）フォーマット（情報開示兼用）が参考になる．

"**安全な行動**"は，作業手順・教育などの管理手法と保護具の正しい使用方法など作業者に依存することになる．したがって，日本の伝統的な KYT（危険予知訓練）活動・指差呼称などの手法を確実に継続していくことが必要である．

同指針には，「残留リスク情報の作成は，機械安全の専門家（リスクアセスメント・リスク低減技術・関連する法律の知識を持つ技術者）によること」と明記されている．"**機械安全の専門家**"については，**本書 1.6** で考察する．

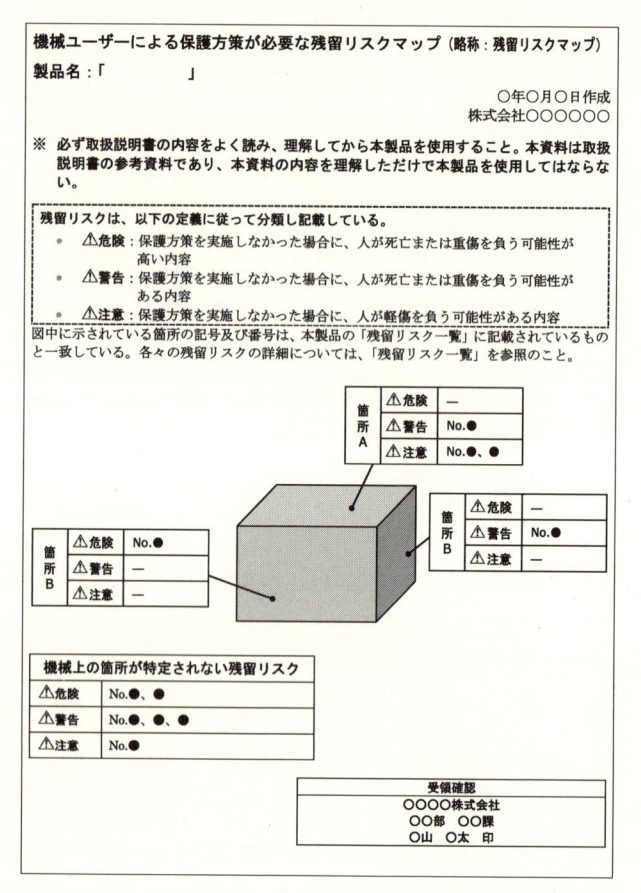

① "危険性のレベル"（危険，警告，注意などの分類）の説明を冒頭に示す．ここで示される危険性のレベルは，推奨された保護方策を実施しない場合に発生する可能性のある危害のひどさを示すものである．
② 機械の全体図を示す．
③ 全体図にユーザにおけるリスクアセスメント実施に必要な全ての残留リスク（危険な箇所）を示し，それぞれについて危険性のレベルと，"残留リスク一覧"と関連付ける番号（No.）を示す．
④ 全体図で危険な箇所を特定することが適当でない残留リスクについては，全体図の近くに別枠を設けて記載する．

図1.3-3　残留リスクマップの様式例

図の出典）文献4）の別添1

1.3 我が国の機械安全に関する指針

```
機械ユーザーによる保護方策が必要な残留リスク一覧（略称：残留リスク一覧）
製品名：「　　　　」
                                                       ○年○月○日作成
                                                       株式会社○○○○○○

※ 必ず取扱説明書の内容をよく読み、理解してから本製品を使用すること。本資料は取扱
  説明書の参考資料であり、本資料の内容を理解しただけで本製品を使用してはならな
  い。

※1 残留リスクは、以下の定義に従って分類し記載している。
    ⚠危険：保護方策を実施しなかった場合に、人が死亡または重傷を負う可能性が
           高い内容
    ⚠警告：保護方策を実施しなかった場合に、人が死亡または重傷を負う可能性が
           ある内容
    ⚠注意：保護方策を実施しなかった場合に、人が軽傷を負う可能性がある内容
※2 「機械上の箇所」の欄に示されている記号は、本製品の「残留リスクマップ」に記載されて
    いる機械の図の箇所の記号と一致している。機械上の具体的な箇所については「残留リスクマッ
    プ」を参照のこと。
```

No.	運用段階	作業	作業に必要な資格・教育	機械上の箇所※2	残留リスク※1	危害の内容	機械ユーザーが実施する保護方策	取扱説明書参照ページ
1								
2								
3								
⋮								

```
                                            受領確認
                                   ○○○○株式会社　○○部　○○課
                                         ○山　○太　印
```

① 番号（No.）は，"残留リスクマップ"に記載した機械上の各箇所の残留リスク番号（No.）にリンクしていること．
② "運用段階"の欄には，保護方策が必要となる機械の運用段階（製造・保守など）を記入する．"作業"の欄には，作業の内容（金型交換・部品Aの加工など）を記入する．"危害の内容"には，骨折・すりきずなど，可能性がある危害を記入する．
③ "機械ユーザーが実施する保護方策"の欄には，機械の使用者で実施することが推奨される保護方策（防護装置の設置・安全靴など）を記入する．
④ "取扱説明書参照ページ"には，該当する取扱説明書の参照ページを記入する．

図 1.3-4　残留リスク一覧の様式例

図の出典）文献4）の別添2

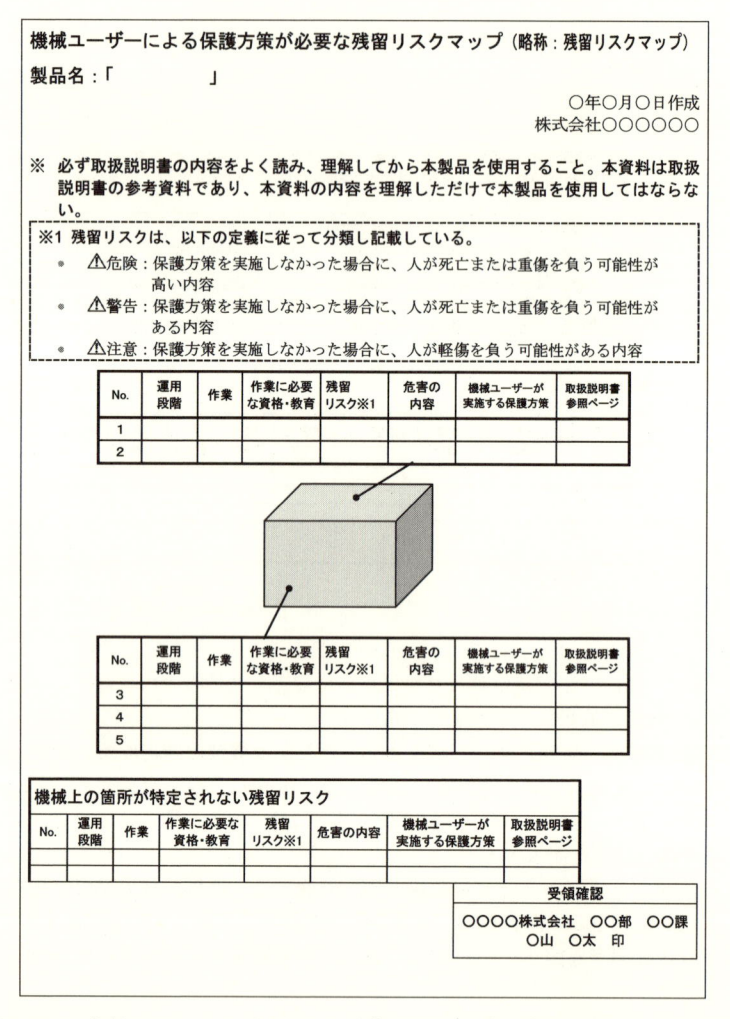

図 **1.3-5** 残留リスクマップのなかに残留リスク一覧の内容を記載した様式例
図の出典）文献 4) の別添 3

1.4 ILOの機械安全に関する取組み

ILO（1919年結成）の機械安全に関する取組みは，1963年6月25日の第47回総会にて**『機械の防護に関する条約』**(convention 119号，本書では"**機械防護条約**"と略すこともある）の採択と，同条約を補足する**『機械の防護に関する勧告』**(recommendation 118号）を同時に採択したころから本格的にスタートした（前掲**表 1.2-1**参照）．日本が同条約を批准したのは，1973年7月31日のことである．

> ■ **ILO『機械の防護に関する条約』のポイント**[5]
> 　条約の規定によれば，適当な防護装置のない機械の販売・賃貸・移転及び展示は，国内法によって禁止され，また等しく効果的なその他の措置によって防止されるものとされる．また，労働者は，安全装置のない機械を使用すべきでない，とされる．この条約はまた，批准国が別段の定めをしない限り，経済活動の全部門に適用される．

ILOからは，"機械防護条約"に関連して，多数の『勧告』，『実施要項』(code of practice)，『刊行物』(publication) が，順次，発行されている．

『実施要項』には，『建設』(construction, 1992年），化学物質を使用する作業（use of chemicals at work, 1993年），『林業』(forestry work, 1998年），『農業』(agriculture, 2010年），『機械使用における安全と健康に関するもの』(2011年，**図 1.4-1**）などがある．

『刊行物』には，"ILO-OSH 2001"(Guideline on occupational safety and health management system：労働安全衛生マネジメントシステムのガイドライン）などがある．

『実施要項』のうち，上述の**『機械使用における安全と健康についての実施要項』**(Code of practice on safety and health in the use of machinery, NEUM, 2011年）は，一般の機械類に適用されるものである．この実施要項は，我が国の"機械の包括安全指針"に類するものである．その概要を以下に紹介する．

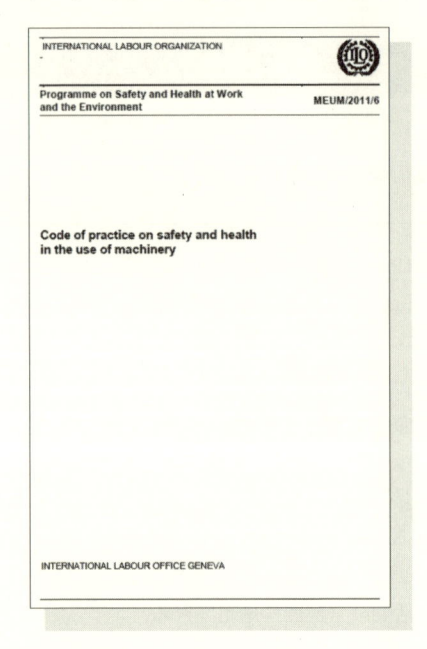

図 1.4-1 "機械使用における安全と健康"の表紙イメージ[6]

まず,『機械使用における安全と健康についての実施要項』の目次を次に示す.

『機械使用における安全と健康についての実施要項』の目次

Ⅰ．一般要求事項（General requirements）
1. 一般規定（総則）(general statement)
   ➤ 適用範囲と用途，目的，管理・制御の階層，定義など．
2. 義務・責務・職務（obligation, responsibility, duty）
   ➤ 政府機関，製造者及び設計者，供給者（サプライヤ），事業主（雇用者）の義務・責務・職務について．
   ➤ 労働者の参画及び協力について．
   ➤ リスクアセスメントとその評価に対する適切なリスク低減について．

Ⅱ．技術的要求事項と対策（方策）(Technical requirements and measures)
3. 労働（作業）環境（working environment）

1.4 ILOの機械安全に関する取組み

> 4. 制御システム（control system）
> 5. 機械的危険源に対するガード及び防護（guarding and protection）
> 6. その他の危険源に対するガード及び防護（guarding and protection）
> 7. 情報提供と表示（information and marking）
> 8. 特定の機械に関する補足の対策（supplementary measures）
>   ➢ ここで対象とされている機械は，ポータブル電動工具，木工機械，トラクタのような地上を移動する機械，リフト，エレベータなど．
>
> 参考資料
>
> **附属書**
> Ⅰ．機械のための安全方策の種類
>   ➢ 安全対策の方法，ガードの種類，保護装置によるガード，非常停止などについて．
> Ⅱ．特定の機械についての補足の技術的対策
>   ➢ 8. で取り上げた機械についての技術的対策について．
> Ⅲ．リスクアセスメントの視点の事例：旋盤の場合
> Ⅳ．リスクアセスメントのためのフォーマット
> Ⅴ．人間工学の視点でのリスクアセスメントのフォーマット

（筆者仮訳）

ここで，同実施要項の1.にリスク低減の手段として示されている"リスクの管理・制御の階層"と，同実施要項で目標とされる"適切なリスク低減"のレベルについて解説する．

（1）リスクの管理・制御の階層

実施要項には，リスクの"管理・制御の階層"として次の①～⑤が示されている．リスク低減に際しては，①～⑤の順序で適用する．

> **■管理・制御の階層（hierarchy of control）**
> ① Elimination／Minimize the risk
>   危険源を削除又は危険度合いを小さくする．例えば，ロボットなどの移動速度を遅くする，又は手でとめることができるようにパワーを制限するなど．

② Substitute the risk
　危険度合いの少ないもの（材料・物質など）と置き換える．例えば，切削油を水に置き換えるなど．
③ Engineering control
　工学的・技術的な手段＝安全防護策による危険状態の制御．例えば，ドアスイッチによるインタロック，ライトカーテンによる侵入監視など．
④ Administrative control
　管理体制の構築．例えば，安全な作業手順，教育・訓練・社内資格，作業の仕組みなど（警告ラベル，サイレンなどの危険情報提供も含む）．
⑤ Personal Protective Equipment（PPE）
　保護具の使用．例えば，安全靴，ヘルメット，防護めがねなど．

(2) 適切なリスク低減

　機械メーカ（特に設計者）は，①～③の手段を講じてリスクを削除又はメーカとして判断する"許容可能レベル"（**本書第2章**の**図 2.1-3**，**図 2.1-4** 参照）まで低減する．削除・低減できなかったリスクは，**"残留リスク情報"** としてユーザに提供しなければならない．④と⑤のリスク低減の手段は，機械メーカとしてユーザに"使用上の情報"の一部として提示することしかできない．

　ユーザ（機械の使用者）は，メーカから提供された残留リスク情報を参考に，自社が想定している条件で，ユーザとしてのリスクアセスメントを実施する．ユーザが実施すべきリスク低減（①～⑤の手段を活用）の目標は，**適切に管理されたリスク**（adequately controlled risk）のレベルである．

　"適切"とは，実行可能で技術的・経済的に妥当な手段のことといえる．"管理"する対象は，作業者の能力・経験，権限，勤務時間，安全のための作業手順書など作業者とその**安全な行動**にかかわるものと，機械・設備の安全機能を確保かつ維持するために必要な点検・部品交換などの保守活動及び 4M（Man, Machine, Method, Material）が変動する際のリスク再評価など**安全な状態**の維持・管理にかかわるものの両方である．ここで述べた管理活動の仕組み構築に，労働安全衛生マネジメントシステムの導入は効果的手段である．

1.5 『メーカのための機械工業界リスクアセスメントガイドライン』

日本機械工業連合会（JMF）は，2010年3月31日に『メーカのための機械工業界リスクアセスメントガイドライン』（本書では"JMFガイドライン"と呼ぶ）を公表した[*5]．このJMFガイドラインは，ISO 13849-1：1999（JIS B 9705-1：2000）[*6]をベースに国内の工業会・認証機関など14団体がJMF内に設置したリスクアセスメント協議会にて審議作成したものである．

1.6 機械・設備安全にかかわる専門家

機械・設備の安全にかかわる専門家の一般的な定義はない．現実には，機械安全の知識がないまま機械安全にかかわる業務を担当しているケースがみうけられる．機械による労働災害は，障がい者・死亡者を出す可能性が高い．そこで，本節では，機械安全にかかわる専門家の資質と役割について考察する．

1.6.1 機械・設備安全にかかわる専門家の役割

機械安全の専門家の基本的な要件については，JMFによる『平成19年度 機械安全の実現のための促進方策に関する調査研究報告書1—機械安全専門人材の活用及び育成方策に係る調査研究』の結論として**"機械安全分野における安全専門家育成と有効活用に関する提言（ガイドライン）"**が発表されている．

同ガイドラインでは，**機械安全専門家**について，「機械安全を実現するための機能を有する技術者」と定義し，「具体的には，設計や生産，調達業務に携わりながら，安全に関する専門的な知識・能力・スキルを持って責務を全うす

[*5] JMFウェブサイトより
「標準化活動」→「リスクアセスメントガイドライン」
http://www.jmf.or.jp/
[*6] ISO 13849-1は2009年に改正され，対応するJIS B 9705-1は2011年に改正された．JMFガイドラインはこの改正内容も反映したものとなっている．

る技術者を想定しており，専任職とは限定しない」と記されている．
　つまり，"機械安全専門家"とは，機械・設備について，要求仕様設計から廃棄に至るまでのライフサイクルを視野に入れて"職務・役割"にあたる人物を示すものである．（図 1.6-1）．ただし専任者を否定するものではない．専任者を設置した場合，製造から独立した品質管理部門と同様に安全に関して第三者的な立場での活動が期待できる．

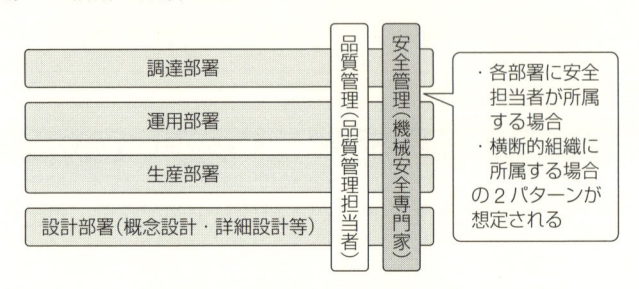

調達部署	品質管理（品質管理担当者）	安全管理・機械安全専門家	・各部署に安全担当者が所属する場合 ・横断的組織に所属する場合の2パターンが想定される
運用部署			
生産部署			
設計部署（概念設計・詳細設計等）			

図 1.6-1　機械安全専門家の定義 [7]

　同図に示すように，専任の担当者が不要な場合がある．メーカ，つまり機械を設計・製造・販売する企業・集団の機械安全専門家は，安全な機械を提供するための機械設計に精通した専門家であり，諸活動の結果として『改正労働安全衛生規則』の"第 24 条の 13"で示された危険情報（残留リスク情報）を，ユーザに提供することになる．担当する機械類の特定の分野に精通している"機械安全に関する**専門医**"的な存在として，設計基準・設置基準の作成・管理や，設計技術者・設置エンジニアのサポートをすることになる．
　他方，ユーザ，つまり機械・設備を活用する製造業における機械安全専門家の役割は，安全管理者の役割のうちでも機械安全に関する知識・経験をもとにした総合診断などの業務が中心になると考えられる．ユーザ側の機械安全専門家の知見をもとに実施されたほうがよい業務の例を次に示す．

　　ユーザ側（製造現場）で機械安全の専門的知識が必要な業務の例
　　　• 労働災害の際の機械にかかわる事故の要因分析・報告書の作成
　　　• 機械・設備を運用する場合のリスクアセスメントとリスク低減の実施

1.6 機械・設備安全にかかわる専門家   39

- 機械安全に関する設置基準・運用基準の作成・管理
- 機械安全に関する業界の動向や法律の改変の監視と必要なアクションの実施
- 機械・設備の設置時の安全面からの検収と監督署への設置報告書の作成
- 労働安全衛生活動計画書への参画　など

製造現場（ユーザ側）で必要とされる知識は，機械設計技術者（メーカ側）のような機械構造に精通した専門知識ではなく，機械の運用段階での知識であり，設計技術者に比べて，現場に関する総合的な知識と経験が必要とされる．メーカ側とユーザ側のそれぞれの"機械安全専門家"は，例えば，労働安全衛生における経験が豊富で総合診断が得意な（産業医的）専門家と特定の機械・プロセス分野などに精通している（専門医的）専門家のような分担が可能と考える．

> ■ユーザとメーカの"機械安全専門家"の役割分担
> ① 現場（ユーザ側）の機械安全専門家は，機械・設備が設置された状態で**総合的に診断**（リスクアセスメント）し，現場で実施可能な初期対応を実施する．
> ② より根本的な対応（例えば機械の改造など）については，メーカ側の機械安全専門家（またはエンジニアリング部門）などが，機械の構造にまで立ち入った**特定の技術についての専門的な診断・対策**（機械メーカの設計者と同レベル）を検討・実施する．

1.6.2　現時点の機械安全に資する種々の専門家の例

現時点における機械安全に資する種々の専門家のうち代表的なもの（例えば，法律で定義された資格や民間で認定された資格など）を次に示す．

（1）製造現場での"機械・設備による労働災害防止"にかかわる専門家

（a）労働安全衛生法にもとづく運転・作業に関する資格

技能講習を受講・修了することで資格が取得できる．

- 特級ボイラー技士・一級ボイラー技士・二級ボイラー技士・特別ボイラー溶接士・普通ボイラー溶接士・ボイラー整備士
- クレーン・デリック運転士・移動式クレーン運転士・揚貨装置運転士

- 発破技士
- ガス溶接作業主任者
- 林業架線作業主任者
- 第一種衛生管理者・第二種衛生管理者
- 高圧室内作業主任者
- エックス線作業主任者・ガンマ線透過写真撮影作業主任者
- 潜水士

(b) 安全管理者

『労働安全衛生法』にもとづく現場の労働安全全般の管理者のこと．現場における労働安全活動全般にわたって担当する．

(c) 労働安全活動のコンサルタント

『労働安全衛生法』にもとづく資格．国家試験に合格し労働安全衛生コンサルタント会に所属する労働安全コンサルタント．機械安全，電気安全，化学安全，土木安全，建築安全の専門分野に分かれている．衛生部門のコンサルタント資格もある．

(2) 機械の設計段階における安全確保のため専門家

(a) 技術士（機械部門）

文部科学省の『技術士法』にもとづく資格．後述の残留リスク情報作成を担当する専門家の三つの条件を満たしているか定かではないが，機械安全も視野に入っている．

(b) 長岡技術科学大学のシステム安全エンジニア（SSE）資格認定制度

機械安全のなかでも重要な制御技術に関して『システム安全に関する高い知見と，安全設計，リスクアセスメント及び安全管理を行う実務能力』を認定する制度．

(c) セーフティアセッサ資格認証制度

日本電気制御機器工業会（NECA）による認証制度で，次の三つがある．

①『セーフティアセッサ資格認証制度』

コンサルティング，安全設備設計，安全設備構築などを行う方を対象として，関係する事業者に対して製造現場の"危険ゼロ"を構築するためにリスクアセ

スメントを行い，その結果を倫理的に説明・報告し，安全方策を助言する専門家としての資格を認証する制度．

リードアセッサ・アセッサ・サブアセッサの3レベルがある．

② 『セーフティベーシックアセッサ資格認証制度（機械運用安全分野）』

設備運用，メンテナンス，安全パトロール，内部監査など設計や作業現場などの機械安全に直接関係しない"非技術系"の方も対象とした制度．管理職や営業職などの幅広い層にも国際安全規格にもとづく安全の考え方を普及させるための制度であり，リスクコミュニケーションに貢献することが期待されている．

③ 『セーフティベーシックアセッサ資格認証制度（防爆電気機器安全分野）』
【略称：**SBA-Ex 資格**】

(3) "残留リスク情報指針"で示された"残留リスク作成を担当する専門家"

機械のリスクアセスメントを実施し，残留リスクマップと残留リスク一覧を作成するのに必要な資質は，残留リスク情報指針に次のように示されている．

> ■**機械の危険性等の通知を作成する者**（残留リスク情報指針 第3条第1項）
> 次の事項について十分な知識を有する者
> 　① 機械に関する危険性の調査の手法
> 　② 調査の結果に基づく機械による労働災害を防止するための措置の方法
> 　③ 機械に適用される法令等

筆者は，機械安全専門家には，ここで示された知識に加えて**技術者倫理**（工学系の大学では必須科目，技術士会も力をいれている）が必要と考える．技術者倫理として把握しておくべき視点［例えば，技術としての可能性と経済性の妥協点についての考え方，情報の公開・非公開と守秘義務の関係，安全と安心の関係，技術の変化・"state of the art"（**コラム1**参照）と規格の位置付けなど］は，機械安全にかかわる技術者にも知識と同様に重要なものである[*7]．

[*7] 科学技術振興機構のウェブサイトの『Web ラーニングプラザ』の"技術者倫理"などが参考になる．
http://weblearningplaza.jst.go.jp/

前述の現時点における"機械安全に資する種々の専門家"は，それぞれの資格の取得要件に加えて，不足の部分を追加の講習を受けて補うなどして，少なくとも残留リスク情報指針に示されたこれらの資格要件を満たす必要があるといえる．

機械・設備の安全確保には，個々の機械の設計活動とは別に，生産ライン・生産システムの設計をする場合がある．この場合には，機械単体のリスクに加えてシステム全体のリスクを検討する必要があり，いわゆる統合生産システム（**本書 2.2** 参照）の安全に関する専門家の育成も望まれる．

第1章 引用・参考文献

1) 厚生労働省ウェブサイト『職場のあんぜんサイト』より
労働災害統計 → 労働災害原因要素の分析 → 製造業 → 2010 年 のデータをグラフ化
http://anzeninfo.mhlw.go.jp/user/anzen/tok/bnsk00-h19.html
2) "機械の包括的な安全基準に関する指針"の改正について（基発第 0731001 号，平成 19 年 7 月 31 日），別図 "機械の安全化の手順"
http://www.jaish.gr.jp/HOREI/HOR1-48/hor1-48-36-1-6.html
3) 厚生労働省（2012 年 4 月）：『機械を譲渡または貸与する事業者の皆さまへ』リーフレット，p.2
4) 厚生労働省労働基準局長（平成 24 年 3 月 29 日）：『機械譲渡者等が行う機械に関する危険性等の通知の促進に関する指針の適用について』（基発 0329 第 8 号）
http://www.jaish.gr.jp/anzen/hor/hombun/hor1-53/hor1-53-15-1-0.htm
5) ILO 駐日事務所ウェブサイト，『1963 年の機械防護条約（第 119 号）』より一部抜粋
http://www.ilo.org/public/japanese/region/asro/tokyo/standards/st_c119.htm
6) ILO "Code of practice on safety and health in the use of machinery"（MEUM/2011/6）
http://www.ilo.org/safework/info/standards-and-instruments/codes/WCMS_164653/lang--en/index.htm
7) 日本機械工業連合会（2008）：『平成 19 年度 機械安全の実現のための促進方策に関する調査研究報告書 1—機械安全専門人材の活用及び育成方策に係る調査研究』，付録 A　機械安全分野における安全専門家育成と有効活用に関する提言（ガイドライン），図 1，日本機械工業連合会（競輪の補助事業で実施）

コラム1　state of the art ―最新技術と技術基準の見直し

　技術の進歩は，法律や規格の制定のテンポにあわせてくれない．つまり，最新技術の採用の検討が常に実施されることが望ましい．厚生労働省の『**第12次労働災害防止計画**』（計画期間：2013年4月から2018年3月）では，「…専門家，諸外国の最新の知見，動向を把握し，施策や規制の国際的整合性を担保するよう努める」としている[*1]．

　機械安全に関する国際規格とJISとの整合は，業界団体や専門家の努力で推進されている．一方，厚生労働省などが作成する技術基準については，従来，JISを参考にすることはあっても，引用（参照）することはほとんどなかったが，『第12次労働災害防止計画』では，「構造規格等の技術基準を設定する際は，技術基準の整合化等を促進するため，日本工業規格（JIS規格）等を積極的に引用する」と宣言している[*2]．技術の進歩に応じた見直し，つまり前述の"state of the art"の適用を確実にするためにも，重要な施策と考える．

[*1] 『第12次労働災害防止計画』の"4 重点施策ごとの具体的取組"→"（4）科学的根拠，国際動向を踏まえた施策推進"→"② 国際動向を踏まえた施策推進"より引用．

[*2] 『第12次労働災害防止計画』の"4 重点施策ごとの具体的取組"→"（5）発注者，製造者，施設等の管理者による取組強化"→"（講ずべき施策）"→"② 製造段階での機械の安全対策の強化"→"d 機械等の技術基準の見直し"より引用．

第2章
リスク低減技術について

　本章では，まず基本的な事項として，**2.1** において主に単体機械の安全性を取り扱う規格である ISO 12100 で規定される"リスク低減方策"（リスクアセスメントと保護方策）を示す．ここでは，本章を読むうえで最低限必要な基本的な用語のみを掲載している．

　2.2 においては，ISO 11161 統合生産システムの安全性を取り上げている．この規格は，複数台の機械が接続されたシステムにおいて人の安全性を確保するための規格である．この規格の概要とともに，統合生産システムを構築する，つまり統合生産システムに安全性を組み込むための手法を，タスクベースドアプローチとして示している．

　最後に **2.3** においては，支援的保護装置の考え方と適用例について，説明しているが，これは国際規格上採用されているものではなく，日本から国際規格に新たに提案する内容である．この装置は，複数台の機械が接続された大規模なシステムにおいて，複数の作業者が広大な領域で作業を行う場合，作業領域に存在する作業者の存在確認を行い，その安全性を確保するための保護装置である．ISO 11161 で規定される統合生産システムにおいて，人の安全性を確保するために有効なものと考えられ，ここで紹介している．

2.1 機械の設計とリスク低減戦略—ISO 12100

2.1.1 ISO 12100 の改正の経緯

ISO 12100 は，もともと"機械類の安全性—設計のための基本概念"を扱ったタイプ A 規格[*1]であり，2003 年に ISO 12100-1 及び ISO 12100-2 として初版が発行された．その後，2010 年に，この二つの規格を統合し，さらに，もう一つのタイプ A 規格である"機械類の安全性—リスクアセスメント"を扱った ISO 14121-1 をも統合したかたちで，その第 2 版が新たに発行された．これが，ISO 12100：2010 である．

規格改正の基本方針は，単純に 3 規格を統合し，編集上の処理を施すことであった．ただし，用語については一部追加，修正がなされ，要求事項についても若干の変更はあるものの，本質的な変更はない．

これらの国際規格の関係，及び対応する JIS との関係を，**表 2.1-1** に示す．

表 2.1-1　ISO 12100 新版，旧版及び JIS の対比表

ISO			JIS		
新版		旧版	新版		旧版
ISO 12100：2010	⇐	ISO 12100-1：2003	JIS B 9700：2013 (ISO 12100:2010 と IDT)	⇐	JIS B 9700-1：2004 (ISO 12100-1:2003 と IDT)
		ISO 12100-2：2003			JIS B 9700-2：2004 (ISO 12100-2:2003 と IDT)
		ISO 14121-1：2007 (ISO 14121：1999)			— (JIS B 9702：2000) (ISO 14121:1999 と IDT)

[*1] ISO/IEC の機械安全規格には，ISO/IEC Guide 51 にもとづきタイプ A 規格（基本安全規格），タイプ B 規格（グループ安全規格），タイプ C 規格（製品安全規格）の 3 段階の階層構造（ピラミッド構造）が採用されている．本書発行時点でタイプ A 規格は ISO 12100：2010 のみである（ISO/TR 14121-2：2012 は，あくまで TR＝技術報告書）．

ISO 12100:2010 は，ISO/IEC における機械安全規格の階層構造において最上位のタイプ A 規格に位置し，機械類の安全設計の基本概念や一般原則，またリスクアセスメントに関して規定した文書である．

2.1.2　ISO 12100:2010 におけるリスク低減戦略

ISO 12100:2010 における**リスク低減戦略**とは，簡単にいうと対象とする機械類について"リスクアセスメントを実施し，残ったリスクを低減するための保護方策を講じること"である．

この**リスクアセスメント**とは，簡単にいうと"機械類の制限の決定から始まり，当該機械に存在する危険源を同定し，その危険源から生じるリスクがどのくらいの大きさであるかを見積もり，そのリスクが適切に低減されているかどうか，あるいは許容可能リスクが達成されているかどうかを評価すること"である．

このリスクアセスメントの結果にもとづいて，リスクが適切に低減されていない場合，あるいは許容可能リスクが達成されていない場合には，リスクを低減する必要がある．このリスクを低減する方策＝**保護方策**には，

① 本質的安全設計方策
② 安全防護及び付加保護方策
③ 使用上の情報

の 3 方策があり，**3 ステップメソッド**と呼ばれ，①から③の順に優先順位付けがなされている．

この"リスクアセスント"と"保護方策"を，ISO 12100 では，箇条 4 で"リスク低減の戦略"として規定している．

表 2.1-2 に，ISO 12100 に定義された用語のうち，リスクアセスメント及び保護方策に関連する用語の定義を記す．これらの用語は，以降を理解するうえで最低限必要なものである．

表 2.1-2 リスクアセスメント及び保護方策に関連する用語

	用語	定義又は用語の説明
1	リスク（3.12）	危害の発生確率と危害のひどさとの組合せ．
2	リスクアセスメント（3.17）	リスク分析及びリスクの評価を含む全てのプロセス．
3	リスク見積り（3.14）	起こり得る危害のひどさ及びその発生確率を明確にすること．
4	リスク分析（3.15）	機械の制限に関する仕様，危険源の同定及びリスク見積りの組合せ．
5	リスク評価（3.16）	リスク分析に基づき，リスク低減目標を達成したかどうかを判断すること．
6	危険源（3.6）	危害を引き起こす潜在的根源．
7	適切なリスク低減（3.18）	現在の技術レベルを考慮したうえで，少なくとも法的要求事項に従ったリスクの低減．
8	保護方策（3.19）	リスク低減を達成することを意図した方策．次によって実行される． —設計者による方策（本質的安全設計方策，安全防護及び付加保護方策，使用上の情報）及び —使用者による方策［組織（安全作業手順，監督，作業許可システム），追加安全防護物の準備及び使用，保護具の使用，訓練］ 本書では，リスク低減方策と同義で使用している[*1]．
9	本質的安全設計方策（3.20） （ステップ①）	ガード又は保護装置を使用しないで，機械の設計又は運転特性を変更することによって，危険源を除去する又は危険源に関連するリスクを低減する保護方策．
10	安全防護（3.21） （ステップ②）	本質的安全設計方策によって合理的に除去できない危険源，又は十分に低減できないリスクから人を保護するための安全防護物の使用による保護方策．
11	付加保護方策（6.3.5[*2]） （ステップ②）	機械の"意図する使用"及び合理的に予見可能な機械の誤使用によって必要なとき，本質的安全設計方策でなく，安全防護（ガード及び／又は保護装置の実施）でもなく，使用上の情報でもない保護方策を実施しなければならない場合がある．このような方策は 6.3.5.2～6.3.5.6 の方策を含むが，これらに限定するものではない．

2.1 機械の設計とリスク低減戦略

表 2.1-2 （続き）

	用語	定義又は用語の説明
12	使用上の情報（3.22） （**ステップ③**）	使用者に情報を伝えるための伝達手段（例えば，文章，語句，標識，信号，記号，図形）を個別に，又は組み合わせて使用する保護方策．

*1 本書では，設計方策に関する様々な用語を使用しており，異なる用語を使用していても同義で使用しているものもある．特に"リスク低減方策"については，規格に定義はなく，次のような意味で使用している．

リスク低減方策：設計者による方策と使用者による方策の両方を指し，技術的方策のみではなく，管理手法も含む．使用される場面によって，用語"リスク低減方策"は，管理手法を意味する場合もあるし，保護方策全般を指す場合もある．また，本質的安全設計方策，安全防護及び付加保護方策，又は使用上の情報を指す場合もある．

保護方策：リスク低減方策と同様に"保護方策"も，本質的安全設計方策から使用上の情報まで全てを意味する場合もあるし，どれか一つを意味する場合もある．なお，保護方策については，管理的な手法については含んでいない．

リスク低減方策
（技術的方策に加えて管理手法も含む）

＞

保護方策
（①本質的安全設計方策，②安全防護及び付加保護方策，③使用上の情報）

*2 用語としての定義はない．
出典）JIS B 9700:2013 より（一部抜粋）

（1）リスクアセスメントの手順

リスクアセスメントでは，対象とする機械類の制限を明確にし，その限定範囲下で生じる可能性のある危険源を特定する．次いで，特定した危険源からどのくらいのリスクがあるかを見積もり，見積もったリスクについてリスクの低減が必要であるかどうかを最終的に決定（評価）する．**図 2.1-1** に，ISO 12100 の図 1 よりリスクアセスメントの部分をクローズアップして示す．以下，主に**図 2.1-1** に示す各手順ごとに説明する．

ここでは，リスクアセスメントの手順を，手順 0～手順 4 までの 5 段階に分けて説明する．

- 手順0 ：リスクアセスメントに必要な情報の収集
- 手順1 ：機械類の制限の決定
- 手順2 ：危険源の同定
- 手順3 ：リスク見積もり
- 手順4 ：リスクの評価

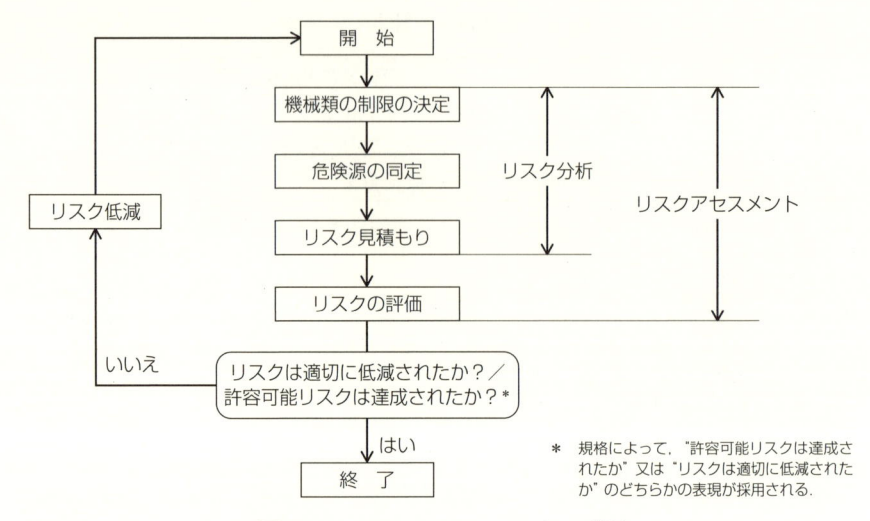

図 2.1-1 リスクアセスメントの手順

出典）JIS B 9700:2013 図1より（一部修正して抜粋）

※ 規格によって，"許容可能リスクは達成されたか"又は"リスクは適切に低減されたか"のどちらかの表現が採用される．

手順0：リスクアセスメントに必要な情報の収集

図 2.1-1 には示されていないが，リスクアセスメントを実施する前に，対象とする機械に関連する各種情報を収集し，分析を行う．必要な情報としては，①機械の詳細事項，②法規制，規格などの関連情報，③類似機械の使用上の経験，④人間工学関連情報，である．**表 2.1-3** にこれらの内容を示す．

手順1：機械類の制限の決定

当該機械の特徴と使用目的を明確にすることを意味する．**機械類の制限**は，①使用上の制限，②空間上の制限，③時間上の制限の三つの制限に分類され，それぞれを明確化することが要求される．

① **使用上の制限**

"意図する使用"及び"合理的に予見可能な誤使用"を明確にすること．つまり，使用目的と使用条件を明確にすることである．

② **空間上の制限**

当該機械の可動範囲，機械の設置及び保全のための空間，オペレータと機械

の間のインタフェース，機械と動力供給の間のインタフェースなどを決定すること．簡単にいえば，機械のレイアウトを決めることである．

表 2.1-3　リスクアセスメントを実施する前に必要とされる情報

収集すべき情報	その内容
①機械の詳細事項	―使用者の仕様 ―想定される機械の仕様 　機械の全ライフサイクルにおける様々な局面 　機械の性質を示す設計図面又は他の手段 　要求される動力源及びそれらの供給方法 ―適切と認められる場合，以前に設計された類似する機械類の関連書類 ―利用可能な機械の使用上の情報
②法規制，規格などの関連情報	―適用可能な法規制 ―関連する規格 ―関連する技術仕様 ―関連する安全データシート
③類似機械の使用上の経験	―実際の又は類似した機械のあらゆる事故（accident），インシデント（incident），又は機能不良履歴 ―エミッション（騒音，振動，粉じん，放射など）など，使用されている化学物質，又はその機械で加工する材料による健康障害の履歴 ―類似する機械の使用者の経験及び，実施可能な場合は使用する可能性のある人との情報交換
④人間工学関連情報	―改造などが必要とされる場合，更新しなければならない．また，技術進歩に応じて改良する． ―データベース，ハンドブック，研究機関及び製造業者の仕様書のデータ 注記　そのデータの適性に信頼がおける場合，定量分析に用いてよい．データに付随する不確かさを，文書で示さなければならない．

参考）JIS B 9700:2013 5.2

③ **時間上の制限**

機械類やそのコンポーネントの寿命限界（工具，劣化部品，電気コンポーネントなど）を考慮すること．例えば，当該機械の運転寿命や部品の劣化などを考慮した交換寿命，機械の清掃間隔などを決定することである．

また，上記以外に考慮すべき制限事項としては，次の④などがある．

④ **その他の制限**

a) **機械の全ライフサイクル間での人の介入**

設定（段取りなど），試験，ティーチング・プログラミング，工具・工程の切替え，起動，全ての運転モード，機械への材料供給，機械からの製品の取出し，正常停止，非常事態の場合の機械の停止，機械異常からの復帰，計画外停止後の再起動，不具合（障害）の発見・トラブルシューティング（オペレータの介入），清掃及び維持，予防保全，事後保全

b) **機械で起こり得る状況**

加工材料又はワークピースの特性又は寸法の変化，構成部品又は機能の一つ（又は複数）の故障，外乱（例えば，衝撃，振動，電磁妨害），設計誤り又は設計不具合（例えば，ソフトウェア不具合），動力供給異常，周囲の状態（例えば，損傷した床の表面）

c) **意図しない作業者の挙動**

オペレータによる機械の制御不能（特に，手持ち機械又は移動機械），機械使用中の機能不良，インシデント又は故障が生じたときの人の反射的な挙動，集中力の欠如又は不注意から生じる挙動，作業遂行中，"最小抵抗経路"をとった結果として生じる挙動，全ての事態において機械を稼働させ続けるというプレッシャーから生じる挙動，特定の人の挙動（例えば，子ども，障がい者）

|手順2|：**危険源の同定**

当該機械の制限（仕様）を決定した後，当該機械に存在する危険源，すなわち危害を引き起こす根源を特定することを，ISO 12100では**同定**（identification）と呼ぶ．危険源は，機械的危険源，電気的危険源，振動による危険源など11

分類されている．

危険源の同定は，作業との関連で特定する場合もあり，分析手法としては**表2.1-4**に示すような様々な手法が提案されている．

表 2.1-4 危険源（ハザード）分析手法の例

手法の分類	手　　法
プロセスハザード分析	HAZOP（Hazard and operability study），What if，FTA（Fault tree analysis），PHA（Preliminary hazard analysis），JHA（Job hazard analysis），Checklist
ハードウエアハザード分析	FMEA（Failure mode and effect analysis），FMECA（Failure modes, effects, and criticality analysis），MOP（Maintenance and operability study），Maintenance Analysis
コントロールハザード分析	CHAZOP（Computer hazard and operability study），SADT（Hierarchical task analysis），Structured methods
ヒューマンハザード分析	Task analysis，HTA（Hierarchical Task analysis），Action error analysis，Human reliability analysis

手順3：リスク見積もり

特定した危険源について，それぞれ，どのくらいリスクが残存しているかを見積もる作業である．リスクは，危害のひどさと発生頻度の関数であり，**図2.1-2**のように表すことができる．

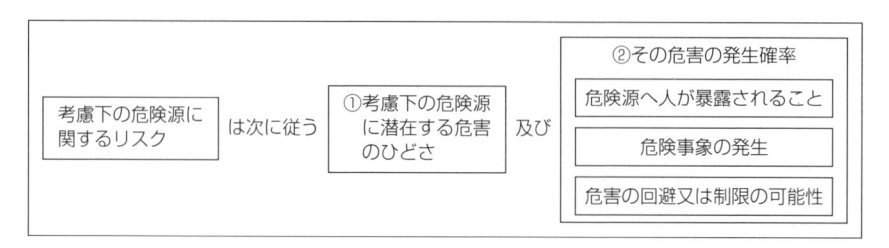

図 2.1-2 リスク見積もり

出典）JIS B 9700:2013 図 3（一部修正）

① **危険源に潜在する危害のひどさ**

ある危険源が顕在化したときに,人が被る危害の程度(例えば,一人死亡か,複数人の死亡か,腕や手がなくなる,脚が動かなくなる,又はかすり傷程度で済むものなのか)を意味する.

② **危害の発生確率**

危害の起きる頻度,例えば,100年に1回起きるのか,10年に1回起きるのかなどを意味する."危害のひどさ"と"危害の発生確率"のそれぞれについて,考慮すべき要件を**表2.1-5**に示す.

表 2.1-5 危害のひどさ及び発生確率,並びにそれらの要件

	考慮すべき要件
(1) 考慮下の危険源に潜在する危害のひどさ	①保護対象の性質(人,財産,環境) ②傷害又は健康障害の強度(軽い,重い,死亡) ③危害の範囲(個別 機械の場合,一人,複数)
	考慮すべき要件
(2) 危害の発生確率	
a) 危険源にさらされる頻度及び時間	①危険区域への接近の必要性,②接近の性質 ③危険区域内での経過時間,④接近者の数,⑤接近の頻度
b) 危険事象の発生確率	①信頼性及び他の統計データ,②事故履歴 ③健康障害履歴,④リスク比較(ISO 12100 5.6.3 参照)
c) 危害回避又は制限の可能性	①誰が機械を運転するか,②危険事象の発生速度 ③リスクの認知,④危害回避又は制限の人的可能性 ⑤実際の体験及び知識による

リスク見積もりの手法としては,様々なものがあるが,そのいくつかを次に紹介する.

① **リスクグラフ**

"危害のひどさ","頻度","回避の可能性"などの複数の要素を用いて,各要素ごとに合致するレベルを選択しながらリスクレベルを見積もる手法.

2.1 機械の設計とリスク低減戦略

② リスクマトリクス

"危害のひどさ"，"発生確率"の二つの要素の組合せからリスクレベルを算出する手法．

③ スコアリング

リスク要素をいくつかのレベルに分解し，重み付けを行い，各要素の数値について加算，積算などの処理をすることによりリスクレベルを算出する手法．

④ ハイブリッド

スコアリングとマトリクスを組み合わせた手法．

|手順4|：リスクの評価

最終的に，リスク低減が必要かどうか判断する．"リスクの評価"は，リスク見積もりの後，許容可能リスクが達成されているかどうか，リスクが適切に低減されているかどうかを，判断基準となるリスクレベルにもとづいて，決定するために要求される．

その評価の結果，許容可能リスクが達成されていれば，あるいはリスクが適切に低減されていればよいが，リスク低減が必要とされた場合には，適切な保護方策を講じ，手順1にもどってリスクアセスメントの手順を反復しなければならない（**図 2.1-1**）．

（a）許容可能なリスクとは

"許容可能なリスク"は，ISO/IEC Guide 51（安全側面—規格への導入指針）では「社会における現時点での評価にもとづいた状況下で受け入れられるリスク」と定義されていて，図示すると，**図 2.1-3** のように，ある閾値を設けて，

図 2.1-3 ISO/IEC Guide 51 で示される安全の概念

それ以下にリスクが低減されているレベルが"許容可能"である.

ISO/IEC Guide 51 では,上で示す定義に加え,「許容可能なリスクは,絶対的安全という理念,製品,プロセス又はサービスと使用者の利便性,目的適合性,費用対効果,並びに関連社会の慣習のように諸要因によって満たされるべき要件とのバランスで決定される」と説明している.つまり,許容可能なリスクは,統一的に,普遍的な一定の基準として決められるものではなく,限りなくリスクがゼロになることを目指し(絶対的安全という理念),製品などを使用する人の利便性,製品がその本来の使用目的と適合していること,費用対効果,ある社会の文化・慣習など,の様々な要因によって決定されるものとしている.

(b) 許容可能なリスクと ALARP

次に,IEC 61508(電気・電子・プログラマブル電子安全関連系の機能安全)で示される許容可能なリスクと ALARP(As low as practicable)の概念を図 **2.1-4** に示す.図 **2.1-4** ではリスク領域を三つに分けており,①許容できないリスク,②広く一般に受け入れられるリスク領域,③ ALARP 又は許容領域としている.③の領域は,費用便益分析により合理的に実行可能なレベルまでリ

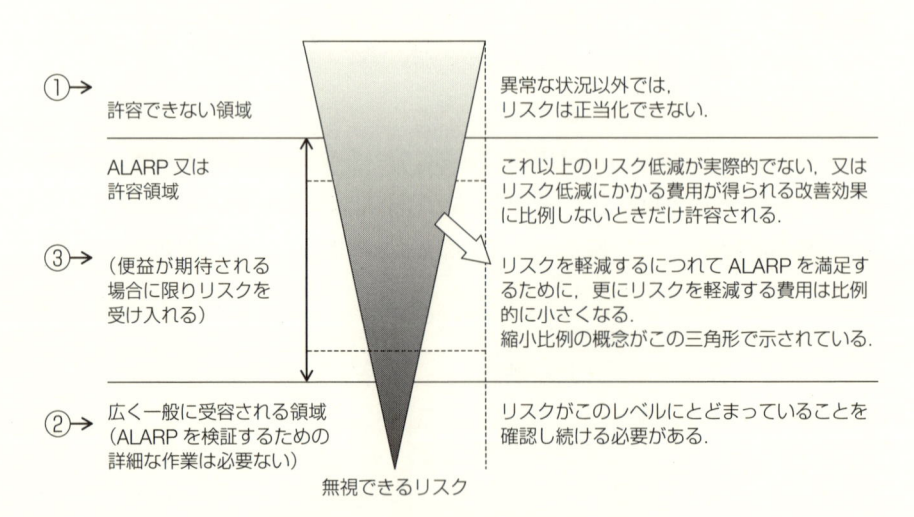

①→	許容できない領域	異常な状況以外では,リスクは正当化できない.
	ALARP 又は許容領域	これ以上のリスク低減が実際的でない,又はリスク低減にかかる費用が得られる改善効果に比例しないときだけ許容される.
③→	(便益が期待される場合に限りリスクを受け入れる)	リスクを軽減するにつれて ALARP を満足するために,更にリスクを軽減する費用は比例的に小さくなる.縮小比例の概念がこの三角形で示されている.
②→	広く一般に受容される領域(ALARP を検証するための詳細な作業は必要ない)	リスクがこのレベルにとどまっていることを確認し続ける必要がある.
	無視できるリスク	

図 2.1-4 許容可能なリスクと ALARP

出典)JIS C 0508-5:1999 附属書 B,図 1 [IEC/FDIS 61508-5:1998 (IDT)]

スクを低減することが求められる．参考までに，英国における作業者の死亡に対するレベルを示すと，アッパーレベル（①）で，1×10^{-3}，ロウワーレベル（②）で1×10^{-5}とされている．

(c) 許容可能なリスクと便益

なお，許容可能なリスクと便益を比較してリスクレベルを決定する際に注意しなければならないのは，得られる"便益"は自分が受け取り，"リスク"を他人に押し付けてはならないということである．

よく，引き合いに出される例としては，1970年代に発生した米国フォード社のピントという車の事故例がある．フォード社は，自社製品であるピントに欠陥があることを認識していた．ピントは追突されると爆発する危険があることを認識していたが，リコールをしてこの欠陥を修理する費用と，訴訟費用や保証などその他の費用を比較して，前者よりも後者の方が安くつくという判断をした．この例では，コストが割安である，つまり自分たちが利益をとり，命を失う，大けがをするなどのリスクをピントの運転者や同乗者に負わせたもので，便益をフォードが受け取り，リスクを他人に押し付けた典型的な例である．

(2) リスクアセスメントの課題

これまでに，リスクアセスメントの内容について簡単に説明したが，リスクアセスメントには問題点がないわけではない．一般的にリスクアセスメントには，主観的な要素が多々存在し，再現性が求めにくいことも事実である．十人十色とよくいわれるが，リスクアセスメントについても，10人が実施すれば10の異なる回答が出てくることも考えられる．

EUにおいても，1988年から1990年にかけて11か国によりリスク分析（リスクアセスメントの一部）を実施したが，分析結果にばらつきが出たことが報告されている．

また，リスクアセスメントに利用されるデータの問題も取りざたされている．William D. Ruckelshaus（米国 EPA[*2] 長官）は，1984年に次のように発言し，

[*2] EPA：Environmental Protection Agency（環境保護局）

データの取扱いの危うさを指摘している．

「We should remember that risk assessment data can be like the captured spy. If you torture it long enough, it will tell you anything you want.」

(3) 保護方策

保護方策は，ISO 12100 では 3.19 で「リスク低減を達成することを意図した方策で，次によって実行される．」と定義されており，保護方策には"設計者による方策"と"使用者による方策"の二つがあることが規定されている．さらに同規格の表 2 の 9 の備考 2 には"使用者の保護方策"が記載されている．なお，ISO 12100 の規定範囲は，設計者による保護方策に限る．

2.1.2 の冒頭でもふれたが，ISO 12100 で規定される保護方策は，**3 ステップメソッド**といわれ，

① 本質的安全設計方策
② 安全防護及び付加保護方策
③ 使用上の情報

の三つからなる．これらの方策には優先順位付けがなされており，①から順に②，③という順位で方策を講じていく．①を省略して②や③を適用したり，②を省略して③を適用してはならない．

保護方策の概略を表 **2.1-6** に示す．

2.1.3　代表的な保護方策

表 **2.1-6** では，ISO 12100 で示される保護方策を，①本質的安全設計方策，②安全防護策及び付加保護方策，③使用上の情報に分類して示したが，ここでは，これらのうちで代表的な方策として挙げられるものを一般的な安全方策に分類して次に示す．

表 2.1-6 保護方策の分類と例

保護方策の分類			方策の例
ステップ①	本質的安全設計方策	非制御手段	・幾何学的要因及び物理的側面の考慮 ・構成品間のポジティブな機械的作用の原理 ・安定性，保全性　・人間工学原則の遵守　など
		制御手段	・内部動力源の起動又は外部動力供給の接続 ・機構の起動又は停止　・動力中断後の再起動 ・動力供給の中断　・自動監視の使用
		その他	・安全機能の故障の確率の最小化 ・装置の信頼性による危険源への暴露制限 ・搬入（供給）又は搬出（取出し）作業の機械化及び自動化による危険源への暴露制限　など
ステップ②	安全防護策	ガード・制御システムと連携しない	・固定式ガード ・可動式ガード（インタロックなし） ・取り外し可能ガード
		ガード・制御システムと連携する	・インタロックガード ・制御式ガード
		保護装置・制御システムと連携する装置	①制御装置 　・両手操作　・イネーブル 　・ホールド・トゥ・ラン 　・インタロック装置　など
			②進入・存在検知装置 　・ライトカーテン　・レーザスキャナ 　・圧力検知マット　など
		保護装置・制御システムと連携しない装置	・くさび ・車輪止め ・アンカーボルト　など
	付加保護方策		・非常停止　・遮断及びエネルギの消散に関する方策 ・捕捉された人の脱出及び救助のための方策 ・機械類への安全な接近に関する方策 ・機械及び重量構成部品の容易，かつ安全な取扱いに関する準備

表 2.1-6 （続き）

ステップ③	保護方策の分類		方策の例
	使用上の情報	信号及び警報装置	・危険事象の警告のために使用される視覚信号（例えば，点滅灯）及び聴覚信号（例えば，サイレン）
		表示，標識(絵文字)，警告文	・製造業者の名前及び住所　・シリーズ名又は型式名 ・マーキング　・文字での表示　・回転部の最大速度 ・工具の最大直径 ・機械自体及び／又は着脱可能部品の質量(kg表示) ・最大荷重　・保護具着用の必要性 ・ガードの調整データ　・点検頻度
		附属文書（特に，取扱説明書）	・機械の運搬，取扱い，保管に関する情報 ・機械の設置及び立上げに関する情報 ・機械自体に関する情報 ・機械の使用に関する情報 ・保全に関する情報 ・使用停止，分解，及び，廃棄処分に関する情報 ・常事態に関する情報 ・熟練要員／非熟練要員用の保全指示事項の明確化

（1）危険源の除去

危害を被る可能性のあるその源を除去する方法である．ISO 12100でも6.2.2に"幾何学的要因及び物理的側面の考慮"として規定されている．

例えば，鋭利な角部や端部などをなくす，危険な可動要素に到達できないように距離をとる，危険区域の直接視認性の確保，材料の変更などの方策である．

① 鋭利な角部や端部などの除去

衝突しても危害を被らないように角部をとる，端部にふたを付けるなどの方策（図 2.1-5，図 2.1-6）．

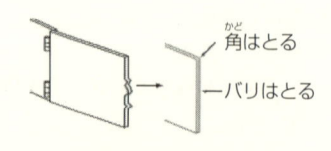

図 2.1-5　バリとり

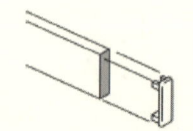

図 2.1-6　キャップを取り付けた例

2.1 機械の設計とリスク低減戦略

② 安全距離と最少すきま
危険な可動要素と接触しないように距離をとる方策，または，押しつぶされたり，挟まれたりしないような間隔をとる方策（**図 2.1-7**, **図 2.1-8**）．

③ 直接視認性の確保
危険区域に暴露されている人が誰もいないことをオペレータが主操作位置から確かめることができるようにするため，制御位置から作業区域及び危険区域を確認できるように機械の形状を設計する方策（例えば，死角の低減）．これは，作業区域及び危険区域内で作業者が作業をしている際，誤って第三者が機械を操作してしまうことにより災害が発生することを防止するための方策である．もし直接的な視認性の確保ができない場合には，鏡などを使用して間接的に視認性を確保する．

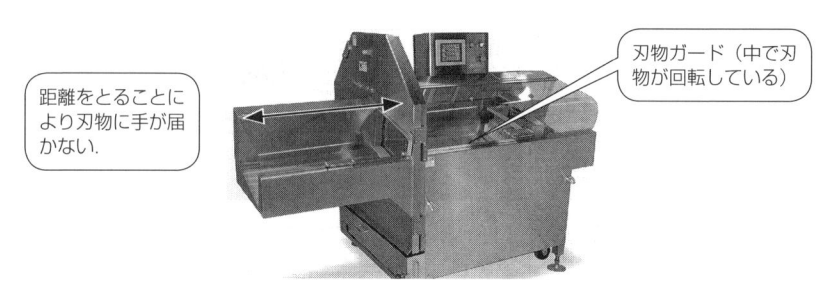

図 2.1-7 安全距離をとった例（食肉加工機械）

図 2.1-8 最少すきま（製粉機械）
提供）株式会社サタケ

④ **材料の変更**

毒性物質を含む材料から，非毒性物質へ変更する．可燃性物質から不燃性物質に変更するなどの方策（**表2.1-7**）．

表 2.1-7　代替などの例

代替などの種類	例
低有害性物質への代替	• タール含有塗料からタール非含有塗料 • 六価クロムメッキから三価クロムメッキ　など
低有害性金属への代替	• クロム酸鉛から金属化合物　など • はんだ（鉛，スズ）からはんだ（鉛フリー）　など
代替物質の使用	• 鉛から合成樹脂　など

(2) フェールセーフ

機械が故障したとき，あらかじめ定められた一つの安全な状態をとるような設計上の性質である．機械が故障した場合，安全側に停止するように工夫された方策である．ISO 12100 では，6.2.11 の"制御システムへの本質的安全設計方策の適用"や 6.2.12.3 の"非対称故障モード"コンポーネントの使用など，様々な要求事項に導入されている．

図 2.1-9 の例は，ガスバーナのフェールセーフ化の構成例である．つまみを押して，ガス室にたまったガスをバーナに供給し，点火する．点火した火により，熱電対の起電力で電磁石のコイルに電流が流れ，接極子を引き上げるとガスが連続的に流れる仕組みになっている．

点火されていないと接極子を引き上げる電流も流れないし，また電線が断線しても同様に接極子が引き上げられることはない．さらに電磁石の吸引力がなくなったとしても，軸がばねの作用と重力によりガスの供給弁をふさぐのでガス漏れを防止できる構造となっている．

なお，フェールセーフに関しては，1998 年に厚生労働省より『工作機械等の制御機構のフェールセーフ化に関するガイドライン』[*3] が発行されており，**表 2.1-8** に示す制御機構に対しては，フェールセーフ化をすることが推奨され

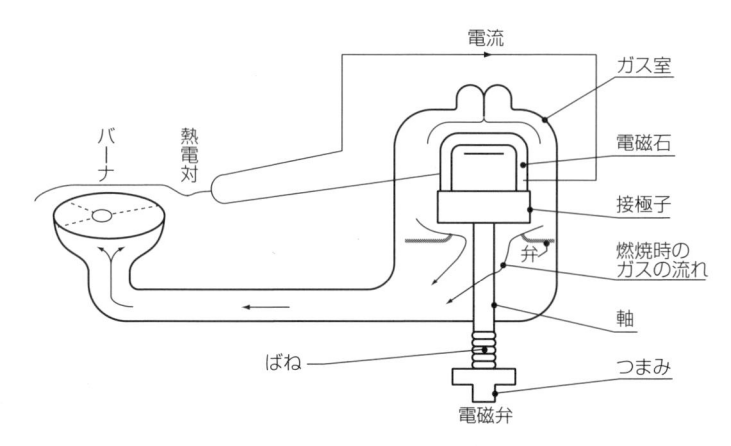

図 2.1-9　フェールセーフ実現例

出典）向殿政男 監修（2007）：安全の国際規格 第 1 巻 安全設計の基本概念, p.43, 図 2.6, 日本規格協会

ている．また，その原則，一般的方法及び具体的方法も示されている．

(3) ZMS（ゼロメカニカルステート）

　人が危害を被る恐れがあるエネルギ源をゼロ状態に保つ，あるいはゼロの状態にあることをいう（エネルギゼロ状態を安全性が最も高い状態とみなす）．作業者などが保全などの作業を実施している際に，意図しないエネルギの放出などにより危害を被る恐れがある．これらを防止するため，ISO 12100 では，6.2.11.1 などに"遮断及びエネルギの消散"として規定されている．遮断及びエネルギの消散のための手段としては，**図 2.1-10** に示すような装置とそれらに対する要求事項がある．

＊3　厚生労働省『職場のあんぜんサイト』より『工作機械等の制御機構のフェールセーフ化に関するガイドラインの策定について』
　　http://anzeninfo.mhlw.go.jp/anzen/hor/hombun/hor1-39/hor1-39-16-1-0.htm

表 2.1-8 ガイドラインで示されるフェールセーフ化が必要とされる制御区分

制御区分	内容
1 再起動防止回路	急停止機構等の作動によって機械が停止したときや，停電後に機械への通電が復帰したときに，作業者が再起動操作を行わなければ，機械を再び起動できないようにする回路.
2 ガード用のインタロックの回路	機械の運転中に作業者が危険領域内へ侵入するのを防止する回路．機械が停止した後にガードのロック機構を解除し，作業者が危険領域内へ侵入するのを許可する方式と，ガードを開いたときに機械が急停止する方式の二種類がある.
3 急停止用の回路	機械側で何らかの異常を感知したときに，直ちに機械の運転を停止させる回路．作業者がガードを開いたとき，安全装置が作動したとき，機械が何らかの故障や異常を起こしたときなどに作動する.
4 非常停止用の回路	作業者が何らかの異常を感知したときに直ちに機械の運転を停止させる回路．機械の運転中に労働災害が発生しかねない不測の事態が起きたときや，機械に異常が生じたとき，作業中にトラブルが発生したときなどに作動させる.
5 行き過ぎ防止用の回路	機械があらかじめ設定した位置・角度等を超えて行き過ぎないように監視を行い，行き過ぎが生じたときは直ちに機械を停止させる回路.
6 操作監視用の回路	作業者が正しい操作をしたときに限り，起動信号を発生させる回路.
7 ホールド停止監視用の回路	ホールド停止状態にある機械が故障や電磁ノイズ等の影響によって暴走しないよう監視を行い，暴走が起きたときに直ちに機械を停止させる回路.
8 速度監視用の回路	機械を低速状態で運転するときに，故障や電磁ノイズ等の影響によって機械があらかじめ定めた速度を超えて暴走しないように監視を行い，暴走が起きたときは直ちに機械を停止させる回路.
9 ホールド・トゥ・ランの回路	作業者が操作装置を押しているときに限って機械が運転を開始し，操作装置から手指等を離したときは直ちに機械を停止させる回路.

出典）厚生労働省（1998）:『工作機械等の制御機構のフェールセーフ化に関するガイドラインの策定について』，表2

2.1 機械の設計とリスク低減戦略

遮断及びエネルギの消散のための手段
特に大規模保全，動力回路関係作業，及び撤去作業があることを考慮して，遮断及びエネルギの消散のための手段を備えること

動力源遮断装置（施錠装置含む）	蓄積エネルギの消散又は制限装置
要求事項： ・断路，分離など，確実に信頼できる遮断とする． ・手動制御器と遮断装置は，機械的に結合している． ・手動制御器の位置に対応する遮断機器の状態を，明確に識別できる． ・遮断装置は，施錠（固定）装置により施錠できるもの又は他の方法で遮断位置に固定できるものでなければならない． **遮断装置の配置及び数：** ・機械の構成，危険区域に人がいることの必要性，リスクアセスメントにより決定する． ・遮断装置が遮断する機械又は要素の対応関係を明確にする． **遮断装置の例：** ・電源開路機器 ・プラグ／ソケット接続など **施錠装置の例：** ・南京錠 ・トラップド・キーインタロック装置 ・エンクロージャ　など	要求事項： ・残留エネルギ放出用機器に残留エネルギが残る場合，確実に封じ込める機能を備える． ・エネルギ放出により危険が増加したり，別の危険が生じない． ・残留エネルギ抑制用機器は抑制位置でロック可能とする，あるいは他の方法で安全を確保できる． ・残留エネルギの放出又は抑制の手順は，取扱説明書，注意名版に記載する．

図 2.1-10　遮断及びエネルギの消散のための手段

参考）JIS B 9714:2006　機械類の安全性―予期しない起動の防止

（4）フールプルーフ

不適切な行為又は過失などが生じても機械や部品などの信頼性及び安全性を保持する性質であり，人間が誤った行動をしても安全側にしか誤らないようにする方策である．

例えば，コンセントとプラグの形状を工夫し，対応関係にあるものしか挿入できないようにする（**図 2.1-11**），消火器を使用する場合，ピンを抜かないと使用できないようにする（**図 2.1-12**），ビデオテープのつめを折っておくと上書きができないなどの設計方策である．

また，不意の誤操作防止のため両手操作制御装置の押しボタン部分にガード

コンタクト数 5

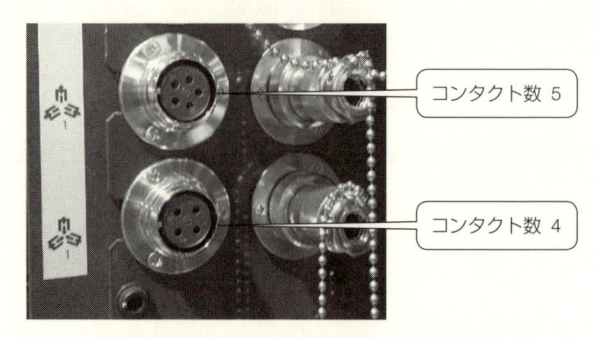

コンタクト数 4

コンタクトの数を変えることにより，差込みまちがいを防止している．

図 2.1-11 メタルコネクタの例

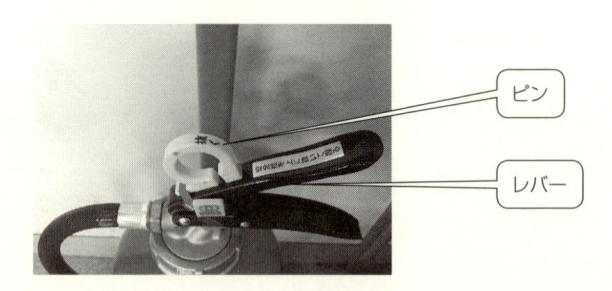

ピン

レバー

ピンを抜かないと，レバーを引くことができない．

図 2.1-12 消火器の例

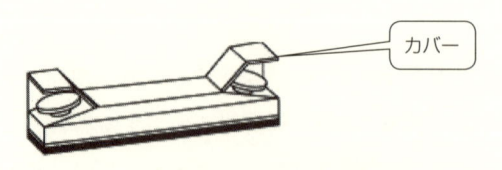

カバー

ボタンの上にカバーがあり，不意の誤操作を防止する．
（なお，本来，このカバーの役割は，片手押しを防止するためのものである．）

図 2.1-13 両手操作制御装置のカバー

をつけるなどもフールプルーフの一部と考えられる（図**2.1-13**）．

なお，ISO 12100 においては，その導入は判別しがたいが，人間工学原則の遵守などに一部近しい要求事項が見られる．

（5）フォールトトレランス

放置しておけば故障に至るようなフォールトや誤りが存在しても，機械やコンポーネントなどに要求される機能の遂行を可能にする機械や構成要素などの属性のことである．冗長系を組むなど，一つや二つ故障しても，安全を確保しようとする方策である．

"冗長化"とは，複数の回路などを並列的に設けることによって，その一部（一系統）に故障が生じても機能を維持することができるような構造としたものである［図**2.1-14**の（**a**）］．冗長化には，設計，技術，原理などの異なる複数の系を設けて，同じ原因による故障を避けるようにする異種冗長化がある．同種技術の冗長化ではなく，異種冗長化の方がより好ましい．

ISO 12100 では，6.2.12 に"安全機能の故障の確率の最小化"として規定されている．

図**2.1-14** は，ガードの位置を検知する検出器（2 個）に加えて，扉にさらにマグネットスイッチを取り付けることにより，異種冗長を構成している例である．（**a**）の位置検出器の一つを油空圧など他の技術形式に変更しても，異種冗長を構成できる．

なお，**本書 2.3** で示す支援的保護装置も，異種冗長の例と考えられる．

（6）フォールトアボイダンス

製造，設計などにおいて，機械や構成要素にフォールトが発生しないようにする方法又は技術である．例えば，機械，コンポーネント，部品などを高信頼化する方法である．ISO 12100 では，この手法は，装置の信頼性による危険源への暴露制限に含まれる．

フェールセーフとの組合せにより，効果は上昇する．

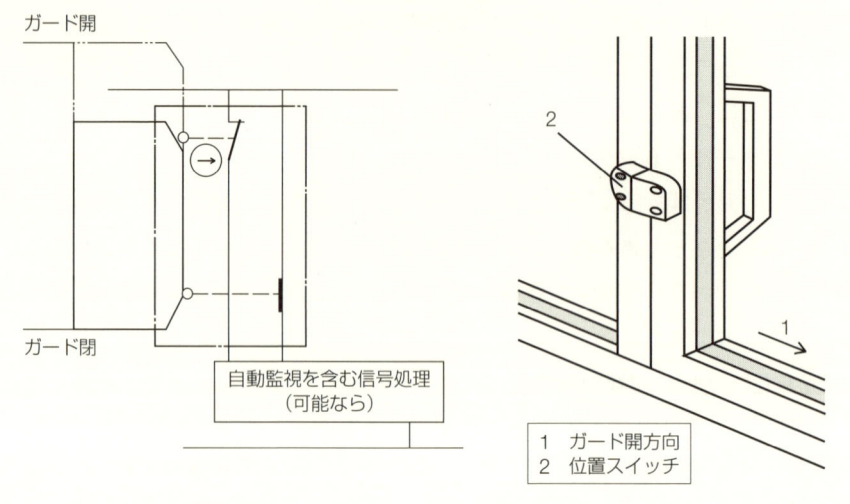

(a) ２重の位置検出器をもつインタロック　　(b) マグネットスイッチによるインタロック

図 2.1-14 冗長化の例

(7) 作業の機械化及び自動化

　機械化を進めると，人がいなくなる，又は少なくなるので，危害をこうむる人はいなくなるか，又はほとんどいなくなる．ただし，機械の運転状態などの監視方法は，オペレータによる機械の直接運転・監視から，遠方でのモニタなどによる間接的な監視に変わるので，異常事態などが発生した場合，機械を停止するか否かなどの即時判断は難しくなる．これが，リスクとして移転されることになる．判断は，直接機械を監視する人から間接的に機械を監視する人に委ねられることになる．現場で被害を被る人はいなくなるか，又は少なくなるが，特に大規模な設備などでは甚大な被害を引き起こす可能性もある．

　ISO 12100 では，6.2.14 に"搬入（供給）又は搬出（取出し）作業の機械化及び自動化による危険源への暴露制限"として規定されている．

　なお，作業の機械化及び自動化を進める際には，人間工学的側面も考慮することが必要である．その考慮事項を**表 2.1-9** に示す．

2.1 機械の設計とリスク低減戦略   69

表 2.1-9 オペレータ及び機械に対して機能（自動化の程度）を割り当てる際に考慮すべき人間工学原則

してはならないこと	すべきこと
―作業者が特有のスキル，生きがいを感じている仕事を自動化するべからず	―作業者の作業環境が豊かになる自動化をせよ
―非常に複雑であるとか，理解困難な仕事を自動化するべからず	―作業現場の覚醒度が上昇する自動化をせよ
―作業現場での覚醒水準が低下するような自動化をするべからず	―作業者のスキルを補足し，完全なものにする自動化をせよ
―自動化が不具合のとき，作業者が解決不可能な自動化をするべからず	―自動化の選択，デザインの出発時点から現場作業者を含めて検討せよ

出典）NASA，1988 年

(8) 人間工学

人が危害を受けることを防止するための方策を安全方策として考えるのであれば，当然，人間工学的な要素も考慮する必要がある．

① 筋負担軽減

作業者の筋作業疲労などを軽減し，腰痛などを生じることがないような設計的配慮が必要な場合がある．ここでは，手による重量物の取扱いに関して，EN 1005 シリーズの内容を一部紹介しておく．3 kg 以上の重量物を搬送する場合，表 2.1-10 のことに留意する必要がある．

表 2.1-10 手による重量物の取扱い

重量物の質量	条件
3 kg 以上～25 kg 以下の重量物	・搬送距離は，2 m 未満． ・重量物の質量をもった搬送物は，可能な限り，左右の手に均等となるものとする． ・重量物の寸法は，幅 0.6 m 以内，高さ 0.5 m 以内とし，視界を妨げない． ・重量物には，取っ手をつける．
25 kg 超の重量物	専用の補助器具を準備する．

参考）EN 1005 シリーズ

また，反復動作なども避ける必要がある．ISO 12100 でも，6.2.8 に"人間工学原則の遵守"として規定されている．

なお，筋作業疲労は，動的筋作業と静的筋作業に分けられる．動的筋作業とは，筋肉の伸び縮みによる力を使う作業の場合であり，静的筋作業とは，筋肉の収縮を持続した状態での作業である．

② **人間-機械間インタフェース**

人間工学は使いやすさの科学であり，人間-機械間インタフェースについて考慮することは重要である．計器類や表示などの見やすさ，操作誤りのない色彩や配置など，考慮すべき事項は多々ある．容易に，直感的に使用できることが必ずしもよいことであるとはいえない面もあるが（素早い反応が必要とされず，熟慮しなければならない場合など），ここでは，上に示したように容易に，見やすくすることが善であるということを前提とし，特に人間の身体機能を支援する機械としてのインタフェースを決定する要因とそれを設計する場合に検討する項目例を，**表 2.1-11** 及び **表 2.1-12** に示す．

表 2.1-11 人間-機械間インタフェースを決定する要因の例

要因	要因の具体的内容
①機器に求めるもの	・comfort か（必要条件），pleasure か（必要十分条件） ・機能か，機能以外か（二次機能，ステータス性） ・利便性，信頼性，品質，コスト　など
②使用者の特性	・年齢　・性別　・学歴　・知識　・習熟度 ・経験　・感情のレベル　・感覚のレベル　など
③使用環境	・温度　・騒音レベル　・湿度　・雰囲気　・照明 ・空間の大きさ感，広さ感
④運用環境	・使用者のレベル（熟練度，中途者，初心者など） ・作業形態　・作業内容　・作業量　・人間関係　など
⑤社会環境	・国勢レベル　・時代状況　・流行　・文化の成熟度 ・経済動向　・ライフスタイル
⑥民族性	・生活習慣　・生活様式　・言語 ・単一民族か，他民族国家か　など

出典：大久保堯夫（1999）：本質安全の考え方—人間工学としての安全（ISO 機械安全国際規格セミナー），日本機械工業連合会・日刊工業新聞社共催セミナー

2.1 機械の設計とリスク低減戦略　　71

表 2.1-12　人間−機械間インタフェース設計時の検討項目

	画　面	ハード	環　境
生理的インタフェース	・表示品質 ・表示文字の大きさ ・画素密度 ・アイコンの大きさ	・操作物の形状，重さ ・本体の重さ ・印字品質	・グレア ・騒音
形態的インタフェース	・表示位置 ・アイコンのトラッキング性	・キー，スイッチの操作性 ・ボタンの押しやすさ ・タッチディスプレイの位置	・設置場所
知的インタフェース	・意味性 　（アイコンの意味性，表示色の意味） ・メンタルイメージ ・クラスボックス化の程度	・記号性 　（フォルムとしての記号） 　（操作部の記号）	・空間のメッセージ性
感性的インタフェース	・斬新な画面 　（色・材質） ・オリジナリティ化 ・親しみのもてるデザイン	・斬新なハードデザイン ・味わいのあるハードデザイン ・刺激のあるハードデザイン	・環境とのコーディネート ・ときめきを感じる環境デザイン ・揺らぎの環境デザイン

出典）大久保堯夫（1999）：本質安全の考え方—人間工学としての安全（ISO 機械安全国際規格セミナー），日本機械工業連合会・日刊工業新聞社共催セミナー

2.1.4　制御システムの性能レベルを決定するためのリスクアセスメント

　機械の全体的なリスクアセスメントについては，**本書 2.1.2** で示したとおり，また ISO 12100 でも示されるとおり，まずリスクアセスメントに必要な情報を集めた（手順 0）後，機械類の制限（手順 1）から始まり，危険源の同定（手順 2），リスク見積もり（手順 3），リスクの評価（手順 4）までの一連の手順を踏み，必要があれば保護方策を講じることとなる．この一連の流れのなかで，リスクを低減するために必要とされる方策が制御システムに依存するとされた

場合，制御システムの性能レベルを決定するためにリスクアセスメントを実施する必要がある．この性能レベルは，パフォーマンスレベル（PL/PL$_r$）と呼ばれ，ISO 13849-1 で規定される．

この一連の流れを**図 2.1-15** に示す．また，以下を理解するために，最低限必要な用語を**表 2.1-13** に示す．

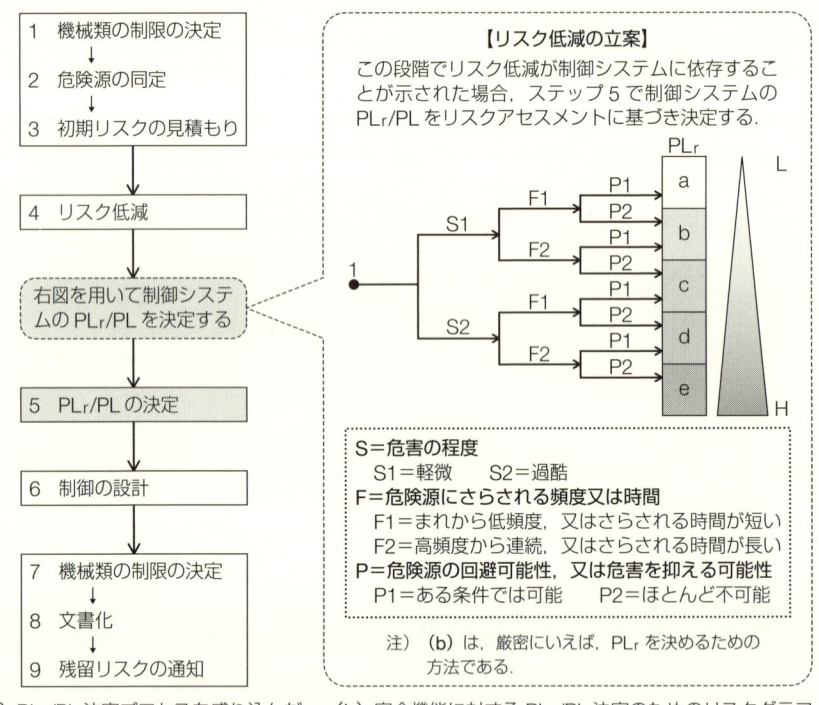

```
1  機械類の制限の決定
        ↓
2  危険源の同定
        ↓
3  初期リスクの見積もり
        ↓
4  リスク低減
        ↓
  右図を用いて制御システ
  ムの PL_r/PL を決定する
        ↓
5  PL_r/PL の決定
        ↓
6  制御の設計
        ↓
7  機械類の制限の決定
        ↓
8  文書化
        ↓
9  残留リスクの通知
```

【リスク低減の立案】
この段階でリスク低減が制御システムに依存することが示された場合，ステップ 5 で制御システムの PL$_r$/PL をリスクアセスメントに基づき決定する．

リスクグラフ：
- S1 → F1 → P1 → a
- S1 → F1 → P2 → b
- S1 → F2 → P1 → b
- S1 → F2 → P2 → c
- S2 → F1 → P1 → c
- S2 → F1 → P2 → d
- S2 → F2 → P1 → d
- S2 → F2 → P2 → e

（L→H）

S＝危害の程度
　S1＝軽微　　S2＝過酷
F＝危険源にさらされる頻度又は時間
　F1＝まれから低頻度，又はさらされる時間が短い
　F2＝高頻度から連続，又はさらされる時間が長い
P＝危険源の回避可能性，又は危害を抑える可能性
　P1＝ある条件では可能　　P2＝ほとんど不可能

注）(b) は，厳密にいえば，PL$_r$ を決めるための方法である．

(a) PL$_r$/PL 決定プロセスを盛り込んだリスクアセスメントフロー　　(b) 安全機能に対する PL$_r$/PL 決定のためのリスクグラフ

図 2.1-15 ISO 12100 で示されるリスクアセスメントフローと ISO 13849-1 との関係
(b)の出典）JIS B 9705-1:2011 附属書 A（参考）図 A.1

表 2.1-13 リスクアセスメントなどに関する用語

	用　語	定　義
1	制御システムの安全関連部 (safety-related parts of a control system) 略号：SRP/CS	安全関連入力信号に応答し，安全関連出力信号を生成する制御システムの部分． 注記1　制御システムに組み合わされた安全関連部は，安全関連入力信号の発生するところ（例えば，位置スイッチの作用カム及びローラを含む）で始まって，動力制御要素（例えば，接触器の主接点を含む）の出力で終わる． 注記2　監視システムが診断に使用される場合，これは SRP/CS と見なされる．
2	パフォーマンスレベル (performance level) 略号：PL	予見可能な条件下で，安全機能を実行するための制御システムの安全関連部の能力を規定するために用いられる区分レベル．
3	要求パフォーマンスレベル (required performance level) 略号：PLr	安全機能の各々に対し，要求されるリスク低減を達成するために適用されるパフォーマンスレベル．
4	カテゴリ (category)	障害に対する抵抗性（フォールト・レジスタンス），及び障害条件下におけるその後の挙動に対する制御システムの安全関連部の分類であって，当該部の構造的配置，障害検出及び／又はこれらの信頼性により達成される．
5	平均危険側故障時間 (mean time to dangerous failure) 略号：MTTFd	危険側故障を生じるまでの平均時間の期待値．
6	診断範囲 (diagnostic coverage) 略号：DC	診断効果の尺度であり，検出される危険側故障率（分子）と全危険側故障率（分母）の間の比として決定することができる． 注記1　診断範囲は，安全関連システムの全体又は一部に対してあり得る．例えば，診断範囲は，安全関連部の全体又は一部として，例えば，センサ及び／又は論理システム及び／又は最終要素の組合せとして存在することがあり得る．

表 2.1-13 　(続き)

	用　語	定　義
7	共通原因故障 (common cause failure) 略号：CCF	単一の事象から生じる異なったアイテムの故障であって，これらの故障が互いの結果ではないもの.

出典) JIS B 9705-1:2011 より（一部抜粋）

図 2.1-15 の (a) は，ISO 12100 で示されるリスクアセスメントフローのなかに ISO 13849-1 で規定される PL_r/PL を決定するためのプロセスを一部組み込んだ例である．機械全体のリスク見積もりが終了し，リスク低減が必要とされ，それが制御システムに依存するとされた場合には，制御システムの PL_r/PL を決定する必要がある．

図 2.1-15 の (b) "安全機能に対する PL_r/PL 決定のためのリスクグラフ" について，以下に簡単にその見方を説明する．

当該機械の危険源からリスクが発生し，人に危害をもたらすと仮定した場合，危害の程度として軽度で済むものなのか，重度なものかを見積もる．ここでは仮に，深刻な傷害を仮定すると図 2.1-15 の (b) の "危害の程度" については，"S2" が選択される．次いで，重度のリスクを生じる危険源又は事象への接近頻度を見積もる．その頻度が頻繁なものであれば，"暴露頻度" については，"F2" が選択される．F2 の選択後，人に危害をもたらす事象が発生した場合，その事象の出現から生じると予想される危害を回避することができるかどうか決定する[*4]．身体能力の高さや，熟練技術者であれば回避することができる事象もあれば，事象の発現速度が非常に速く身体能力や熟練度を考慮しても回避不可能なものもあるが，ここでは回避可能として，"P1" を選択する．そうすると，求められる制御システムの PL_r/PL は，"d" 以上であればよいことになる．

---

*4 "回避の可能性" について，MIL（米国軍用規格）などで規定される大規模システムなどにおいては，事故などが発生した場合に安全に退避できるように避難経路や避難場所の確保などの必要な対策を講じてあることを指す場合が多い．

2.2　複数の機械が連携する統合生産システムのリスク低減戦略—ISO 11161

　現在の複雑化・多様化した商品の製造や，多品種変量生産の製造現場は，単体機械だけでは到底完結できるものではなく，それらを組み合わせた統合生産システムとしての設計が必要となる．現状では，統合生産システム（IMS）に関する規格としては2007年にISO 11161（統合生産システムの安全性）が発行されている．本節では，このISO 11161で規定されている内容の概略を紹介するとともに，統合生産システムを構築する際に使用されるタスクベースドアプローチを示す．

2.2.1　統合生産システムのリスクアセスメントとリスク低減戦略

　単体機械の安全性に関しては，**2.1**で紹介したようにISO 12100を頂点とする各規格群で規定されているが，複数の機械が連結されて，協調して作動する機械については，上述したようにISO 11161を適用することができる（**表2.2-1**）．この規格では，個々の機械については，すでに安全性を具備していることを前提とし，これらを接続（インタフェース）することにより構築することを規定している．これらのことは，一般に**セーフティ・システムインテグレータ**の指揮下で実施される．"セーフティ・システムインテグレータ"は，統合生産システムのリスクアセスメントにより決定された要求を達成するために，要素機械及び関連設備のユーザ及びサプライヤからの情報提供を依頼する．つまり，ユーザとサプライヤとの間には，"セーフティ・システムインテグレータ"が関与することが必要ということである．"セーフティ・システムインテ

表 2.2-1　ISO 12100 と ISO 11161 の対象範囲

	ISO 12100	ISO 11161
対象機械・設備	単体機械（産業機械全般）	統合生産システム（複数台が連携して稼働する）
使用対象者	設計者	インテグレータ（システム設計者）

グレータ"は，その関与により技術面の検討とレビューをし，システムの使用上の指示事項を追加及び変更する役割と権限をもつ．

統合生産システム構築においては，様々な人，例えば単体機械のサプライヤ，ユーザ，インテグレータなどが関与することとなるが，主体的な役割を演じる人はセーフティ・システムインテグレータである．

図 **2.2-1** は，統合生産システム ISO 11161 と ISO 12100 規格群の関係を表したものである．ステップ①，ステップ②，ステップ③は，ISO 12100 に規定されている 3 ステップメソッドをあらわす．これらは，ISO 12100 の要求事項をすでに満たしている機械であることを意味している．ステップ⓪とステップ④は，ISO 12100 の要求事項を満たす"個別機械（装置／Machines）"を集めて，ISO 11161 の要求事項に従って接続（インタフェース）することにより統合生産システムを構築することを示している．

以下，**2.2.2** では ISO 11161 の規定内容の概略を示す．

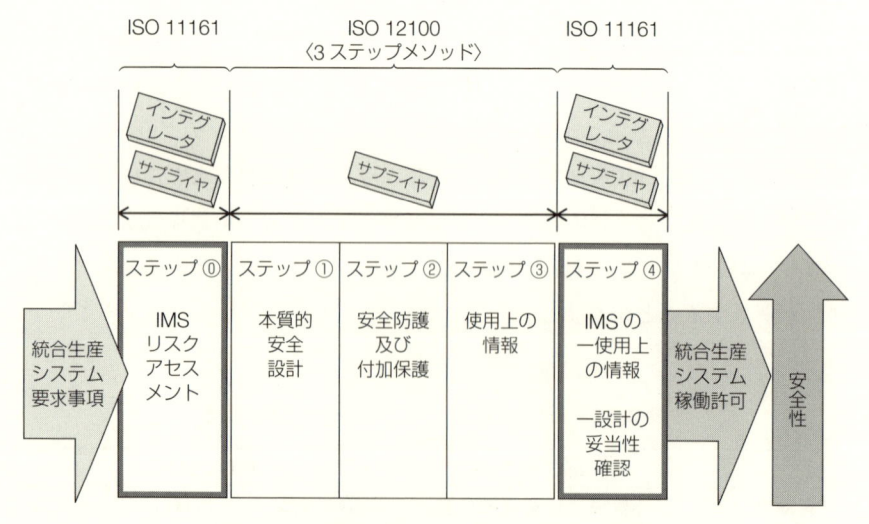

図 2.2-1 ISO 12100 と ISO 11161 の関係

コラム2　統合生産システムのインタフェース

統合生産システムを構築するうえでのポイントは，インタフェースである．このポイントを簡単にまとめておく．図1に，統合生産システムのインタフェース事例を紹介しておく．

(1) 区域間インタフェース

区域と区域の間には，各区域だけでは安全性を確保することができないエリアがある．この場合は，各区域を統括する"IMS ガーディング"，"IMS コントローラ"などを設置し，区域間を含み安全性を確保する．

(2) 人と機械のインタフェース

本質的安全設計としての人間工学原則に基づいた使いやすさの追求，国際規格に基づいた安全性の配慮，HMI（モニタリング，操作…）などのユーザインタフェースなどにより安全性を確実にする．

また，人が機械と共存する時間をできるだけ少なくするように，HMI for SIMSなどを設置し，IMS全体の詳細ステータスを把握できるようにする．

(3) 機械と機械のインタフェース

機械的インタフェースと電気的インタフェースがある．IMSとしての保護方策を実施し，安全性を確実にする．

- 機械的インタフェース
  複数区域のガード，区域と区域の間のガードなど
- 電気的インタフェース
  従来のハードワイヤード安全信号インタフェース，安全ネットワークなど

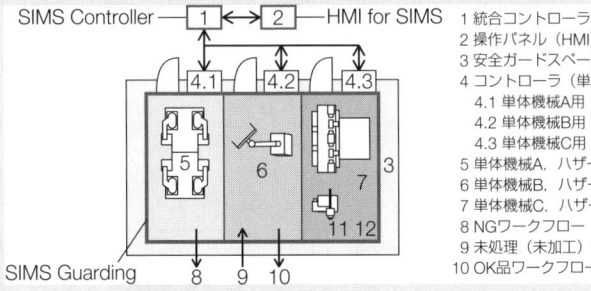

```
SIMS Controller ─[1]⇔[2]─ HMI for SIMS
```

1 統合コントローラ
2 操作パネル（HMI）
3 安全ガードスペース
4 コントローラ（単体機械用）
　4.1 単体機械A用 コントローラ
　4.2 単体機械B用 コントローラ
　4.3 単体機械C用 コントローラ
5 単体機械A．ハザードゾーンA
6 単体機械B．ハザードゾーンB
7 単体機械C．ハザードゾーンC
8 NGワークフロー
9 未処理（未加工）ワークフロー
10 OK品ワークフロー

SIMS Guarding

図1　統合生産システムのインタフェース事例

出典）ISO/TC199/WG3 NO163 ISO 11161 Working Draft

2.2.2 ISO 11161による統合生産システム（IMS）への要求事項

本項では，ISO 11161の要求事項についてその概要を紹介するが，内容を理解するうえで最低限必要な用語を**表2.2-2**に示す．ここでは，ISO 11161に規定される用語以外の用語も含んでいる．なお，リスクアセスメントなど基本的な用語については，**本書2.1**を参照されたい．

また，ISO 11161の各箇条の概略を**表2.2-3**に示す．

図2.2-2は，**図2.2-1**のなかでもISO 11161の要求範囲であるステップ⓪及びステップ④をさらに詳細に示し，かつ**表2.2-3**に示すISO 11161の箇条に従い統合生産システム構築のための手順を示したものである．

手順1 として，まずシステム制限と事前レイアウトを決定し，手順2 で作業者が実際の作業をする場所，つまりタスクゾーンを決定する．次いで，手順3 として作業者などが危害を被ると想定した場合，その危害の源はどのようなものであるか，つまり危険源，危険事象，危険状態はどのようなものであるかを決定する．手順4 では，危険源を除去又はリスクを低減するための方策の選定

表2.2-2　用語及び用語の説明

用　語	定　義　又　は　説　明
インテグレータ	保護方策，制御インタフェース，及び統合生産システムに制御システムを接続することを含む，統合生産システムを提供，設計，又は組立を実行し，また，安全戦略を担当する実体． 注記　インテグレータは，製造者，アッセンブラ，エンジニアリング会社，又は使用者自体である場合もある．
統合生産システム（IMS）	個々の部品又は組立品の製造，処理，移動又は包装のために，材料ハンドリングシステムによりリンクし，制御器（例えば，IMS制御器）により接続される一連の強調した方法で動く機械群．
制御範囲	指定の装置の制御下にあるIMSのあらかじめ定められた範囲．
タスクゾーン	オペレータが作業を遂行することができるIMS内及び／又はIMS周辺のあらかじめ定められた空間．

出典）ISO 11161:2007より（一部抜粋，著者仮訳）

2.2 複数の機械が連携する統合生産システムのリスク低減戦略

表 2.2-3　ISO 11161 要求事項の概略（各箇条）

ISO 11161の箇条	内容概略
箇条4： リスクアセスメント及びリスク低減のための戦略	統合生産システムのリスクアセスメント・リスク低減のための戦略が規定されている．
箇条5： リスクアセスメント	統合生産システムのリスクアセスメント要求事項（IMS仕様，危険源の同定，リスク査定，リスク評価）が規定されている．
箇条6： リスク低減	統合生産システムのリスク低減の要求事項（保護方策，保護方策の有効性）が規定されている．
箇条7： タスクゾーン	統合生産システム仕様の変更や制限，レイアウトの変更，介入制限，追加運転モードなどが要求される． 本質的安全設計方策もこの箇条で規定される（**本書表 2.2-6** も参照）．
箇条8： 安全ガード及び制御範囲	安全防護策に関する規定が要求されている（**本書表 2.2-7** も参照）．
箇条9： 使用上の情報	使用上の情報が規定されている（IMSの機能性及びマーキングなど，**本書表 2.2-8** も参照）．
箇条10： 設計の妥当性確認	妥当性の確認に関する規定が要求されている．

妥当性確認の結果により箇条4から箇条10のプロセスを反復

第2章 リスク低減技術について

ステップ⓪ 〜 ステップ④

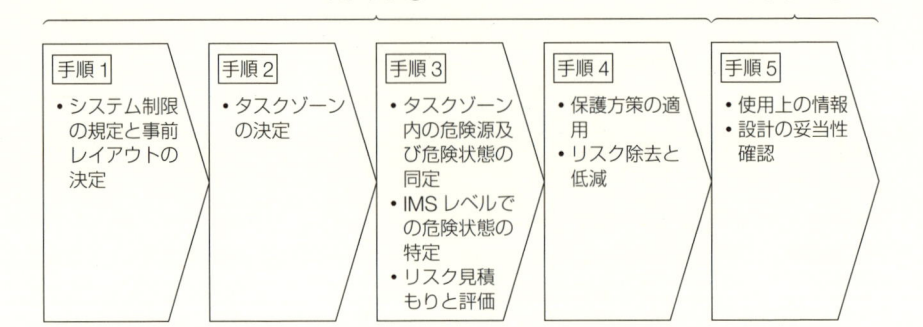

- 手順1
  - システム制限の規定と事前レイアウトの決定
- 手順2
  - タスクゾーンの決定
- 手順3
  - タスクゾーン内の危険源及び危険状態の同定
  - IMSレベルでの危険状態の特定
  - リスク見積もりと評価
- 手順4
  - 保護方策の適用
  - リスク除去と低減
- 手順5
  - 使用上の情報
  - 設計の妥当性確認

タスクベースドアプローチにもとづいた
タスク分析 → 危険源分析 → リスク見積もり → リスク評価 → リスク低減

図 2.2-2　統合生産システム構築のための手順（ISO 11161）

と適用を実施し，最後に 手順5 として，残留リスク情報，統合生産システム設計の妥当性確認を実施することとなる．

以降，図 2.2-2 にもとづいて，手順1 から 手順5 までの内容を示す（ただし，手順0 も加えて説明する）．

手順0 ：統合生産システム構築に必要な情報の収集

図 2.2-2 には示されていないが，**本書 2.1.2 の（1）リスクアセスメント**においても手順0として示されているのと同様に，統合生産システムの構築においても，準備作業として，必要な情報を収集し，分析する必要がある．

統合生産システムを構築するうえで中心的な役割を果たすのは，**セーフティ・システムインテグレータ**（ここでは**インテグレータ**と略す）である．インテグレータは，システム構築のためにまず必要な情報を入手し，統合生産システムに必要な部品，機械，設備などを見積もる．また，法規制や規格などの準備を行う．図 2.2-3 に，インテグレータを中心としたIMS構築のための情報の流れを示す．

統合生産システムの仕様を決定するために，まず統合生産システムに要求さ

2.2 複数の機械が連携する統合生産システムのリスク低減戦略

れていることは何かを洗い出す必要がある．分析事項としては，主に次である（図 2.2-4 も参照）．これらの要求分析の結果を仕様として策定する．

① 設置場所の分析
② 製造物の分析
③ 必要な機械機能と生産能力の見積もり

上の①から③の内容について，必要な情報を入手・依頼・協議・分析し，使用者側の生産物，生産能力，専有面積（空間）などの分析結果をまとめる．

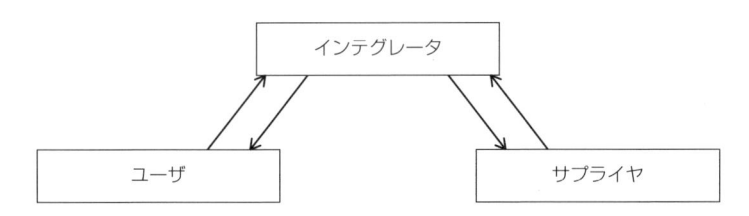

図 2.2-3　インテグレータを中心とした IMS 構築のための情報の流れ

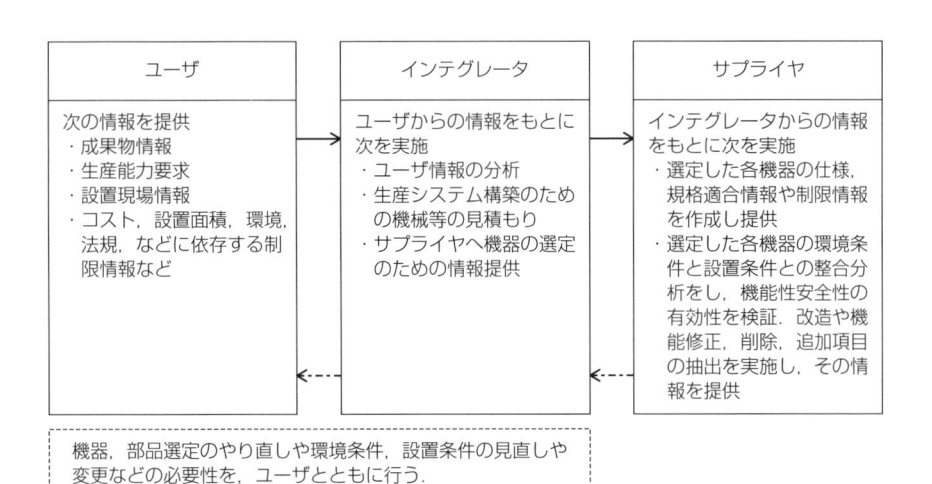

ユーザ	インテグレータ	サプライヤ
次の情報を提供 ・成果物情報 ・生産能力要求 ・設置現場情報 ・コスト，設置面積，環境，法規，などに依存する制限情報など	ユーザからの情報をもとに次を実施 ・ユーザ情報の分析 ・生産システム構築のための機械等の見積もり ・サプライヤへ機器の選定のための情報提供	インテグレータからの情報をもとに次を実施 ・選定した各機器の仕様，規格適合情報や制限情報を作成し提供 ・選定した各機器の環境条件と設置条件との整合分析をし，機能性安全性の有効性を検証．改造や機能修正，削除，追加項目の抽出を実施し，その情報を提供

機器，部品選定のやり直しや環境条件，設置条件の見直しや変更などの必要性を，ユーザとともに行う．

図 2.2-4　統合生産システムに求められる要求事項の分析

これらの情報をもとに，どのような手法を用いて IMS を構築していくかという次の段階，すなわち"手順1 システム制限の規定と事前レイアウトの決定"へとつなげる．

手順1：システム制限の規定と事前レイアウトの決定

システムの機能性，ワークタスクなどを，システムの意図する使用の制約条件にもとづいて決定する．この手順1では，"IMS 仕様"の要求事項と"システム制限の仕様"（**図 2.2-5**）が要求される．

コラム3　セーフティ・システムインテグレータにふさわしい人物

欧米やアジア諸国の大手機械ユーザには，企業内にセーフティ・エンジニアが存在しており，機械安全についても理解し，ユーザとの間をとりもっている．労働者からの要求をサプライヤにわかりやすいように伝えることができ，サプライヤからの説明もユーザに確実に伝わる．そのような人が"セーフティ・システムインテグレータ"として活躍をしている．

経験上の私見ではあるが，"セーフティ・システムインテグレータ"としてふさわしい人物について考えてみると，前述したように，近年の設備は複雑化しており，機械だけ，電気・制御だけの知識だけでは，専門的な縦的な役割分担になりがちであるため，分野を横断した知識をもっている人，例えば電気・制御を担当し機械安全にも精通している人などがなる場合が多い．電気・制御担当者は，機械を動かさなければならないし，使用方法も指導しなければならないので，そのような人がセーフティ・エンジニアを兼務しながら活躍している．

なお，こうした対応は，大企業だからできることかもしれない．

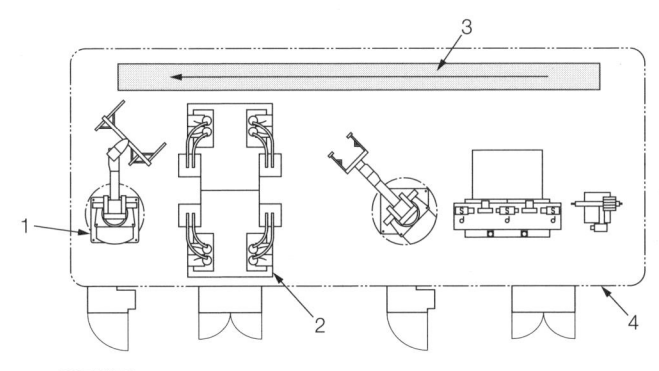

図 **2.2-5** システム制限の仕様

記号説明
1 機械A—ロボット　2 機械B—工作機械　3 機械C—コンベヤ　4 IMS

出典）ISO 11161:2007 図2（筆者仮訳）

① **IMS 仕様**

IMS 仕様を，IMS の設計コンセプト，IMS の使用面に関する事項，IMS のスペースに関する事項から検討して決定することが要求される．

設計コンセプトとしては，まず，機能の記述，IMS のレイアウト，各種作業プロセスと手動作業の相互関係の記述，プロセスシーケンス，コンベヤ又は搬送ラインなどのインタフェースに関する記述や，サイトにおける人間の活動性など，IMS の全体コンセプトを規定することが要求される．

② **IMS 使用**

IMS の使用面からは，機能性とワークタスクの仕様を検討することが要求される．そのうち，機能性は，ISO 11161 の 5.1.2 で，ワークタスクの仕様は 5.1.3 で規定される（**表 2.2-4**）．

③ **IMS のスペース**

IMS のスペース面から，レイアウト，IMS へのアクセス手段に関する仕様を決定することが要求される．IMS のスペース，レイアウト，アクセスは，ISO 11161 の 5.1.4 で規定される（**表 2.2-5**）．

表 2.2-4　ISO 11161 の 5.1.2 及び 5.1.3 の要約

■機能性（ISO 11161 5.1.2）考慮事項
① ワークタスク及び IMS の効率を考慮した生産効率
② 自動化，技術及び製造プロセスのレベル
③ モード（手動モード，自動モード，区域又は区域の部分に関連するモード，監視モード）
④ 機械・IMS 多重構成の要求事項
⑤ 安全関連制御機能を含む制御機能
⑥ 制御範囲
⑦ 検査要求事項

■ワークタスク（ISO 11161 5.1.3）考慮事項
① 遂行する又は従事する特定のワーク
② ワークタスクの位置
③ 品質チェック，予防保全，機能不良の修正を最低限含む人の介入の頻度及び時間
④ ワークタスク実施のための安全防護物制御範囲（例えば，フルスピード，低減速度，停止）
⑤ ワークタスクに必要とされるモード（例えば，手動モード，自動モードなど）
⑥ 保護具の必要性（例えば，グローブ，ゴーグル）
⑦ 補助設備の必要性（例えば，手工具，吊上げ設備）
⑧ タスクに関連する人間工学側面（例えば，姿勢，質量，サイズ，複雑性）
⑨ タスクに関連する環境関連事項（例えば，換気，照明，騒音，温度・湿度，固体・液体廃棄物）
⑩ IMS 運転の局面（据付，ティーチング及び設定，生産，保全，修正，トラブルシューティング及び機能不良からの回復，IMS の解体及び廃棄など）

2.2 複数の機械が連携する統合生産システムのリスク低減戦略　　85

表 2.2-5　ISO 11161 の 5.1.4 の要約

■レイアウト（ISO 11161 5.1.4）考慮事項
① アクセス及び脱出経路
② 予見可能な人の介入
③ ワークタスク
④ ワークフロー
⑤ 5.1.3 のワークタスク実施のために安全なアクセスを提供するための安全防護物の制御範囲
⑥ 交通及び通過する物，人

手順 2 ：タスクゾーンの決定

　タスクゾーンを決めるためには，まずタスク，機械の配置，機械への接近手段を決める（図 2.2-6）．次いで，危険源，危険区域及び関連する危険状態を決定し（図 2.2-7），システムの機能性と安全性を考慮して，タスクゾーンを決定する（図 2.2-8）．

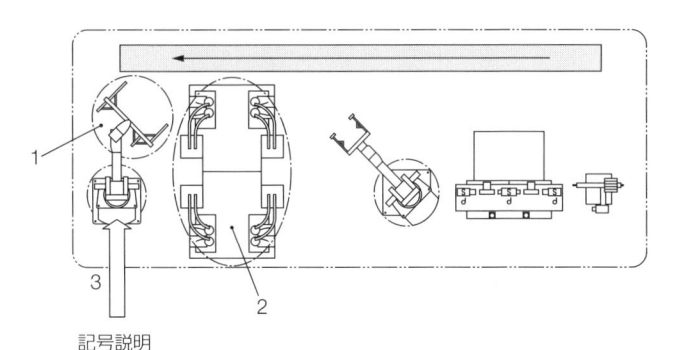

記号説明
1 タスク1—工具交換　2 タスク2—清掃　3 タスク1及び2への接近

図 2.2-6　タスクの決定

出典）ISO 11161:2007 図 3（筆者仮訳）

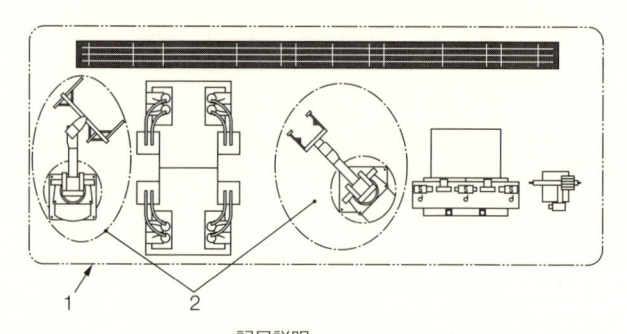

86　第2章　リスク低減技術について

記号説明
1 IMS　2 危険区域

図 2.2-7　危険源，危険区域及び関連する危険状態の決定

出典）ISO 11161：2007 図4（筆者仮訳）

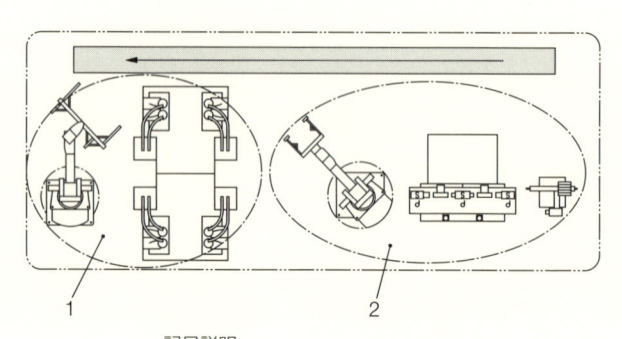

記号説明
1 タスクゾーンA　2 タスクゾーンB

図 2.2-8　タスクゾーンの決定

出典）ISO 11161：2007 図5（筆者仮訳）

　　手順3：タスクゾーン内の危険源及び危険状態の同定，**IMS** レベルでの危険状態の特定，リスク見積もりと評価

　まず，タスクゾーン内で危険源及び危険状態を同定し，そのリスクを見積もり，評価する．

次に，IMS レベル（IMS として組み上げた状態，又は組み上げた状態を想定して）での危険状態を特定する．危険状態は，次の三つに関連したそれぞれのタスクに応じて，同定しなければならない．

① （人の）介入が必要な機械

ISO 11161 では，個々の機械の安全性については ISO 12100 の要求事項を満たしていることを前提としているが，それらが IMS 内部に統合された後，ロボットへのティーチング作業や保全作業などによる人の介入を想定して，サプライヤの意図する使用条件に適合しているかどうかを検証する必要がある．

この検証は，サプライヤとインテグレータとが共同で実施することが望ましい．

② IMS 内部の機械の位置

個々の機械に対して，IMS 内部の機械の位置により新たな危険状態が生じないということを評価しなければならない．

③ 作業位置に到達するための IMS 内のルート

オペレータが作業位置に到達するための IMS 内部のルートについて，危険状態をそれぞれのタスクに応じて同定し，評価しなければならない．

|手順4| ：保護方策の適用，リスク除去と低減

次の順番で IMS レベルでの保護方策を適用し，危険源又はリスクを除去又は低減する（表 2.2-6）．

表 2.2-6　ISO 11161 で示される本質的安全設計

- IMS 仕様又は制限の変更
- 危険状態を抑える，もしくは低減するために設備の一部を変更する．または介入方法を変更する
- レイアウト，IMS の機能性又は制限を変更する
- 制限付き介入
- 追加運転モード

参考）ISO 11161:2007 7.1 より（筆者仮訳）

① **本質的安全設計方策**

ISO 11161 においては，本質的安全設計は IMS の仕様，制限やゾーニングが大きなポイントとなる．

なお，**図 2.2-1** に示したステップの"②安全防護策"（安全ガード及び制御範囲）と"③使用上の情報"は，ISO 11161 で規定される"①本質的安全設計"方策を適用した後の方策であり，②・③を適用する前に，本質的安全設計の適用可能性について再度検討を行う．

② **安全防護策**

"①本質的安全設計"方策を講じた後，安全ガード及び制御範囲を決定する．その内容は，**表 2.2-7** に示される各方策から構成される．

表 2.2-7　ISO 11161 で規定される安全防護策

1.	ゾーン間の安全防護策
	安全防護物は，ワークタスク遂行を許容し，かつ加工フローの妨害にならないという二つの要求を満足しなければならない．
2.	制御範囲
	タスクゾーンに関連する様々な制御装置及び保護装置の制御範囲を決定することが要求される（**図 2.2-9**）．
3.	電気装置
	この規格で使用される電気装置は，IEC 60204-1 及びサプライヤが提供する指示書に適合させる必要がある．
4.	各モード
	モードは，自動又は手動のほか，作業者がタスクを安全に実施するために，例えば，自動，設定，プロセス切り替え，ティーチング，トラブルシューティング，清掃，保全などが準備される場合があるが，こうした場合には，モード選択装置を準備する必要がある（ISO 11161 の 8.4）．
5.	保護装置が中断された場合の安全防護策
	危険区域の外側からタスクを遂行することができない場合，安全防護物はオペレータが危険区域へ介入するために，中断される場合がある． この場合，他の保護方策が適切な保護レベルをもって提供されなければならない．また，制御システムは，危険区域の中に取り残された状態で，機械が起動しないように，危険区域の外側から，機械の危険条件で始動してはならない．

2.2 複数の機械が連携する統合生産システムのリスク低減戦略

表 2.2-7 （続き）

6.	制御
	制御には，機能面の要求仕様と安全関連制御機能の安全度要求仕様を作るための情報を使用しなければならない．
7.	周辺安全防護装置のリセット
	保護装置の検知区域を通って，他の保護装置の継続的な検知もなしに安全防護区域に進入することが可能な場合，安全防護機能は，安全防護区域の外側に配置した手動リセット装置によりリセットされなければならない． 安全防護区域が，リセット機能装置の位置からよく見えない場合，人が取り残されないように，安全防護区域から出ることができるような手段を準備しなければならない．
8.	起動／再起動
	IMS 又は IMS の部分の起動／再起動には，次を要求しなければならない． ―安全防護区域の外側に配置した制御ステーションからの意図的な起動．IMS の一部に関連する安全防護物が所定の位置にあり，機能し，また，全ての安全関連機能がリセットされたことを前提とする． ―安全防護区域を明瞭に，かつ，障害なく視認することができるようにアクチュエータが配置されている．これが現実的でない場合，人が取り残されていないということを確実とする手段が準備されなければならない．視覚，聴覚装置が使用される場合には，更に追加の要求事項が規定される．
9.	非常停止
	IEC 60204-1 又は ISO/IEC 13850 に適合しなければならない．非常停止は，その制御範囲を明確にしなければならない（ISO 11161 の 8.11）．
10.	捕捉（トラップ）された人の脱出及び救出方法
	ISO 12100-2 の 5.5.3*に従わなければならない．

* ISO 12100：2010 では 6.3.5.3 に相当．

参考）ISO 11161:2007 箇条 8

手順5 ：使用上の情報，設計の妥当性確認

（1）使用上の情報

"③使用上の情報"については，ISO 12100-2 の箇条 6[*5] に従わなければならない．使用上の情報に含める内容の例を，**表 2.2-8** に示す．

---

*5 ISO 12100:2010 では 6.4 に相当．

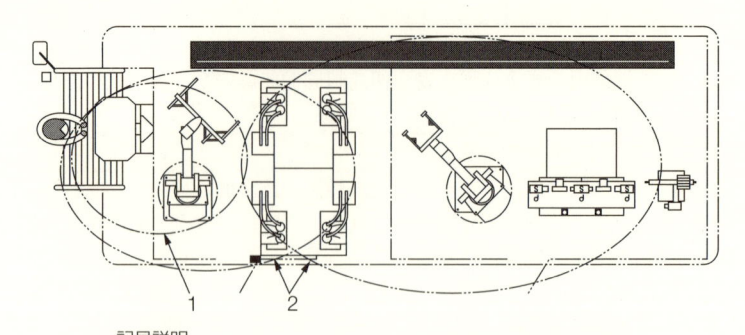

記号説明
1 ライトカーテン1の制御範囲　2 インタロック装置の制御範囲

図 2.2-9　制御範囲を含む安全防護策の決定

出典）ISO 11161:2007 図6（筆者仮訳）

表 2.2-8　ISO 11161 で規定される使用上の情報

---
1) IMS の機能性
2) 意図する使用及び IMS の使用上の制限についての記述
3) 次の記述及び／又はグラフィック表示
　―IMS レイアウト
　―設備位置など
　―タスクゾーン及び関連する残存リスク
　―各種制御安全機能及び保護装置の制御範囲（例えば，保護装置，権限を付与する装置，非常停止，制御ステーション，遮断手段などのリセット）
　―保護装置設置のための安全距離及び停止時間詳細
　―ワークタスク及びタスクエリア，タスクを行うための位置並びにルート
　―保護手段
　―ユーティリティ及び材料フロー
4) 各種構成機械及び関連設備に関係する文書類
5) 機械，保護手段などになされた修正など
6) その他，サプライヤからの情報

出典）ISO 11161:2007　箇条9.1 より（筆者仮訳）

"使用上の情報"を検討した後，手順4までの方策によって適切にリスクが低減されるかどうか，"設計の妥当性確認"を行う．

(2) 設計の妥当性確認

① 設計と要求事項の妥当性確認

反復プロセス（図 2.2-2）の一部として，インテグレータは，設計が要求事項に合致しているかどうかを決定しなければならない（図 2.2-10）．

安全性を含めた設計が要求事項に合致していない場合には，インテグレータは，以下を行なわなければならない．

　　a）IMSのレイアウト，機能性及び／又は制限の修正

　　b）（人の）介入に関係したリスクを低減するため，設備の交換あるいは修正

　　c）新しいアクセス通路及び手段の決定

なお，現実にはこの段階で不備を修正することは困難である場合が多い．仕様段階での検討が重要となる．

② 保護手段の有効化

インテグレータは，選択し適用した保護方策が適切にリスクを低減しているということを確認しなければならない．

以上，ISO 11161の内容について概略を説明したが，次の **2.2.3** では，統合生産システムを構築するうえで，一つの有効な方法として，"タスクベースドアプローチ"について示す．

2.2.3　統合生産システム構築のためのリスクアセスメント—タスクベースドアプローチ

図 **2.2-2** において示したように，統合生産システム構築プロセスにおいて，そのリスクアセスメントはタスクベースドアプローチで実施することが示されている．他の方法がある場合には，それらを採用してもよいが，ここではタスクベースドアプローチについて示す．

タスクベースドアプローチの一連の流れを改めて簡単に示すと，次のようになる．

第 2 章　リスク低減技術について

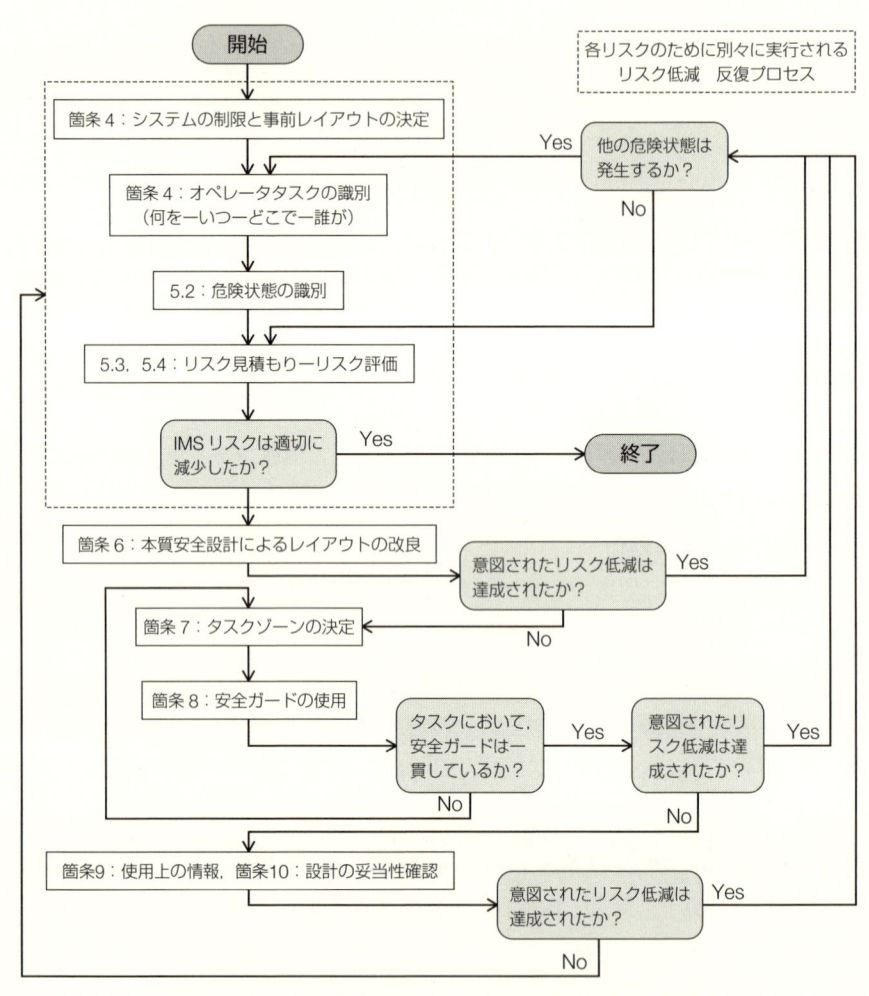

```
                    ┌─ 開始 ─┐
                         │                    ┌─────────────────────────┐
                         ▼                    │ 各リスクのために別々に実行される │
    ┌──────────────────────────────┐          │    リスク低減　反復プロセス     │
    │ 箇条 4：システムの制限と事前レイアウトの決定 │          └─────────────────────────┘
    │              │                                  Yes    ┌──────────────┐
    │              ▼                          ◄──────────────│ 他の危険状態は │
    │ 箇条 4：オペレータタスクの識別              │                │ 発生するか？   │
    │    （何を―いつ―どこで―誰が）              │                └──────────────┘
    │              │                                             No │
    │              ▼                                                │
    │     5.2：危険状態の識別                                         │
    │              │                                                │
    │              ▼                                                │
    │  5.3, 5.4：リスク見積もり―リスク評価                              │
    │              │                                                │
    │              ▼             Yes                                │
    │   IMS リスクは適切に  ──────────────►  ┌ 終了 ┐                │
    │      減少したか？                                              │
    └──────────────────────────────┘                                │
                   │ No                                             │
                   ▼                                                │
    箇条 6：本質安全設計によるレイアウトの改良   意図されたリスク低減は    Yes │
                   │                      ◄── 達成されたか？ ─────────┤
                   ▼                             No  ▲              │
        箇条 7：タスクゾーンの決定 ◄──────────────────┘              │
                   │                                                │
                   ▼                                                │
        箇条 8：安全ガードの使用                                       │
                   │           タスクにおいて，        意図されたリスク低減は   Yes │
                   ▼           安全ガードは一  Yes   達成されたか？    ────────┤
                          貫しているか？ ────►                        │
                               │ No              │ No                │
                   ▼           ▼                 ▼                  │
    箇条9：使用上の情報，箇条10：設計の妥当性確認    意図されたリスク低減は    Yes │
                                                 達成されたか？ ────────┘
                                                        │ No
```

図 2.2-10　統合生産システム構築フロー（ISO 11161）

参考）ISO 11161：2007 改正のための検討資料より．

2.2 複数の機械が連携する統合生産システムのリスク低減戦略

〈タスク分析〉→〈危険源分析〉→〈リスク見積もり〉→〈リスク評価〉→〈リスク低減〉

タスクベースドアプローチとは，設備で想定される作業者の作業内容や機械との相互関係などをもとに，危険源などを洗い出し，リスクを見積もり，リスクを低減するために必要な技術的対策を講じ，リスク評価を行い，最終的に設備を構築する手法である．

ここでは，図 **2.2-11** のようなシステムを構築することを前提として，タスクベースドアプローチに必要な最低限の情報を示す．

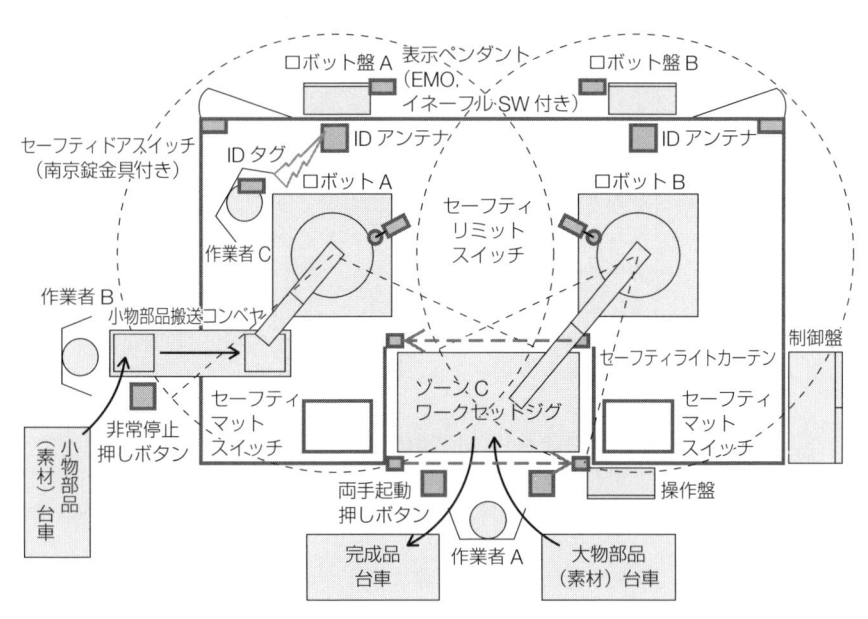

図 2.2-11 IMS 最終形イメージ

① タスク分析

タスク分析とは，IMS に作業レベルで関与する人（作業者）とそのタスクを洗い出すことである．タスク分析において決定すべき事項としては，タスクの内容，関連する作業者，ライフサイクル，運転モード，作業者が機械等に接

近するためのアクセスフロー（アクセス経路及びアクセス場所），メンテナンスなどに対する作業・接近頻度，作業の種別と作業者のスキル，及び機械・装置などの制御範囲である．

表 2.2-9 にタスク分析で決定すべき事項を示し，**表 2.2-10** に機械と作業者などの関連や相互作用を示すタスクリストを示す．これら**表 2.2-9** と**表 2.2-10** を，**表 2.2-11** に展開する．

表 2.2-9 タスク分析で決定すべき事項

	内　容
①タスク内容	生産に必要な作業，保守，修理などの，インテグレータとして予見できる作業及び各部品サブユニットなどの供給者が予見する作業．
②作業者	スキルレベルについては，インテグレータや機械製造者，ユーザなどが行う教育訓練，受講などで任意に設定する．スキルレベルの相違は実施する作業レベルに連動し，その作業レベルの高低やグループ分けについてはユーザと整合をとる必要がある． 例：生産にかかわる作業，保守，修理，清掃，軽微な修理，機械サプライヤ，あるいは関連サービス会社にしか対応できない作業など ・作業スキルレベルの例を以下に示す． 　0 = 当該装置に一切関連しない作業者あるいは通行人 　1 = 当該装置に対し間欠的な関連をもち，特定操作のみ許可された作業者 　2 = 当該装置に対し常に関連をもち，定常作業のみ許可された作業者 　3 = 当該装置に対し不定期に関連をもち，ロボットティーチング作業以外の非定常作業を許可された作業者 　4 = 当該装置に対し不定期に関連をもち，ロボットティーチング作業を含む全ての非定常作業を許可された作業者
③ライフサイクル	据付・ティーチング，設定・生産・メンテナンス・調整，トラブルシュート及び機能不良からの復帰・統合生産システムの分解及び処分．

2.2 複数の機械が連携する統合生産システムのリスク低減戦略

表 2.2-9 （続き）

	内　容
④制御モード	制御モードについて最も留意すべきことは，モード変更により安全インタロックのバイパス（無効化）ができないようにすることである．
⑤アクセスフロー （アクセス経路及びアクセス場所）	アクセスについては，特に以下のことに留意が必要である． ・作業実施場所へ安全にアクセス及び避難できること（整然とした十分な寸法を確保した通路，はしご，プラットフォームなどがある．ISO 14122 シリーズなどを参照）． ・業実施場所にて安全に快適に作業可能なこと（IEC 60204-1，EN 547 など参照）． ・停止と動作のゾーンの関係性 【位置】 統合生産システム内外で作業者が実際に作業を行う場所全てを特定し，そのエリアを識別表示する． 【関連エリア】 特定した作業エリアと，隣接するエリアへ到達可能な場合を関連するエリアとする． 【手順】 作業がどのように実施されるかを記述する．
⑥頻度	作業頻度，アクセス頻度を記述する．
⑦種別	作業の種別を，スキルレベルと作業種類との一致を確認するために表記する．
⑧制御範囲	ある安全機能の発動により停止する部分を記述する．そのためには，機械上のゾーン分けを行う（ゾーンを命名する）． 【停止ゾーン】 上記で識別したゾーンのうち，安全機能の発動で停止するゾーンを記述する． 【動作ゾーン】 停止ゾーン以外で IMS 内で動作しているゾーンを記述する．

表2.2-10 タスクリスト例

機械のタスク / 人のタスク	ロボットA	ロボットB	ワークセットジグ	コンベヤ
	部品コンベヤから投入された部品をワークセットジグまで搬送しセットする。	ワークセットジグ上に配置されたそれぞれの部品を溶接する。	ロボットA及び作業者によってセットされた部品をクランプする。	柵外でセットされた部品トレイを柵内へ搬送し、空箱を排出する。
作業者A IMSのオペレータ。定常作業として、ジグへのワークセット、完成品の取出しを、柵外から行う。	物理的な障壁なし。ワークセットジグ上で作業中であれば、当該作業が完了するまでロボットAは待機位置にて停止。	物理的な障壁なし。ワークセットジグ上で作業中であれば、当該作業が完了するまでロボットBは待機位置にて停止。	物理的な障壁なし。ワークセットジグ上で作業中であれば、当該作業が完了するまでクランプ動作停止。	関連なし。
作業者B IMSへの部品供給担当。定常作業として、柵外から部品投入のみを行う。	一部、物理的な障壁なし。部品供給口からロボット可動範囲内に上肢のみ侵入可能であり、ライトカーテンにて侵入検知される。	関連なし。	関連なし。	物理的な障壁なし。IMSの状態にかかわらず、柵外から定期的に部品供給を行う。

2.2 複数の機械が連携する統合生産システムのリスク低減戦略

表 2.2-11 タスク分析例

作業者	作業内容	ライフサイクル	運転モード	場所 位置	場所 関連エリア	アクセスフロー 手順	頻度 (Sec)	種別
作業者A (スキル*2)	ワーク着脱	生産	自動	ワークセットジグ前	C A B	①材台車より部品をとり、ワークセットジグ上にセットする。②ランプ起動ボタンでワークランプする。③ワークランプ完了後、サイクル起動ボタンを押す。④溶接及びボットアンクランプ完了後、完成品を取り、完成品台車へ置く。	60	定常
作業者B (スキル*1)	部品供給	生産	自動	コンベヤ前	D A	①棚内より返却された通い箱を取り出す。②部品台車より通い箱をとり、コンベヤ上にセットする。③投入予約ボタンを押す。	3,600	間欠定常

* スキル
0 = 当該装置に一切関連しない作業者又は通行人
1 = 当該装置に間欠的な関連をもち、特定操作のみ許可された作業者
2 = 当該装置に対し常に関連をもち、定常作業のみ許可された作業者
3 = 当該装置に対し不定期に関連をもち、ロボットティーチング作業以外の非定常作業を許可された作業者
4 = 当該装置に対し不定期に関連をもち、ロボットティーチング作業を含む全ての非定常作業を許可された作業者

② **危険源分析**

分析したタスクに関連した危険源，危険事象，危険状態などを導き出す作業である．危険源の種類としては，一般的な分類として，ISO 12100 にもとづき，**表 2.2-12** を示す．このタスク分析と危険源分析により，作業者と機械等との相互干渉が明らかになる．例えば，これらの関連は**表 2.2-13** に示すことができる．

表 2.2-12 危険源の分類

危険源	危険源と危害の具体例等
機械的危険源	可動する機械と直接人が接触する，機械や装置に巻き込まれる，又は挟まれるなど，機械の動きが要因となり危害を生じる可能性がある危険源． 《危険源の例》 ・機械又はその部分の回転運動 ・スライド運動 ・往復運動 ・これらの組合せ 《危害の例》 ・押しつぶし ・せん断 ・切傷又は切断 ・巻き込み ・引き込み又は捕捉 ・衝撃 ・突き刺し又は突き通し ・こすれ又は擦りむき ・高圧流体の噴出による人体への注入（噴出の危険源）
電気的危険源	電気に起因して危害が生じる可能性がある危険源． 《危険源の例》 ・直接接触（充電部との接触，正常な運転時に加電圧される導体又は導電性部分） ・間接接触（不具合状態のとき，特に絶縁不良の結果として，充電状態になる部分） ・充電部への，特に高電圧領域への人の接近

表 2.2-12 （続き）

危険源	危険源と危害の具体例等
	・合理的に予見可能な使用条件下の不適切な絶縁 ・帯電部への人の接触等による静電気現象 ・熱放射 ・短絡若しくは過負荷に起因する化学的影響のような又は溶融物の放出のような現象 《危害の例》 ・感電（電撃） ・やけど ・電気爆発とアーク放電 ・電気による火災又は爆発による危害 《危険源と危害の例》 また，感電によって驚いた結果，人の墜落（又は感電した人からの落下物）を引き起こし危害に至る可能性がある．
熱的危険源	人間が接触する表面の異常な温度（高低）が要因となり危害が生じる可能性がある危険源． 《危険源と危害の例》 ・極端な温度の物体又は材料との接触による，火炎又は爆発及び熱源からの放射熱によるやけど及び熱傷 ・高温作業環境又は低温作業環境で生じる健康障害
騒音による危険源	機械から発生する騒音が要因となり，危害を生じる可能性がある危険源． 《危害の例》 ・永久的な聴力の喪失 ・耳鳴り ・疲労，ストレス ・平衡感覚の喪失又は意識喪失のようなその他の影響 ・口頭伝達又は音響信号知覚への妨害
振動による危険源	長い時間の低振幅又は短い時間の強烈な振幅が要因となり危害を生じる可能性がある危険源 《危害の例》 ・重大な不調（背骨の外傷及び腰痛） ・全身の振動による強い不快感 ・手及び／又は腕の振動による振動病のような血管障害，神経学的障害，骨・関節障害

表 2.2-12 （続き）

危険源	危険源と危害の具体例等
放射による危険源	次のような種類の放射が要因となり危害が生じる可能性がある危険源．短時間で影響が現れる場合もあれば，又は長期間を経て影響が現れる場合もある． 《危険源の例》 ・電磁フィールド（例えば，低周波，ラジオ周波数，マイクロ波域における） ・赤外線，可視光線，紫外線 ・レーザ放射 ・X線及びγ線 ・α線，β線，電子ビーム又はイオンビーム，中性子
材料及び物質による危険源	機械の運転に関連した材料や汚染物，又は機械から放出される材料，製品，汚染物と接触することにより危害が生じる可能性がある危険源． 《危険源の例》 ・有害性，毒性，腐食性，はい（胚）子奇形発生性，発がん（癌）性，変異誘発性及び刺激性などをもつ流体，ガス，ミスト，煙，繊維，粉じん，並びにエアゾルを吸飲すること，皮膚，目及び粘膜に接触すること又は吸入すること ・生物（例えば，かび）及び微生物（ウイルス又は細菌）
機械設計時における人間工学原則の無視による危険源	機械の性質と人間の能力のミスマッチから危害が生じる可能性がある危険源． ・不自然な姿勢，過剰又は繰返しの負担による生理的影響（例えば，筋・骨格障害） ・機械の"意図する使用"の制限内で運転，監視又は保全する場合に生じる精神的過大若しくは過小負担，又はストレスによる心理・生理的な影響 ・ヒューマンエラー
滑り，つまずき及び墜落の危険源	床面や通路，手すりなどの不適切な状態，設定，設置により生じる可能性がある危険源．
危険源の組合せ	上に掲げた危険源が様々に組み合わされることにより生じる可能性がある危険源．個々には取るに足らないと思われても，重大な結果を生じるおそれがある．

参考）ISO 12100-1:2003（JIS B 9700-1:2004）の箇条 10 に示された危険源の例．なお，JIS B 9700:2013（ISO 12100:2010）の附属書 B では，危険源の分類に加え，危険状態，危険事象の例も示されている．

2.2 複数の機械が連携する統合生産システムのリスク低減戦略

表 2.2-13 タスク分析と危険源（危険源・危険事象・危険状態）分析例

タスク分析					危険源分析					
作業者	作業内容	ライフサイクル	運転モード	アクセスフロー		関連する危険源*1			リスク分類*2	危険源・危険事象・危険状態
				場所位置	関連エリア	ロボットA	ロボットB	ワークセットジグ	コンベヤ	
作業者A (スキル2)	ワーク着脱	生産	自動	ワークセットジグ前	C(A)(B)	△	△	○	―	1 1 1	・クランパとワーク間挟まれ ・ロボットA, Bとの衝突 ・ワークバリによるこすれ
						△	△	○	―	1 1	・クランパとワーク間挟まれ ・ロボットA, Bとの衝突
						△	△	○	―	3	・スパッタによるやけど
						△	△	○	―	8	・不健康な姿勢での腰痛
作業者B (スキル1)	部品供給	生産	自動	コンベヤ前	D(A)	△	―	―	○	1	・コンベヤローラでの引き込まれ

*1 制御範囲で識別された、停止ゾーンと動作ゾーンの関係で作業者がさらされる危険源を、次のように分類
○：直接的に関連する相互干渉の可能性あり
△：間接的に関連する＝ゾーンをまたいだときに相互干渉の可能性あり（要すれば△とした理由を明記する）
―：関連しない＝相互干渉の可能性なし

*2 1＝機械的危険源 2＝電気的危険源 3＝熱的危険源 4＝騒音による危険源 5＝振動による危険源 6＝放射による危険源 7＝材料による危険源 8＝人間工学の危険源 9＝機械の使用環境と関連した危険源 10＝組合せによる危険源

③・④ リスク見積もり・リスク評価

抽出した危険源・危険事象・危険状態の分析結果から，IMSとしてのリスク見積もり，リスク評価及びリスク低減を行う．また，評価結果が，受入れ可能とならない場合には，3ステップメソッドからやり直す（**表 2.2-6 〜表 2.2-8**のIMSとしての3ステップメソッド）．

この例では，リスクグラフを採用し，リスクパラメータは，危害のひどさと暴露頻度，回避の可能性の3パラメータを採用している（**図 2.2-12**）．なお，この例を採用したのは，制御システムの安全性能を決定するための規格としてISO 13849-1があるが，ここで採用されているリスクパラメータなどと整合を図るためである．

また，この段階では，リスクを低減するために採用した保護方策も記述する．リスクが大きく，さらに低減する必要がある場合には，システム制限（仕様の策定）にまでさかのぼって再度見直す場合もある（**図 2.2-2**）．

表 2.2-14 に，リスク分析とリスク評価の例を示す．

ISO/TR 14121-2のリスクパラメータ[*1]			RI[*2]		ISO 13849-1
危害の程度	暴露頻度	回避の可能性			PL$_r$又はPL
S1 軽度	F1 まれ	A1 可	1	優先順位 3	a
		A2 不可	1		b
	F2 頻繁	A1 可	1		b
		A2 不可	1		c
S2 重度	F1 まれ	A1 可	2	優先順位 2	c
		A2 不可	3		d
	F2 頻繁	A1 可	4	優先順位 1	d
		A2 不可	5		e

*1 リスクパラメータの意味
　　S=怪我の重大性　F=危険にさらされる頻度　P=危険を避けうる可能性
*2 RI=リスクインデクス

リスク	リスクインデクス	対策を講じる優先順位
高	4又は5	優先順位1
中	2又は3	優先順位2
低	1	優先順位3

図 2.2-12 リスク見積もりの手法

表 2.2-14　リスク分析とリスク評価の例

初期リスク				保護方策	制御範囲		方策後最終リスク				追加方策	妥当性評価	使用上の情報	作業環境評価
S	F	P	PLr		停止ゾーン	動作ゾーン	S	F	P	PL				
2	2	1	D	・ワークセットジグ手前にライトカーテン設置	C (Cat.0)	A, B	1	2	1	B	・ライトカーテン有効を示す表示灯追加	OK	警告ラベル貼付け(皮手袋着用)	OK
2	1	2	D	・ワークセットジグ奥にライトカーテン設置・皮手袋の着用	A, B (Cat.0)	C	1	1	1	a	・ライトカーテン有効を示す表示灯追加			
1	2	1	B		—	—	1	1	1	A	……			
2	2	1	D	・両手起動ボタン及びコントローラ設置	C (Cat.0)	A, B	2	1	1	C	……	OK	警告ラベル貼付け(遊び手防止)	OK
2	1	2	d	・ロボットA, Bに対し、ゾーンLS設置による動作制限	A, B (Cat.0)	C	1	2	2	C				

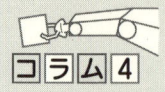

コラム4 統合生産システムの安全性を確保するための仕組み

ISO 11161を適用するためには，仕組みとしてマネジメントが必要となる．マネジメントとしては，システムの設計・製造などに関するマネジメント（設計・製造マネジメント）と，システムの使用に関するマネジメント（オペレーションマネジメント）の，双方が必要であると考えられる（図1参照）．

設計・製造などに関するマネジメントには，ISO 9000に基づいた統合生産システムの設計・製造のプロジェクトマネジメント（PM-SIMS）があり，これのもとに設計製造に関する規定基準（D-SIMS），また設計製造の検査及び妥当性確認に関する規定（I-SIMS）を位置付ける必要があるだろう．

オペレーションマネジメントには，システムの使用及び運用に関する規定（手順）（Op-SIMS）が必要とされるであろう．

これらは，プロジェクトや生産ラインごとに適用されることとなる．

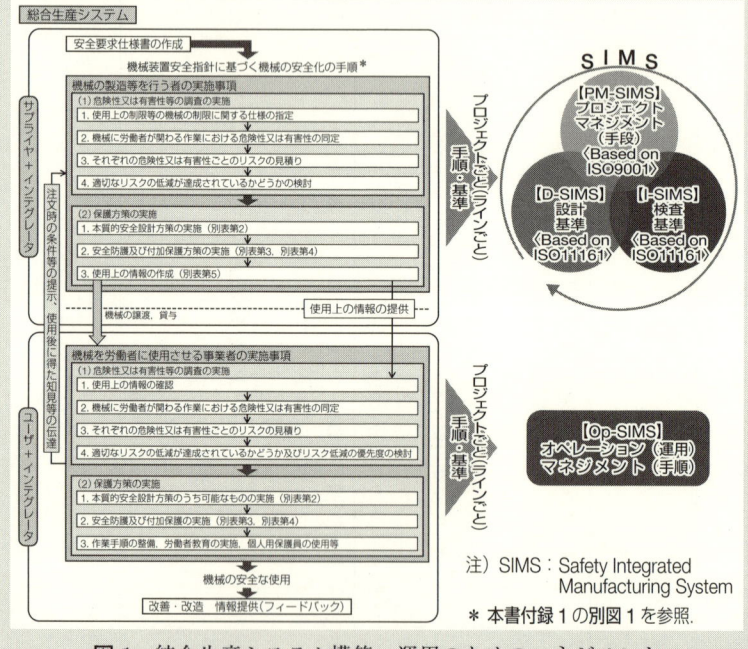

注）SIMS：Safety Integrated Manufacturing System

＊本書付録1の別図1を参照．

図1 統合生産システム構築・運用のためのマネジメント

2.3 支援的保護装置の考え方と適用例

ここまで，2.1 においては単体機械類を対象にした ISO 12100 について，また前節 2.2 では統合生産システムを対象にした ISO 11161 について，リスク低減方法を中心に説明してきたが，本節では，統合生産システムにおける作業者の安全性確保策の一つとして，現行の ISO 11161 で規定されるリスク低減方策に加え，支援的保護装置を新たに提案する．

なお，この"支援的保護装置"についての調査などは，日本機械工業連合会（JMF），日本電気制御機器工業会（NECA）などにおいて委員会を設置し，推進してきたものである．

2.3.1 支援的保護装置の基本的考え方と位置付け

近年，日本の労働災害の発生件数は長期的な減少傾向にあるが，これらの背景には，産業現場の適切な安全管理や安全教育・訓練の徹底による作業者の意識レベルや技術水準の向上が大きく寄与している．しかしここ数年，雇用体系の多様化や，団塊世代の大量退職などで働く環境が大きく変化した結果，作業者のヒューマンエラーや意図的な不安全行動，作業マニュアルの形骸化に起因する重篤度の高い労働災害が多発していることから，従来から行われてきた"人の注意力に依存する労働災害防止対策"の大きな見直しが求められてきている．

日本では，ISO 12100（**本書 2.1 参照**）をはじめとする国際安全規格の改正を踏まえて，2001 年 6 月の『機械の包括的安全基準に関する指針』（2007 年 7 月改正）や，2005 年 11 月に改正された『労働安全衛生規則』の公布にともない，リスクアセスメント及びその評価結果にもとづく措置の実施が事業者（『労働安全衛生法』では，作業者保護の観点から，現場の安全配慮義務は事業者にある）の努力義務となっている（**本書 1.3 参照**）．これらは，"人の注意力に依存する労働災害防止対策"から，"**設備による安全確保を基本とする労働災害防止対策**"への大きな転換を意味している．これらの規格・指針では，図 2.3-1 に示すように，対象となる機械類のリスク低減はメーカ（設計・製造者）に優

第 2 章 リスク低減技術について

先順位があり，ユーザ（使用者＝事業者，作業者）は，メーカが適切にリスク低減を行った後に残留するリスクについて，現場でさらにリスク低減を行うことになる．

メーカからユーザへの入力は，"使用上の情報"の提供（適用された保護方策に関連する情報と，残留リスク情報を含む）であり，ユーザからメーカへの入力は，注文時の条件などの提示，使用後に得られた知見など（一般的には"機械の意図する使用"に関しての関連業界からの情報，及び特定のユーザからの情報など）である．本来は，メーカ側とユーザ側の技術情報，対象となる作業者の人員配置，作業形態などを考慮して，両者に対して適切な残留リスク管理を提案するシステムインテグレーション機能が必要となるが，日本では，いま

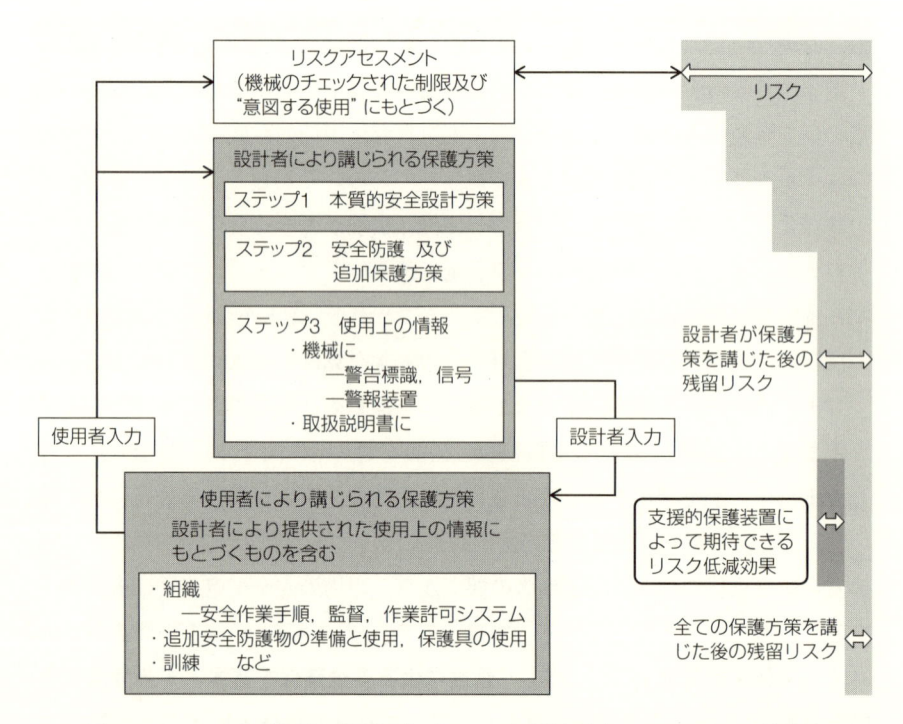

図 2.3-1　メーカ（設計・製造者）とユーザ（使用者）によるリスク低減のプロセスと優先順位

2.3 支援的保護装置の考え方と適用例

だ十分機能しているとは言い切れないのが現状である．

また，メーカが行うリスク低減については，基本的には**空間分離**（危険源と作業者とを物理的に分離する）又は**時間分離**（危険源が可動しているときは作業者を可動範囲に近づけず，作業者が危険源に近づいたときは，危険源の可動を停止させる）による安全確保を基本としているため，危険な可動部を動かしながら作業者が近接した位置で作業（筆者は**危険点近接作業**と呼んでいる）を行う非定常作業など（運転確認・調整，加工，トラブル処理，保守・点検・修理，清掃・除去など）については，ほとんどが**残留リスク**としてユーザ側に対応が任されている．

ユーザ側では，これらの残留リスクに対して，作業手順の見直し，教育・訓練の強化，追加の安全防護物，保護具などによりリスク低減に対する努力を行っている．これら残留リスクのなかには，適切に教育・訓練された作業者の注意力が前提となる作業形態によってかろうじて安全レベルを維持している作業も多く見受けられるが，この場合のリスク低減方策は，主として不確定性の高い人の注意力などに依存することになり，そのことが原因となる労働災害も数多く発生している．

これらの現状を踏まえて，作業者保護の観点から"使用者側で講じられるリスク低減方策のあり方"について検討を行ってきた結果，人の注意力のみに依存するにはリスクが高い危険源・危険状態に対してのメーカへのリスク再評価の提案と支援的保護装置という新しい概念を使った安全管理体制を提案する必要があると考える．**支援的保護装置**とは，"メーカによる使用上の情報（残留リスク情報）に対して，ユーザが作業時に行う保護方策である教育・訓練，管理とともに使用されるヒューマンエラーなどを考慮した不確定性の高いリスク低減方策を支援するための装置"と定義される．

2.3.2 ヒューマンエラーと支援的保護装置の適用範囲

保護装置とは，対象となる機械設備などについて設計・製造段階で行うリスク低減方策のうち，ステップ②の安全防護方策に該当するものである．それに対して，**支援的保護装置**とは，ユーザが現場で行う保護方策のうち，行動の実行段階でのヒューマンエラーなど（後述のスリップとラプスに相当するが，残留リスクの大きさによってはミステイクも含む）による危険側誤りの確率を可能な限り減少させるための装置のことで，適切な人的リスク低減方策（教育・訓練・管理など＋支援的保護装置）を適用して，人の注意力のみに依存しない安全管理を確立することを目的としている．

図 2.3-2 は，労働災害の原因となるヒューマンエラーについて，意図しない行為による**エラー**と，意図的な不安全行動である**違反**を分類したものである．

ヒューマンエラーのうち，**ミステイク**を防ぐには作業実行前の教育の徹底による適切な知識習得が，意図的な不安全行動（違反）を防ぐには，作業開始前の教育の徹底とともに作業実行時の適切な作業管理体制の確立が基本となるが，この 2 種類のエラーが発生するためには作業者の明らかな実行の意思が必要となるため，注意力を維持しないといつ発生するかわからない．これらエラーの要因は，その他のヒューマンエラーの要因とは明らかに異なっている．

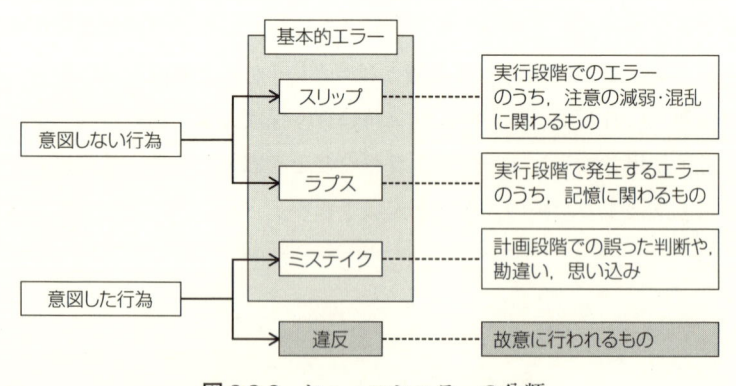

図 2.3-2 ヒューマンエラーの分類

2.3 支援的保護装置の考え方と適用例

これら実行の意思をともなわないと発生しないエラーに対して，作業の実行段階で発生する"意図しない行為"として**スリップ**と**ラプス**がある．これらは，行動の実行段階で発生する記憶や，注意力に起因するエラーであり，作業者の明らかな実行の意思がなくても常に発生する可能性がある．そのため，"スリップ"や，"ラプス"に関するエラーを発生させないようにするためには，常に作業者は努力をして安全な作業状態を維持し続けなければならず，人間特性を前提とすれば極めて不確定性要因が大きく，危険側移行率（危険状態へ遷移する割合）も高い状態となる．そのため，万が一"スリップ"や"ラプス"に関するエラーが発生した場合にも作業者に危害を発生させないようするための支援的保護装置を併用することにより，労働災害の発生原因となる危険側移行率を大幅に低減することが期待できる．

図 **2.3-3** は，残留リスクに対してユーザが行っている人の注意力のみに依存するリスク低減方策と，支援的保護装置の適用などを考慮したリスク低減方策の違いを示したものである．

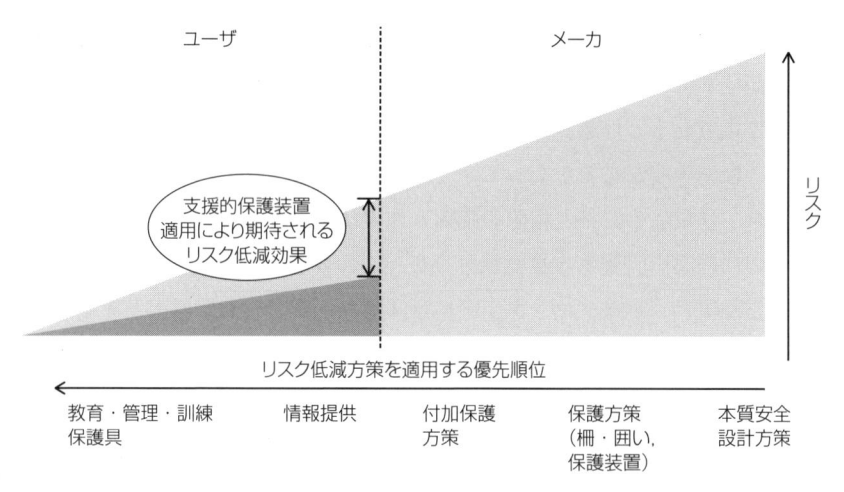

図 **2.3-3** メーカとユーザが行うリスク低減方策の優先順位と期待される支援的保護装置のリスク低減効果

2.3.3 支援的保護装置を利用した安全管理の必要性

労働災害による被災者数は，長期的には減少傾向にあるが，今だに年間1,024人の死亡者数，1117,958人の死傷者数となっており，製造業だけでも年間28,457名の死傷者数となっている（2011年東日本大震災の直接原因分を除く）．特に製造業では，ここ数年，雇用の流動化や多様な就業形態，ベテラン作業者の大量退職，マニュアルの形骸化などの影響もあり，従来から行ってきている人の注意力を中心とした安全管理だけでは作業者の安全が確保できない状況となっている．

このような現状を踏まえて，厚生労働省では，2001年に機械の包括的安全基準に関する指針（2007年改正），2006年に労働安全衛生法第28条の2（危険・有害要因の特定，低減措置の推進）の改正と，危険性又は有害性等の調査等に関する指針など，労働災害の未然防止を目指すための指針公表や法改正を行っており，一定の成果が得られている．

しかし，さらなる労働災害防止を推進するためには，空間分離（作業者と危険源を物理的に分離する）と時間分離（作業者が危険源へ近づく場合は危険源を停止する）という安全の原則を徹底するだけではなく，機械を稼働しながら作業者が危険源に近づいて作業を行う**危険点近接作業**（段取り，調整，保守等，機械を停止させると作業ができない，または実施しにくい作業）に対する新たなリスク低減戦略が必要となってきている．このような危険点近接作業を実施する場合，**作業者の資格と権限の確認**と**作業状況と作業位置の確認**を行ったうえで適切に作業を実施する必要があるが，これらの確認作業を人の注意力のみに依存した場合，ヒューマンエラーや意図的な不安全行動が原因となる危険側エラーの発生確率は極めて大きく，結果的に重篤な災害に結びつくことが少なくない．

そこで，これらの危険側エラーの発生確率をできる限り低減するために，従来から実施してきた安全管理とともに支援的保護装置の積極的な活用を実施することで，ヒューマンエラーや意図的な不安全行動に起因する労働災害を大幅

2.3 支援的保護装置の考え方と適用例

に減らすことが期待できる．なお，この支援的保護装置は，あくまでも人の判断による誤り確率を下げることを目的としているため，適用を検討する場合はリスクアセスメントに基づいたリスク低減方策の適用（3 ステップメソッド）を行ったうえで検討を行うことが重要となる．検討順序の概略を次に示す．

支援的保護装置の適用の検討手順

(1) 原則は「空間分離・時間分離」の原則により作業者の安全確保を検討する（まずはこの原則を徹底することが必要）．

(2) 次に，本質安全設計，保護方策等の採用を検討するとともに，機械の状態について第三者への情報提示，第三者による再起動防止を検討する．

(3) 危険源に接近した状態で機械を稼働させるには，作業員の資格と権限確認を徹底するとともに，作業状況と作業位置を把握する．

(4) 「人による管理」から「人による管理＋支援的保護装置」へ作業管理を移行させることにより，ヒューマンエラーと意図的な不安全行動に起因する労働災害を大幅に減らすことが期待できる．支援的保護装置の適用根拠としては安衛規則第 107 条 1 項[*6]，包括指針等である．

労働安全衛生規則の一部を改正する省令の施行について[*6]
（通達：基発 0412 第 13 号 平成 25 年 4 月 12 日 10 月施行）の抜粋

一般基準関係（第 107 条関係）

ア 機械の調整作業時においても，機械に巻き込まれる等の危険があることから，機械（刃部を除く．）の調整の作業について，掃除，給油，検査又は修理の作業と同様に，機械の運転停止等の措置を義務付けたこと．

イ 第 1 項の「調整」の作業には，原材料が目詰まりした場合の原材料の除去や異物の除去等，機械の運転中に発生する不具合を解消するための一時的な作業や機械の設定のための作業が含まれること．

ウ 第 1 項の機械の運転停止に関して，機械の運転を停止する操作を行った後，速やかに機械の可動部分を停止させるためのブレーキを備えることが望ましいこと．

[*6] http://www.mhlw.go.jp/bunya/roudoukijun/anzeneisei14/130606.html

エ　第1項ただし書の「覆いを設ける等」の「等」には，次の全ての機能を備えたモードを使用することが含まれること．なお，このモードは「機械の包括的な安全基準に関する指針」（平成19年7月31日付け基発第0731001号）の別表第2の14(3)イに示されたものであること．
　① 選択したモード以外の運転モードが作動しないこと．
　② 危険性のある運動部分は，イネーブル装置，ホールド・ツゥ・ラン制御装置又は両手操作式制御装置の操作を続けることによってのみ動作できること．
　③ 動作を連続して行う必要がある場合，危険性のある運動部分の動作は，低速度動作，低駆動力動作，寸動動作又は段階的操作による動作とすること．
オ　第1項の「調整」の作業を行うときは，作業手順を定め，労働者に適切な安全教育を行うこと．
カ　第2項の「当該機械の起動装置に表示板を取り付ける」措置を講じる場合には，同時に当該機械の起動装置に錠を掛けなければ，本項の要件を満たすことにはならないこと．

2.3.4　支援的保護装置の適用例

　複数の作業者が広大な領域で作業（主に非定常作業）を行う場合，作業領域に存在する作業者の存在確認と資格や権限の確認が重要となる．人の注意力に依存した対策としては，例えば，作業者自らが作業領域へ進入する際に氏名の書かれた札を掲示して，当該作業を行っていることを第三者へ伝える方法がある．ところが，うっかり札を掛け忘れたり，短時間の作業だからと故意に札を掛けなかったりすることで，第三者による不意の起動が労働災害の原因となることがある．そこで，このような不確定性の高い管理対策を対象とした支援的保護装置の適用例を紹介する．

　支援的保護装置を適用した統合生産模擬ラインの入退出管理の例

　図 **2.3-4** は，支援的保護装置の効果を検証するために設置した統合生産模擬ライン（労働安全衛生総合研究所　機械システム実験棟内）である．
　図内の太線で囲んだエリアを仮想危険エリアと仮定して，ラインの中心部に入退出ゲートを設置した．このラインの全体システムの概要を図 **2.3-5** に示す．

2.3 支援的保護装置の考え方と適用例

仮想危険エリア

入退出ゲート

図 2.3-4 総合生産模擬ライン

アクティブリーダ　アクティブリーダ

プレス　プレス　プレス

搬送ロボット

仮想危険エリア

アクティブリーダ　アクティブリーダ

LFマット2

ステレオカメラ　バーチャルゲート

RFタグ

LFマット1

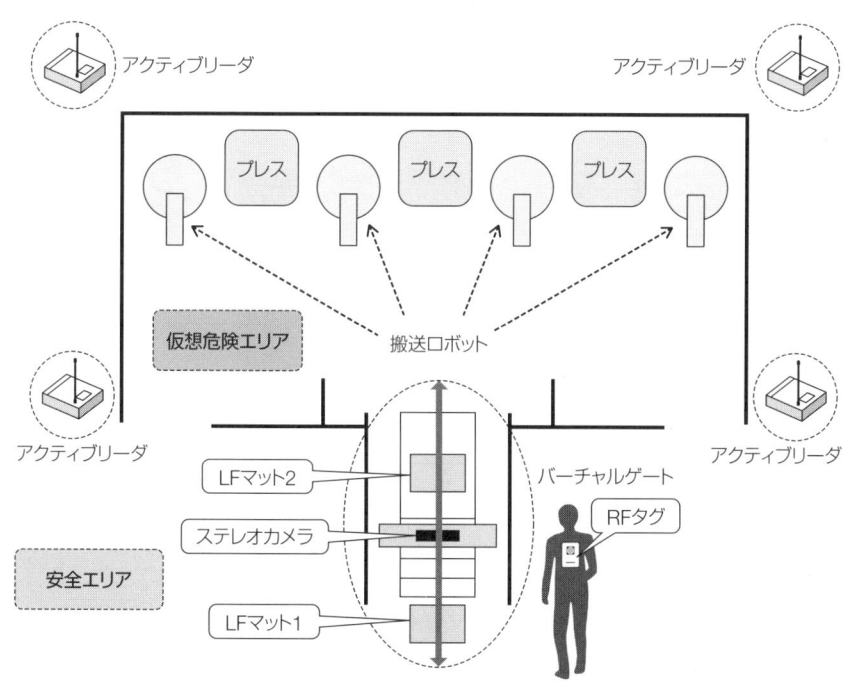

安全エリア

図 2.3-5 総合生産模擬ラインの全体システムの概要

この統合生産模擬ラインは，高さ2.4 mの金網で囲まれた仮想危険エリア内に3台のプレス機械と4台の搬送ロボットを設置したものである．入退出ゲート前部に2枚のLFマット（内部に125 kHz帯のRFIDのアンテナ用コイルを内蔵したマット）を約1 m間隔で設置（以下，**LFゲート**と呼ぶ）し，そのLFマット間のほぼ中間位置にステレオカメラを2.5 mの高さで設置した（以下，LFマットとステレオカメラを組み合わせたゲートを**バーチャルゲート**と呼ぶ）．このバーチャルゲートは，人がもつ**RFタグ**（ここでは，パッシブタグとアクティブタグの両方の機能をもったRFIDタグをRFタグと呼ぶ）で2枚のLFマットのうちどちらを先に通過したかを判断することで，人の入退出方向を判断している．また，四隅に設置された4個のアクティブタグ用リーダ（以下，**アクティブリーダ**と呼ぶ）は，個々のRFタグがどちらのLFマットを通過したかという履歴と最新の位置情報を受信することで，人の存在する場所が仮想危険エリア内か外かの判断を行う．**図2.3-6**に使用した機材の設置状況を，また図

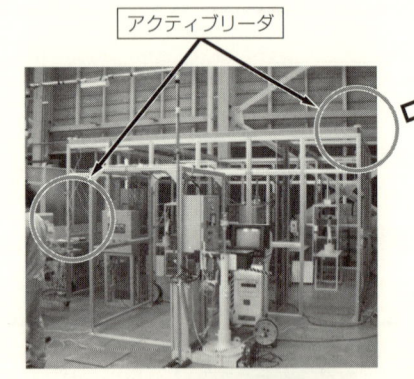

LFマット(50 cmタイプ)　　LFマット(5 mタイプ)

図2.3-6　使用した機材の写真

2.3 支援的保護装置の考え方と適用例

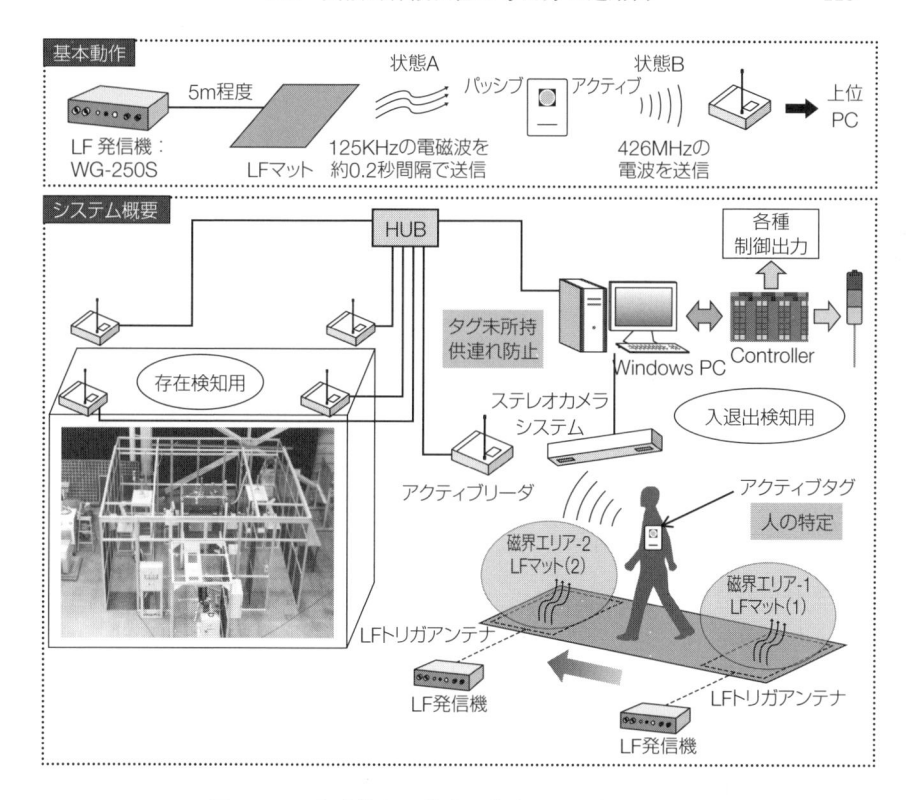

図 2.3-7 実験機器の構成と基本的な動作イメージ

2.3-7 に本検証実験に使用した機器とその構成と基本的な動作イメージを示す．

RFタグとアクティブタグリーダだけでは，RFタグ不携帯者の通過確認や供連れ（RFタグを携帯している人に連なる形で複数の人が同時に通過する現象）を検知することはできない．そこで，ステレオカメラによる画像識別技術を併用することで，あらかじめ想定されるヒューマンエラーや意図的な不安全行動（タグの不携帯や供連れなど）に関する対応への可能性を検証した．その結果，適切な環境設定（適切な柵の設置や，作業者のデータ入力など）を前提とした場合，RFタグ，LFゲート，ステレオカメラを複合したバーチャルゲートにより，RFタグの携帯・不携帯者混在での入退出について入退出者数を正

しくカウントでき、それぞれのデータについて不一致検出を行うことでシステムの正常性を確認できることがわかった．また，仮想危険エリアへ進入する前に，作業者に与えられた権限や作業目的を確認することで，作業者が危険源へ暴露される頻度を必要最低限に制限することができる．

2.3.5 支援的保護装置に関する国際標準化への展開

　ISO 12100 のリスク低減プロセスでは，メーカが適切にリスク評価・低減を行い，残存するリスクをユーザに情報提供することで終了している．しかし，労働災害は，これらメーカから提供される残留リスク情報が不適切（又は不十分）なために発生することがある．メーカとユーザが適切にリスク配分を行うためには，それぞれのリスク受容特性を考慮する必要があるが，ISO 12100 にはこの概念は十分検討されていないと考える．作業者保護の観点から労働災害防止戦略を検討するには，メーカからのリスク低減プロセスの流れを明確にするだけではなく，ユーザ側のヒューマンエラーなどを考慮した安全管理評価と，そこで残留するリスクに対してメーカ側へフィードバックする流れを明確にする必要がある．

　また，ISO 12100 が単体の機械類の安全性を対象としているのに対して，複数の機械類を組み合わせた統合生産システム（IMS）の安全性を対象とした国際安全規格として 2007 年に ISO 11161（統合生産システムの安全性，**本書 2.2 参照**）が発行されている．この規格では，複数の機械類と作業者がかかわる一連の作業（非定常作業を含む）に対するタスクゾーン（作業区域）におけるリスク低減が基本となっているが，リスク低減プロセスについては，当時の ISO 12100 シリーズ，及び ISO 14121[*7] が基本となっているとともに，メーカとユーザの間に，システムインテグレーション機能（トータルリスクマネジメント機能）を設置することを重要視している点がこの規格の特徴である．

　今日のように多種・多様のニーズに対応した製品を製造するためには，単体

[*7] 当時は ISO 14121:1999（TR ではなかった）．

2.3 支援的保護装置の考え方と適用例　　117

の機械だけでは対応できず，それぞれの機械を組み合わせた IMS への需要はますます増えていくことが予想されている．そこで，適切なシステムインテグレーションを行うためには，ユーザ側が，従来のようにメーカからのリスク低減の提案を受容するだけではなく，ユーザ側がリスク低減に関する要求事項を含めた適切なリスク分散を行うための評価方法を導入し，それらのリスクに対して適切なリスク低減方策を提案できる能力が求められている．

　本節で提案する支援的保護装置の導入は，人間特性を考慮しヒューマンエラーと不安全行動を前提としたユーザ側からのリスク低減方策の提案であり，従来のように"人の注意力のみに依存する"管理手法に比べて，危険側移行率を大幅に減少させることができる手法として，今後，IMS を対象とした国際安全規格である ISO 11161 に対しても，作業者保護の観点からの追加提案が可能と考える．

第 2 章　主な関連規格

2.1

- ISO/IEC Guide 51：1999（JIS Z 8051：2004，IDT）
  安全側面—規格への導入指針
- ISO 12100：2010（JIS B 9700：2013，IDT）
  機械類の安全性—設計のための一般原則—リスクアセスメント及びリスク低減
- ISO 13849-1：2006（JIS B 9705-1：2011，IDT）
  機械類の安全性—制御システムの安全関連部—第 1 部：設計のための一般原則
- ISO 14118：2000（JIS B 9714：2006，IDT）
  機械類の安全性—予期しない起動の防止
- ISO 14119：1998（JIS B 9710：2006，IDT）
  機械類の安全性—ガードと共同するインタロック装置—設計及び選択のための原則
- ISO/TR 14121-2：2012（—）
  （機械類の安全性—リスクアセスメント—第 2 部：実践の手引及び方法の例）
- IEC/FDIS 61508-5：1998（JIS C 0508-5：1999，FDIS と IDT，なお IEC は 2010 年版が最新）
  電気・電子・プログラマブル電子安全関連系の機能安全—第 5 部：安全度水準決定方法の事例

2.2

- ISO 11161:2007（―）
  (機械の安全性―統合生産システム―基本的要求事項)
- ISO 12100:2010（JIS B 9700:2013，IDT）
  機械類の安全性―設計のための一般原則―リスクアセスメント及びリスク低減
- ISO 13849-1:2006（JIS B 9705-1:2011，IDT）
  機械類の安全性―制御システムの安全関連部―第1部：設計のための一般原則
- ISO/TR 14121-2:2012（―）
  (機械類の安全性―リスクアセスメント―第2部：実践の手引及び方法の例)
- ISO 14122-1:2001（JIS B 9713-1:2004，IDT）
  機械類の安全性―機械類への常設接近手段―第1部：高低差のある2か所間の固定された昇降設備の選択
- ISO 14122-2:2001（JIS B 9713-2:2004，IDT）
  機械類の安全性―機械類への常設接近手段―第2部：作業用プラットフォーム及び通路
- ISO 14122-3:2001（JIS B 9713-3:2004，IDT）
  機械類の安全性―機械類への常設接近手段―第3部：階段，段ばしご及び防護さく（柵）
- ISO 14122-4:2004（―）
  (機械の安全性―機械への恒久的アクセス手段―第4部：固定はしご)
- IEC 60204-1（JIS B 9960-1:2008，2005年版 IEC と MOD）
  機械類の安全性―機械の電気装置―第1部：一般要求事項
- ISO/IEC 13850:2006（JIS B 9703:2011，IDT）
  機械類の安全性―非常停止―設計原則

2.3

- ISO 11161:2007（―）
  (機械の安全性―統合生産システム―基本的要求事項)
- ISO 12100:2010（JIS B 9700:2013，IDT）
  機械類の安全性―設計のための一般原則―リスクアセスメント及びリスク低減

注）国際規格と JIS の同等性には，IDT（一致），MOD（修正），NEQ（同等でない）の三つのレベルがある。

第2章 引用・参考文献

2.1

1) ISO 12100:2010 Safety of machinery—General principles for design— Risk assessment and risk reduction
2) 向殿政男, 北野大, 菊池雅史, 小松原明哲, 山本俊哉, 松原健司（2009）：安全学入門—安全の確立から安心へ, 研成社
3) 向殿政男, 北野大, 菊池雅史, 小松原明哲, 山本俊哉, 大武義人（2011）：なぜ, 製品の事故は起こるのか—身近な製品の安全を考える, 研成社
4) ナンシー・G・レブソン（2009）：セーフウエア—安全・安心なシステムとソフトウェアを目指して, 翔泳社
5) 日本機械工業連合会（2012）：平成23年度 ISO/TC199部会成果報告書
6) 中央労働災害防止協会 労働衛生調査分析センター
"労働者の障害を防止するための化学物質の代替等の方法について"
http://www.jisha.or.jp/ohrdc/reference.html
7) ISO 14119:1998 Safety of machinery—Interlocking devices associated with guards —Principles for design and selection
8) 日本機械工業連合会（2010）：メーカのための機械工業界リスクアセスメントガイドライン
9) 日本工作機械工業会（2011）：工作機械の機械安全（工作機械のリスクアセスメント）に関する説明会—電気・安全規格専門委員会活動報告会—説明資料（平成23年2月8日）

2.3

1) 日本機械工業連合会, 日本電気制御機器工業会（2010）：平成21年度 リスクアセスメント実施に関する実態調査報告書—存在検知手段と課題の分析—
http://www.jmf.or.jp/japanese/houkokusho/kensaku/pdf/2010/21anzen_04.pdf
2) 日本機械工業連合会, 日本電気制御機器工業会（2011）：平成22年度 リスクアセスメント実証調査報告書
http://www.jmf.or.jp/japanese/houkokusho/kensaku/pdf/2011/22anzen_01.pdf

第3章
リスク低減の実務

　本章では，リスク低減の実務を紹介する．
　メーカの事例として，成形機の設計におけるリスク低減のプロセスを【事例1】に示す．
　ユーザの事例として，自動車の組立て工場において機械を導入・運用する場合のリスク低減活動を【事例2】に示す．

3.1 【事例1】機械メーカ：成形機のリスク低減

住友重機械工業株式会社

3.1.1 当社の紹介

当社の事業は，四国（愛媛県）の別子銅山で使用する機械・器具の製作と修理のための工場として1888年（明治21年）に創業して以来，生産関連，及びインフラ関連から最先端技術分野まで，幅広く多岐にわたっている．そのなかで，当プラスチック機械事業部は，現在，国内では千葉県，海外では中国，ドイツにプラスチック射出成形機の生産拠点をもっている．

3.1.2 成形機とは

本節では，横型プラスチック射出成形機について，ガードとインタロックによるリスク低減の事例を紹介する．

プラスチック射出成形機（図3.1-1）とは，図3.1-2に示すように，主にペレット状の樹脂材料を溶かして金型（図3.1-3）に流し込み，固めた製品を取り出す加工機械である．図3.1-4に，プラスチック射出成形機で作られる製品の例を示す．

3.1.3 成形機の部位と機能

図3.1-5に，成形機の各部位の名称を示す．それぞれの部位の機能を次に示す．

① 可塑化装置

樹脂材料を溶かして，かつ金型内に射出をするためのアクチュエータが装備されている．昨今では，従来の油圧に代わり，省エネや安定性に優れたサーボモータが主流となりつつある．

② 加熱シリンダ

樹脂材料を加熱するためのヒータを備え，かつ内部にスクリューによって溶かした樹脂を撹拌して溜め込む機能をもつ．

3.1 【事例1】機械メーカ：成形機のリスク低減   123

図 3.1-1　射出成形機の外観

図 3.1-3　金型

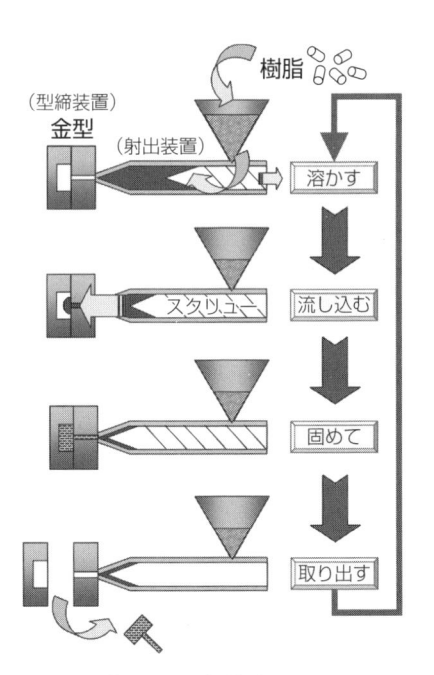

図 3.1-2　成形プロセス

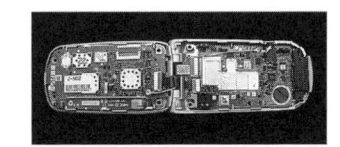

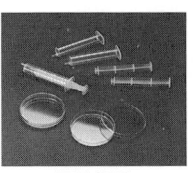

図 3.1-4　製品例

図中ラベル:
- ④ 型締装置
- ⑦ マン・マシン・インタフェース
- ① 可塑化装置
- ② 加熱シリンダ
- ⑤ 機械フレーム
- ③ 金型エリア
- ⑥ 制御装置

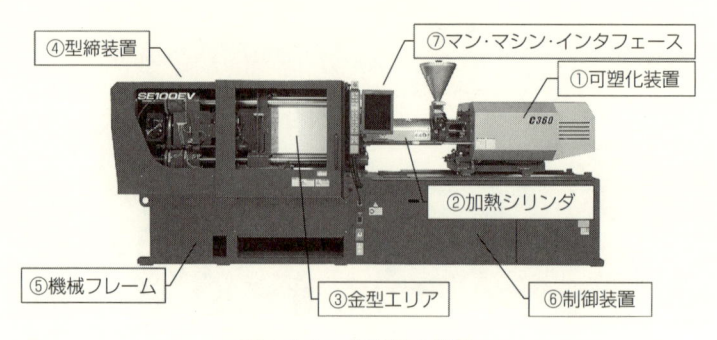

図 3.1-5　成形機の部位

③ **金型エリア**

成形機ユーザが所有する様々な製品ごとの金型を搭載するためのエリアである．

④ **型締装置**

金型の開閉と製品の突き出しをするためのアクチュエータが装備されている．

⑤ **機械フレーム**

主に成形機に必要な各装置を搭載するためのもの．金型エリアの下部には，落下させた製品を取り出すスペースがある．

⑥ **制御装置**

成形機を動作させるための強弱電回路が，機械フレーム内に収納されている．

⑦ **マン・マシン・インタフェース**

成形機を操作するための操作スイッチや各アクチュエータを動作させる速度や圧力の数値を設定しかつ実績値をモニタするための液晶モニタなどの表示設定器を備えている．

3.1.4　成形機の一般的な使い方

プラスチック射出成形機は，実際の製品生産の現場では単体で使用することはほとんどなく，金型はもちろんのこと，金型を一定の温度に調節するための温調器（図 3.1-6）や樹脂の乾燥器（図 3.1-7），製品を取り出すための取出し

3.1 【事例1】機械メーカ：成形機のリスク低減

ロボット（図 3.1-8），製品を搬送するためのコンベヤなど，周辺装置とあわせて"成形システム"として使用するのが一般的である．さらに，多くの場合，成形品は量産するものであり，生産品は，予定生産数ごとに頻繁に変更される．このため，成形現場では，段取り，量産，メンテナンスという定型的な作業であっても複雑であり，異常発生時の復旧処置まで含めると全ての作業の定義が難しい．

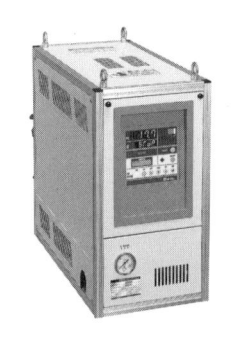

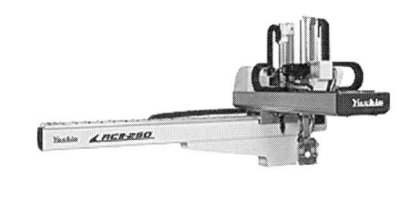

図 3.1-6　金型温調器　　図 3.1-7　樹脂乾燥器　　図 3.1-8　取出しロボット

したがって，成形機，周辺機器のメーカ及びユーザは，これらの事情を考慮しながらリスクアセスメントとリスク低減手段を講じる必要がある．メーカは，十分なリスク低減方策を施すのはもちろんのこと，機械の正しい使い方，異常時の処置，残留リスクなど，機械を安全に使用するための全ての情報をユーザに伝えること，ユーザは，これらを十分に理解し，自身の現場に合わせて安全方策の追加，修正を行うことが重要である．

表 3.1-1 は，成形現場での段取り，量産，メンテナンス，それぞれの作業についてリスクが潜む作業の例を示している．これらの様々なシチュエーションにおいて，具体的なリスクアセスメントと低減処置を施す必要がある．

表 3.1-1　成形現場のリスクが潜む作業の例

成形現場での主な作業	リスクが潜む作業の例
成形段取り	・クレーンを使った金型の脱着 ・金型温調ホースの脱着 ・取出ロボットのジグ交換，調整 ・樹脂材料の交換 ・成形機動作条件の変更，調整 ・成形品の試し打ち
量産成形	・異常発生時の処置 ・製品ストッカーの交換 ・廃棄物の処理 ・製品の検査や仕上げ ・材料の補充
メンテナンス	・グリスや作動油の給脂 ・金型の清掃 ・加熱シリンダとスクリューの清掃 ・成形機の清掃 ・制御装置のチェック ・消耗品の交換

3.1.5　労働災害発生状況

　プラスチック製品製造業における，2007年の休業4日以上の死傷災害発生状況を図 **3.1-9** に示す．これによると，"はさまれ・巻き込まれ"による事故が34.8％と最も多く，次いで"切れ・こすれ"の12.2％，"墜落・転落"の11.3％となっている．このなかには成形機による事故でないものも含まれてはいるが，成形現場には，成形機や周辺機器以外にも種々の工作機や設備があり，多くの種類のリスクが存在していると考えられる．

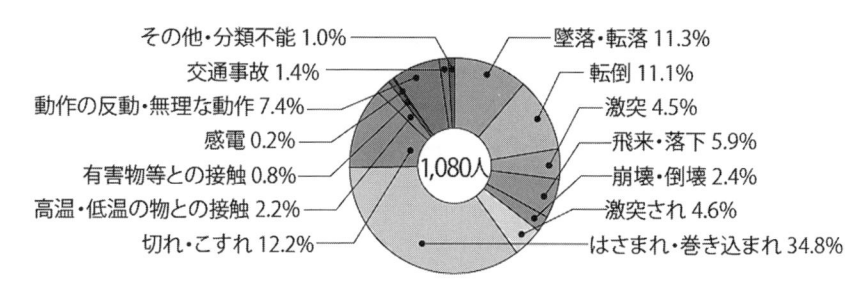

3.1 【事例1】機械メーカ：成形機のリスク低減　　127

その他・分類不能 1.0%
交通事故 1.4%
動作の反動・無理な動作 7.4%
感電 0.2%
有害物等との接触 0.8%
高温・低温の物との接触 2.2%
切れ・こすれ 12.2%
墜落・転落 11.3%
転倒 11.1%
激突 4.5%
飛来・落下 5.9%
崩壊・倒壊 2.4%
激突され 4.6%
はさまれ・巻き込まれ 34.8%

1,080人

図 3.1-9　労働災害発生状況（2007年）

出典）厚生労働省（2007）：リーフレット『成形作業におけるリスクアセスメントの進め方』，p.2，
"プラスチック製品製造業における事故の型別労働災害発生状況（平成19年度）"

3.1.6　成形機のリスク

　横型のプラスチック射出成形機のリスクは，その製品安全規格である JIMS K-1001：2008（ゴム及びプラスチック機械・横型射出成形機・安全通則，日本産業機械工業会　発行）で規定されている．この通則では，成形機における一般的危険としては次があるとされている．

- 挟まれ，ぶつかり，さらには水，油，エアなどの加圧流体による"機械的危険"
- 通電部分との直接，間接的な接触による"電気的危険"
- 高温部分への接触による"熱的危険"
- 騒音による危険
- 樹脂の有毒ガスによる危険
- 滑り，つまずき，転落の危険

成形機の主要な危険領域を図 3.1-10 に示す．

① 金型取付盤間領域

　この領域では，特に金型の閉動作や，製品突き出し後の戻り動作，また，金型に組み込まれている中子やスライド装置の動作による，挟まれ，ぶつかりの危険がある．さらに，高温の金型や加熱シリンダ，及び溶融樹脂，製品への接触により，やけどをする危険がある．

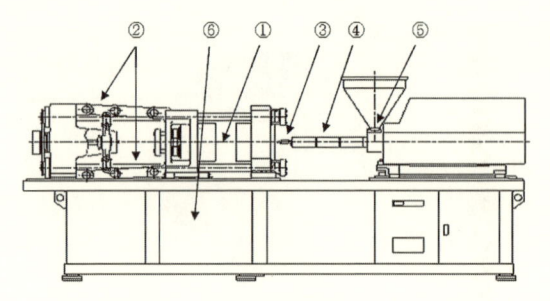

図 3.1-10 成形機の主要な危険領域（カバーを外した状態）
出典）JIMS K-1001:2008, p.6

② **型締機構の領域**

図はダブルトグルと呼ばれる型締装置である．この装置では，金型の開閉動作や製品突き出しの動作による挟まれの危険がある．

③ **ノズル領域**

加熱シリンダ先端の溶けた樹脂を金型内に注入する部位をノズルと呼ぶ．このノズルを含む射出装置が前進する際の挟まれや，高温のノズル及び放出する溶融樹脂によるやけどの危険がある．

④ **加熱シリンダ領域**

ヒータにより加熱された箇所への接触によるやけどの危険がある．

⑤ **材料投入領域**

ホッパ口と呼ばれる樹脂材料の投入口から加熱シリンダ内のスクリューに触れることによる挟まれや引込みの危険がある．また，ホッパ口から放出される溶融樹脂によるやけどの危険がある．

⑥ **製品取出領域**

開口部からアクセスできる金型取付盤間領域の可動部分による挟まれやぶつかりの危険がある．

3.1.7 成形機のガードとインタロック

前項の各危険領域に対する成形機メーカによる安全方策としては，固定式ガードやインタロック付き可動式ガードによる安全防護が一般的である．図3.1-11は，成形機全体のガードとその中でのインタロック付き可動式ガードの位置を示している．

以下，③ノズル領域と①金型取付盤間領域を取り上げて，具体例を紹介する．

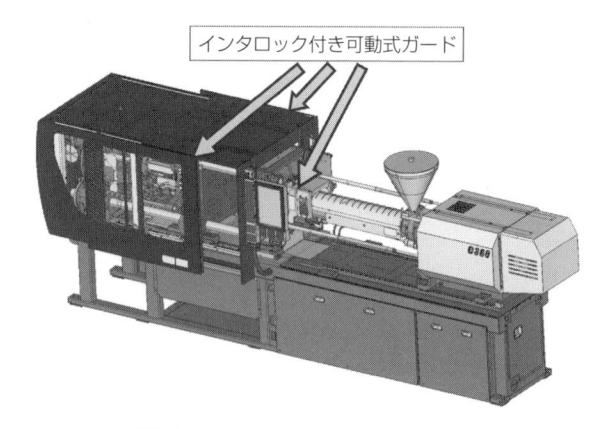

図3.1-11 成形機全体のガードとインタロック付き可動式ガード

（1）ノズル領域の可動式ガード

図3.1-12及び図3.1-13は，ヒンジ機構のインタロック付き可動式ガードが装備されている事例である（図3.1-11では最右の矢印に相当）．

これらのインタロック回路を図3.1-14に示す．これは欧州のプラスチック射出成形機の製品安全規格であるEN 201：2009に準拠した事例である．すなわち，可動式ガードを開けると，ポジションスイッチが強制乖離となって，射出装置の各電動機の動力を遮断する．参考までに，ガードの下部は，加熱シリンダ内の樹脂交換時の作業性確保のために，やけど防止の手袋装着を条件に開放が認められている．

図 3.1-12 ガード閉   **図 3.1-13** ガード開

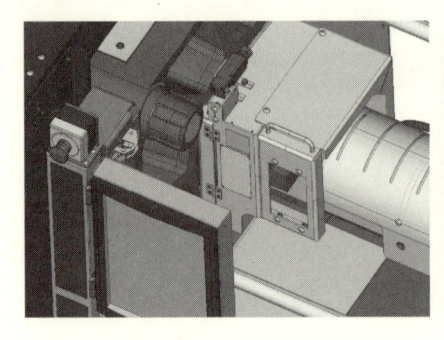

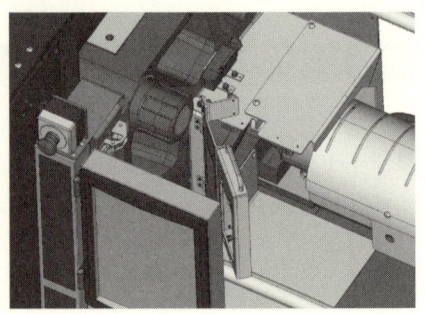

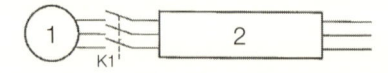

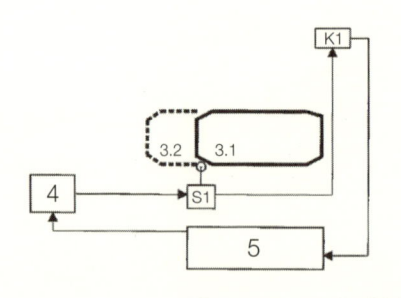

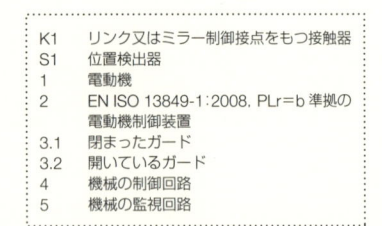

K1	リンク又はミラー制御接点をもつ接触器
S1	位置検出器
1	電動機
2	EN ISO 13849-1:2008, PLr=b 準拠の電動機制御装置
3.1	閉まったガード
3.2	開いているガード
4	機械の制御回路
5	機械の監視回路

図 3.1-14 ノズル領域のインタロック回路

出典) EN 201:2009, 図 D.1 (一部修正, 筆者仮訳)

(2) 金型取付盤間領域のガード

　この領域は, 成形機, 周辺装置を含めた成形システムのなかで, 労働災害の発生可能性及び重篤度の度合いが最も高い. これは, 以下の理由による.

- 成形機がもつ駆動装置のエネルギが大きく, かつ動作が高速である.
- 手動による製品取出しにともなう人体アクセスが頻繁なケースがある.
- 金型交換やメンテナンス時には, 人体アクセス時間が長くなる.
- 生産する製品にともなう金型や周辺設備の変更が頻繁である.

3.1 【事例1】機械メーカ：成形機のリスク低減

こうした特性をもつ領域であるため，大きな安全リスクが存在する一方で，リスクを具体的に特定し，安全方策とリスク回避の作業を徹底することが難しい．また，リスクアセスメントとその低減手段を講じる責任の所在が，成形機メーカ，周辺装置メーカ，ユーザとの間であいまいになりがちである．したがって，メーカはユーザの使用状況を，またユーザは成形システムの残留リスク情報を，正しく理解することが重要となる．なお，メーカからユーザへの残留リスク情報の具体的な提供手段については，**本書1.3**の『改正労働安全衛生規則』"第24条の13"及び"残留リスク情報指針"の解説を参照されたい．

前出の**図3.1-11**は，①金型取付盤間領域へのアクセスを制限するガードの例である．この例では，成形機の"操作側"（最左の矢印）と"反操作側"（中央の矢印）の計2箇所にそれぞれインタロック付き可動式ガードが装備されており，かつ，これらには電磁ロック機構が付いていて，この領域の運動部分が停止中でなければ開くことができないようになっている．

図3.1-15は，操作側の可動式ガードを取り外した状態を示したものである．三つのポジションスイッチと電磁ロックが配置されている．**図3.1-16**は，電磁ロック付きポジションスイッチのアクチュエータを示している．なお，実際

図 **3.1-15** 電磁ロックとポジションスイッチ　　図 **3.1-16** 電磁ロックのアクチュエータ

の可動式ガードのエッジには，人体挟込みの緩衝用としてゴム材が取り付けられている．これらのインタロック回路を図 3.1-17 に示す．前述の③ノズル領域の可動式ガードインタロックと同様に，欧州のプラスチック射出成形機の製品安全規格である EN 201:2009 に準拠した事例である．

同じく反操作側のインタロック付き可動式ガードも電磁ロックを装備しているが，操作側と比較してアクセス頻度とリスクが下がることから，EN 201 では，図 3.1-17 中の S1 と K2 を削除したインタロック回路が許されている．

図 3.1-11 では，図中に矢印では示していないが，①金型取付盤間領域への上部及び下部からのアクセスに対しては，それぞれ固定式ガードで制限している．しかしながら，製品取出し作業のために上部から取出しロボットを使用したり，下部へ製品を落下させてコンベヤを使用したりするために，固定式ガードを取り外したり，固定式ガードの一部を切り欠いたりして使用するケースが，実際の現場では多く見られる．

こうした場合には，金型取付盤間領域への人体アクセスの危険に加えて，取出しロボットやコンベヤの駆動装置によるリスクへの対策も必要になってくる．具体的には，成形機のサイズや製品取出しの方式によって，個々にリスクアセ

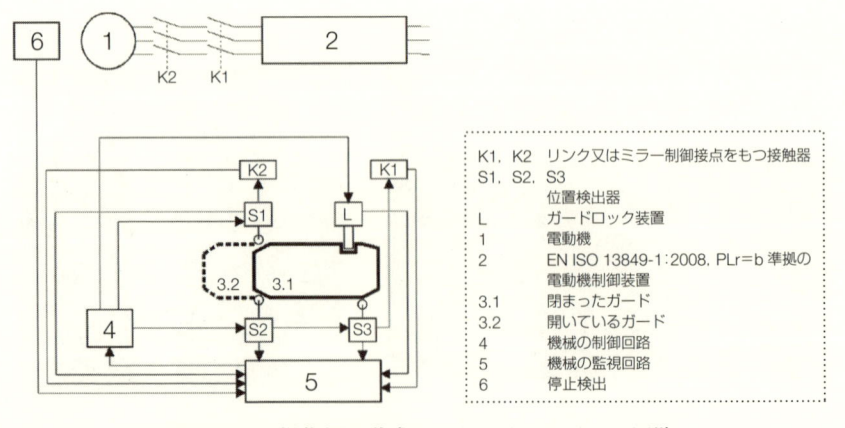

図 3.1-17　操作側可動式ガードのインタロック回路

出典）EN 201:2009，図 F.1（筆者仮訳）

3.1 【事例1】機械メーカ：成形機のリスク低減　　　133

スメントと安全方策を実施する必要がある．こうしたケースで実施される安全方策の実例を，次に紹介する．

【実例】金型取付盤間領域のガード外しなどに対する安全方策の例

　図 **3.1-18** は，フルカバーされた型締装置を反操作側から見た図である．これに対して，図 **3.1-19** は，①金型取付盤間領域の上部から取出しロボットによって製品を取り出し，かつ取出し時間を最短にするために，同領域上部の固定カバーを外し，さらに反操作側の可動式ガードの上部を一部切り欠いた例である．さらに，同領域の脇に製品を搬送するためのコンベヤを設置している．この場合，作業者は，同領域上部から成形機の危険源へのアクセスが可能となり，また取出しロボットやコンベヤの可動領域への接近も可能である．

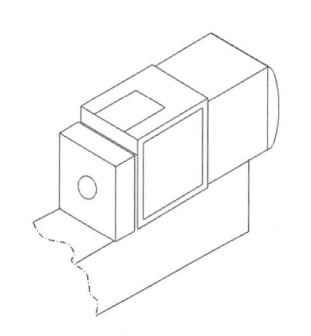

図 3.1-18　型締装置フルカバー 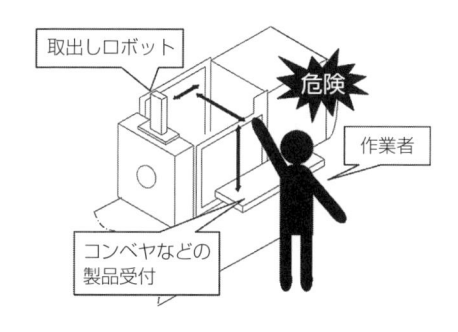　　　**図 3.1-19**　実際の危険なケース

　このケースでは，図 **3.1-20** に示す対策が，作業者の安全のために必要である．金型取付盤間領域の上部に煙突構造の固定式ガードを取り付けて，取出しロボットの上部からの製品取出しを可能にするとともに，成形機の操作側の同領域上部から成形機の駆動部分，及び，取出しロボットの可動領域へのアクセスを制限する．さらに，成形機の反操作側には可動式ガード付きの安全柵を設置し，コンベヤを含めた全ての危険へのアクセスを制限する．可動式ガードには，動作モードの異なる二つの位置検出器を取り付けることにより，位置検出器の単一故障による危険な状態を回避する．

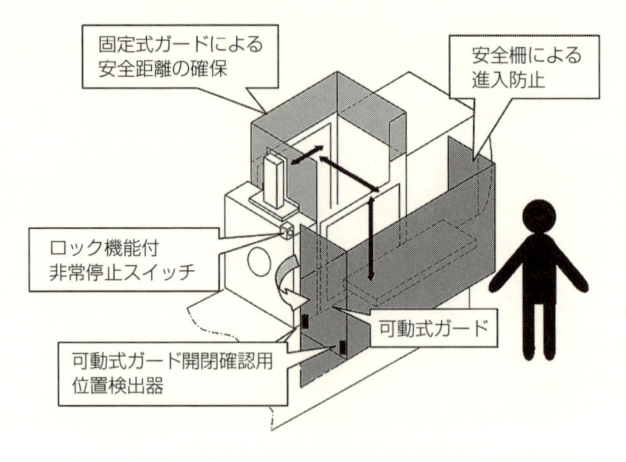

図 3.1-20 安全防護方策の例

　また，このケースでは，作業者が安全柵内での作業中に，第三者が不用意に成形機，取出しロボット，コンベヤを起動することがないように，キーによってロックすることができる非常停止スイッチを備えてある．作業者は，安全柵内での作業の前に，このキーにより非常停止スイッチが押された位置でロックをする．この安全柵のインタロック回路の接続を図 3.1-21 に示す．成形機メーカはあらかじめ安全柵用のインタフェースを用意し，ユーザは非常停止と可動式ガードの位置検出器を備えた安全柵を用意する．

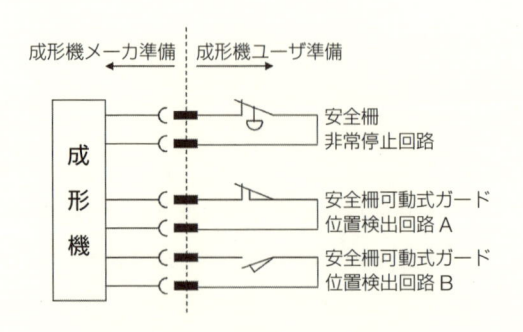

図 3.1-21 安全柵のインタロック

3.1.8 ま と め

以上のように，生産性を落とすことなく，かつ安全な"成形システム"を構築するためには，設備導入前に各装置メーカとユーザが生産形態について，認識を共有し，そのリスクを想定し，両者によるリスク低減策が必要となるケースも多く，注意が必要である．

3.2 【事例2】機械ユーザ：プレスラインのリスク低減

富士重工業株式会社

3.2.1 事業所の紹介

当社は，輸送用機械器具製造メーカとして関東各地に工場があり，群馬県に所在する群馬製作所（以下，当所とする）は，自動車を主に製造している（図 **3.2-1**）．

図 3.2-1　当社の生産品のイメージ

当所は，群馬県太田市を中心に自動車の生産工場を展開しており，大型トランスファープレスやタンデムプレスをはじめ，産業用ロボット，大型・小型 NC 旋盤などの加工機械，自動搬送システム，乾燥炉・熱処理用の浸炭炉など，多種多様な機械・設備を使用して生産を行っている．そのため必然的に多種多様なリスクを内在している．

当社の安全基本理念"安全衛生は全ての業務に優先する"にもとづき，当所は OHSMS（Occupational Health ＆ Safety Management System）活動を軸として安全活動を行っている．当所の OHSMS 活動の中心はリスクアセスメント活動であり，"設備導入時"のリスクアセスメントと"既存設備"に対してのリスクアセスメントを実施している．既存設備に対しては作業者自らが現在使用している機械や設備，工程に対してリスクアセスメントを行い，すぐに対策ができることは現場改善で対策を行い，大幅な改修が必要なことについ

3.2 【事例2】機械ユーザ：プレスラインのリスク低減

ては当所としての優先順位を決めて，対策を実施してきた．このような地道な安全活動への取組みにより，10年前と比較して，災害の発生件数は1/2に，休業災害は0件になり，安全への取組みが結果として現われている．

3.2.2 当所のリスクアセスメント活動について

当所の安全活動は，全社の活動目標を受け"重篤，休業災害ゼロ，不休業災害の低減"を目標として安全活動を行っている．様々な安全活動のなかでも"リスクアセスメント活動"を中心的な活動と位置付けている．当所で実施しているリスクアセスメント（以下，RAとする）は，ISO 14121（**本書2.1参照**）を参考にし，当所として導入しやすいようにアレンジを加えたものである．

活動は，設備の新規導入時には設計段階からRAを行う"新規設備へのRA"と，製造現場で作業行動を中心に行っている"既存設備へのRA"（**3.2.3**に事例紹介）の，大きく分けて二つのRA活動を実施している．

まず，新規導入設備に関しては，設計段階からRAを行うことで，リスクを許容できる範囲まで下げてから生産現場に設備を導入することを目標としている［**(2)参照**］．次いで，最終的に設備をラインに導入する段階でも，"安全立会い"など2段階のチェックを実施している［**(3)参照**］．

また，既に稼働している設備に対しては，現状よりもリスクを下げ，より安全で快適な作業環境を形成することを目的としてRAを導入している［**(1)参照**］．

(1) 既存設備へのRA

既存設備へのRAは，現場の作業者自らが実施している．**製造現場の作業者**が行っているRAは，**小集団活動の一環**として実施しており，自分たちが使用している機械・設備や作業工程などについて，自分たちの作業に焦点をあてたRAを実施している．具体的には，自分たちの作業エリアの中で"被害の程度"，"危険源にアクセスする頻度"，"回避の可能性"をパラメータとしてRAを実施し，評価の結果，リスクの高いものから優先的に安全対策を行っている（**図3.2-2**）．

RA導入前の安全対策は，災害が発生した後に顕在化したリスクに対しての

再発防止策が中心であり，後手の安全対策となっているケースが多かった．RA活動導入後は，自分たちでリスクを把握できるようになり，リスクの度合いにより優先順位を付けて効果的に事前に対策ができるようになった（以前は，ハイリスクもローリスクも，災害の要因の一つとして同じ扱いをしていた）．

また，小集団活動の一部として実施することで，作業者同士が**安全に関しての情報交換**を活発にするようになり，お互いに，どこにどんなリスクが潜んでいるかを話し合うことで，作業者同士でリスクに対しての共通認識ができるようになり，安全を確保するために作業行動としてやってよいことと悪いことが一層明確になり，結果的にルールもしっかりと守れるようになった．

改善箇所にはステッカーなどで"リスクアセスメント改善箇所"と表示

図 3.2-2　改善箇所の表示例

(2) 新規設備への RA

新規設備の導入時は，構想の段階で RA を行い，できるだけ本質的安全設計を目指すが，機能を満足させようとした場合や既存設備とのやり取り，その他諸条件の制約を考慮した場合，理想とした本質的安全設計とはならないケースがあるのが現状である．限られた条件のなかでどうしても残ってしまったリスクに関しては，詳細設計に移行した段階で，当所の**安全基準**（後述）に適合した設計を行うことで，安全を確保するようにしている．

新規設備への RA は，設備導入部門が実施し，構想段階で機能性と安全性を両立する構想をたて，詳細の個別の設計へと進んでいく．各設計の段階に安全に関する複数の"イベント"を設けて，各イベントごとに RA を行い，それぞ

3.2 【事例2】機械ユーザ：プレスラインのリスク低減

れのイベントで顕在化したリスクに対して，対応を図っていくというスケジュールを組んでいる．当所では，次の5段階のイベントを設けている．

① 計画図
② 詳細設計承認図
③ 納入仕様図
④ メーカ立会い
⑤ 安全立会い

(3) 安全立会い

"新規設備へのRA"については，**(2)**の後，設計時のRAを反映し製造・製作した機械・設備を最終的にラインに導入するに際して，安全に関するチェックが2段階入る．④**設備導入前にメーカ側で行う実機の安全チェックであるメーカ立会い**と，⑤**現場に設置したときに行う安全立会い**といわれるイベントを設定している．

④のメーカ側で行うチェック（メーカ立会い）は，仮組み状態で機能を満足しているか，外観上の課題はないかということを，設備導入部門とメンテナンス部門がチェックし，安全も基準どおりできているかのチェックをひととおり行う．

④メーカ立会いで大きな問題がなければ，当所ラインへの設置段階に移る．現場に設置した際に行われる⑤安全立会いは，設備導入計画部署，使用部署，メンテナンス部門，安全管理部門が設備稼働前に設置に立会い，実施する．この安全立会いで"設備稼働可"の判断が出ない場合には，当該の設備を稼働できないルールとなっている．設備稼働可／不可の判断は，実際に使用する視点から「リスクが十分に低減できているか？」，「当所の安全基準に適合しているか？」，「作業性が考慮されているか」，「メンテナンス時は安全か？」という様々な視点で，複数名の眼で確認を行っている．安全立会いで，リスクが除去されているか，十分低減されているかの確認を行い，**量産ラインの責任をもつ所属長**が安全立会いに参加した人の意見を参考にして**最終的判断**を行い，"設備稼働可"の判断が出た場合にはじめて量産稼働を開始する．稼働可の判断が出な

い場合には，稼働できない理由を明確に設備計画部門に伝え，改修を行った後，再度，安全立会いを実施し，稼働の可／不可を判断する．したがって，稼働可の判断が出ない限りは量産に移れない仕組みとなっている．

このように，新規設備を導入する際には，安全上の様々なイベントを設けることで，そのイベントごとに RA を実施し，リスクを許容可能なリスクにとしてから量産に移行する一連の仕組みを，当所では"設計段階の RA"としている．

(4) 当所の安全基準について

当所の安全基準は"危険源と人の隔離"を基本的な考え方としている．本来，本質的安全設計により全てのリスクを低減できていれば好ましいが，様々な諸条件により全てのリスクをなくすことはできていない．このようななかで，危険源と人を分離することにより災害を防止するという基本的な考えにもとづき，安全基準を作成している．この安全基準は，"人はミスをする，機械は壊れる"という考え方を基本概念として，人に教育を行ったとしても災害を 100％防ぐことはできないと認識するとともに，当所としても過去に発生した災害を振り返り教訓としたものである．

災害が起きた後の対策会議のなかでは「○○管理をします」や，「○○教育を行い徹底します」という対策が出てくるが，結局，時間が経つと，同じような災害が再発している．これは，人の行動には絶対ということがないということをあらわしている．再発した災害が許容可能なリスクであれば，人に頼った再発防止策を再度作り直すことも可能であろうが，重篤災害につながるような許容できない災害については，教育や人の管理だけで対応することは NG としなければならない．

当所の安全基準は，ISO 12100（本書 2.1 参照）の考え方を織り込むのと同時に，当所で起きた過去の災害をベースに再発防止策を織り込んだ基準としている．当初，各ショップ［製造部の各部門をショップと呼ぶ，大きくはプレス（スタンピング），ボディ（集成工程），ペイント（塗装），トリム（艤装$_{ぎそう}$），PU（パワーユニット）］ごとに安全に対しての取組みが違っていたので，1985 年に当所の統一基準としての安全基準を策定した．従来，この基準の内容は，規格基準が多く，

ある規格に従って安全カバー，ガード，安全回路などの詳細な寸法，取付方法が決まっていて，現実には取り付けられない寸法や構造であったり，基準どおりにするとリスクが残ったりした．時代が変化していくなかで，安全基準の見直しがされず，現状とあわなくなってしまい，災害がなかなか減少しない要因の一つともなっていた．そこで，2005年に大幅な改訂を行い，ISO 12100の考え方を取り入れ，寸法や設置方法を詳細に定めた**規格基準**ではなく**性能基準**として**改訂**を行った．その後は定期的な見直しを行い現在に至っている．

旧安全基準と新安全基準の違いの例として，安全距離の取り方を紹介する．旧基準は，一定の寸法があり，その寸法をクリアしていればOKというものであったが，現在の基準は，リスクの度合いや，危険源に身体のどの部分が近づくのかによりすきまと距離を規定するものとした．この新基準では，どうしても危険源との十分な距離が確保できないとき，距離が近い場合には全面カバーとし，距離がある程度確保できる場合には安全柵でガードを製作するなどの柔軟性をもたせる基準とした．

このような**性能基準の安全基準**を成立させるためには，RAを適切に実施することが求められる．RAが適切に実施されていなければ，どこにどんなリスクがあるかわからず，安全対策がうてない．また，RAをおろそかにしてしまうと，必要な安全対策がうてず，重篤災害が発生してしまう可能性がある．それだけではなく，過剰な安全対策となってしまい，設備費用が大幅に上がってしまうことも考えられる．そのため，安全基準に適合させる前に，適正にRAを実施し，リスクを適切に把握しておくことが重要である．当所の安全基準は，ガードの製作基準や安全回路の考え方，設備や配管の色など，ISOやJISの基準を参考にしながら，当所の過去災害を分析し，必要な基準内容としている．

3.2.3　既存のプレスの安全対策

自動車メーカの多くは車のモデルチェンジを境にして設備の入替えをすることが多いが，プレスラインについては，設備が大きいことと，金型を変えることで新型車に対応することができることから，設備の入替えはあまり行われず，

設置後20年を経過した設備を使用しているプレスラインも珍しくない．プレス機には，大きく分けて2種類あり，プレス機1台につき原則として1種類の金型をセットして使用するタンデムプレス機械を複数台並べて使用する**タンデムライン**（**図3.2-3**）と，複数種の金型を一台のプレス機にセットしてシート材を自動的に順送りして複数のプレス加工を一度に行うことができるトランスファープレス機械を使用する**トランスファーライン**（**図3.2-4**）があるが，当所でも，両種のラインについて，設置後，十数年が経過している設備を所有し，稼働している．このような古い設備に関しては，導入時の安全基準のままであることが多く，リスクが残っていることが多い．

　当所のような自動車メーカでは，数百トン〜数千トンクラスのタンデムプレスやトランスファープレスを使用することが多く，一つまちがえば重篤かつ重大な災害につながる設備であるため，設備的な対応が必要である．

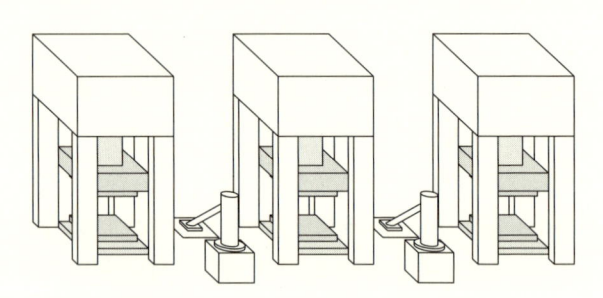

図 3.2-3　タンデムラインのイメージ

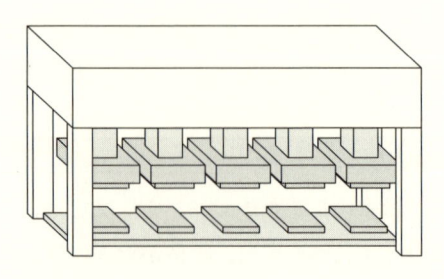

図 3.2-4　トランスファーラインのイメージ

3.2 【事例2】機械ユーザ：プレスラインのリスク低減　　143

(1) 工程間搬送の安全確保

タンデムラインは，図 **3.2-3** のように大型のプレス機械を複数台並べたもので，当所では，自動車の構造材となる板金部品やボンネットやドアなどのパネル部品を加工している．

これらの設備は，設置後，そのままの状態で長年使用されることは少なく，生産性の向上や品質の向上のため，生産工程が変化し，それに伴い設備も変更になる．

設置当初はプレス機械の工程間の搬送は人が行っていたが，現在ではプレス機械の工程間搬送は搬送機械（ハンドリングロボット）が行うケースがほとんどである（図 **3.2-5**）．

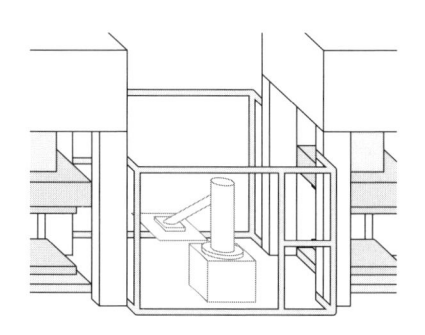

図 **3.2-5**　ハンドリングロボットの例

プレス間の搬送を人からロボットにすることで，生産性が上がると同時に，量産時にプレスの型内に入りパネルを取り出す作業がなくなるため，プレスに挟まれるリスクは低くなり，安全性も同時に高くなる（自動化によるリスク低減）．しかし，今度は，ロボットと人の接触が問題になったり，トラブルやメンテナンスなどで設備内に人が入って作業を行う場合に設備が増えたために人を視認できなくなる状況が発生するなど，今までのリスクとは違うリスクが出てくる．このようなリスクに対しては，**設備更新時の RA** が必要となってくる．

工程を変更することで発生するリスクに対して，まず，製造現場の作業者に必要な作業（量産作業，メンテナンス，トラブルシューティング，清掃，点検）を洗い出し，次に，どこでどんなリスクあるかの洗い出しを行う．

当所の設備安全は，前述のとおり，"危険源との隔離"を基本としている．既存設備に関しても徹底的にガードを行うことで危険源との隔離を行っている．これらのガードとしては，RAを実施して，リスク源との距離やリスクの度合いを考慮して，ガードやライトカーテンなどを選定している．ロボット用ガードの設置例を**図 3.2-6** に示す．

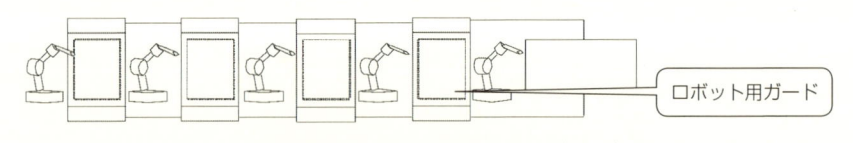

図 3.2-6 ロボット用ガードの例

どうしても設備内にアクセスが必要な場合には，設備を停止させることとしている．作業者が危険エリア内に入る場合には，**必ず安全扉といわれるところからアクセス**するようにし，その扉には必ず安全スイッチ（SW）もしくは安全プラグ（SP）が設置されており，自動状態で扉を開けると非常停止が掛かる仕組みとなっている．また，**安全扉が開いた状態では各個操作しかできない**ように設定されていて，**各個操作を行う場合にはインチングで行うことを基本**として，安全を担保している．

(2) 立入りカード（タグアウト）

安全扉から作業者が設備内にアクセスする場合には，現在，当所で行っている仕組み**タグアウト**を実施している．このタグアウト用のカードを，当所では"機械内立入中カード"，別名**命のカード**という名称で使用している．このカードは，隔離されたガードの中に作業者が入る場合，入った入口に作業者個人専用のカードを掛け，他の作業者からも柵内作業を行っていることがわかるようにする．そうすることにより，第三者による不意の動力投入を防止している．

3.2 【事例2】機械ユーザ：プレスラインのリスク低減

このカードには一人ひとりの名前が書いてあり，柵内で作業を行っているのが誰なのかわかるようになっており，部署によっては顔図を貼り付けることでより印象付けている．機械の動力源を投入する際には，機械内を確認するようにしている．

カード掛けは安全扉周辺に設置してあり，柵内で作業を行っている人がいれば，安全扉の手前で誰が入っているか確認できる仕組みとなっている（**図3.2-7**）．柵内作業を終え，起動操作を行う場合には，必ず安全柵を閉める作業がある（**図3.2-8**）ため，中に人が残っている場合は一目でわかり，不意の起動を防止する管理的な仕組みとなっている．

図 3.2-7　機械内立入中カードの使用例

図 3.2-8　作業中のため安全柵が開けられている様子

複数名が柵内で作業を行う場合でも，全員がカードを掛けてから中に入り，柵内作業の終了後，機械・設備を稼働させる前には，作業リーダが機械内立入中カードを確認し，一人ひとりにカードを手渡して柵内に作業者がいないことを確認する．

（3）定常外作業の安全

機械・設備の調整作業では，どうしても機械・設備を動かしながら作業を行わなくてはいけない場合が発生する．その場合は，ロボットであればイネーブ

ルスイッチ付きのペンダント BOX をもって作業を行う．それ以外の設備であれば，ホールド・トゥ・ラン操作による稼働とする．

　機械・設備を稼働する場合は，人が確認を行いながら実施するとともに，必ず2名以上で作業を行い，一人が必ず監視業務を行うことで，不意に動作した場合に非常停止ボタンを押せる状態のなかで作業を行うこととしている．

(4) 機械と人が同一エリアで作業を行う際の安全確保

　プレス機械を動かしながら初工程に材料を投入する際などは，設備が自動で動いているところに別の作業が入ってくるので，リスクが高くなる．このようなときも，稼働部分と停止部分とを切り分けて対応を図っている．

　当所の材料投入設備の周辺（**図 3.2-9**）を **図 3.2-10** にあらわす．

図 3.2-9 材料投入設備の周辺

　当所では，以前は，人が注意をしてフォークリフトなどを使いながら材料投入・補充を行っていたが，現在は，まず，材料のストックの場所に補給の材料を投入する場合，材料投入設備側（**図 3.2-10** では右下部分）のみ稼動を停止させて作業を行い，そこから先の人がアクセスできるところに関しては，ライトカーテンを設置し，人が誤って稼働域にアクセスした場合にはライトカーテンが遮光され稼働している設備が非常停止となるようにしている．

　このように，人が関与しなくてはいけない状態が発生し，かつ機械・設備を止めたくないという状況が発生した場合でも，当所の設備安全の基本的な考え

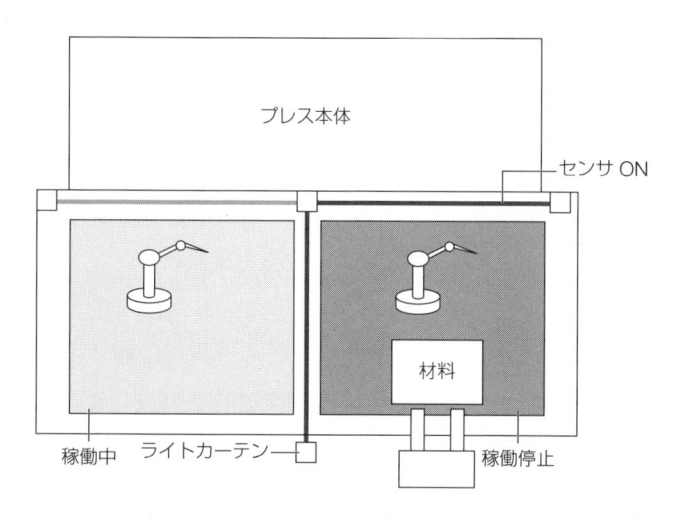

3.2 【事例2】機械ユーザ：プレスラインのリスク低減　　　147

図 3.2-10　材料投入とライトカーテン（俯瞰図）

方である"危険源との隔離"を実践している．基本的に可動部が露出していない状況のなかで作業ができる環境を作ったうえで，機械・設備が動いているエリアに移動しようとした場合には，エリアセンサやライトカーテン，レーザスキャナなどと呼ばれる人体検知装置を設置しておき，人がラインをまたいだ時点で稼働を停止する．このようにエリアを細かく分けることで，設備を稼働させながら，安全を確保するライン構成としている．

この例でも，（ライン・システムとしての）RA を適切に実施し，被害の程度を想定することにより，どこで設備の可動エリアを制限するかが明確になってくる．

（5）MB（ムービングボルスター）エリアでの安全確保

プレス作業のなかでもリスクが高い作業として，金型の段取り換えがある．この作業も，現在は，基本的には外段取り方式を採用しており，原則として"スライド"と呼ばれる金型を取り付けて往復運動を行う部分の中には人が入らないで済む作業としている．金型をプレス機械にセットする際には，一度，MB（ムービングボルスター）といわれる金型の運搬台車に金型をセットすると，

後は自動でMBがプレス機械の中に引き込まれ,セットできる構造となっている.

その際にも,作業者がMBの可動エリアにアクセスする際には安全扉(図 3.2-11,図 3.2-12)からアクセスし,作業者が段取りを行っている間はMBが動かないような仕組みとなっている.また,作業者がそこからプレス機械にアクセスできないようにガードを設置し,安全を確保している.

図 3.2-11 MBの可動エリア (安全扉:閉)

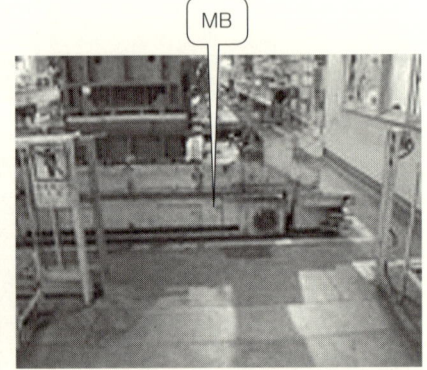

図 3.2-12 MBが可動エリアに出てきたところ (安全扉:開)

(6) スライド内の安全確保

プレス機械の生産上で問題が発生した場合など,スライドの内側に人が入って作業を行わなくてはいけない場合がどうしても発生する.小さなプレス機械であれば,手・腕をスライドの中に入れて作業が可能であるが,当所のように大型プレスを使用する場合には,手・腕だけではなく上半身もしくは全身がスライドの内側に入ってしまうことがある.この状態で万が一スライドが作動した場合には,一瞬にして重篤災害となってしまう.このような事態になることを防ぐために,様々な防護手段を講じている.

トランスファープレスの場合には,スライドの中に入る場合は以下の条件でなければスライドの中に入れないこととしている(図 3.2-13).

3.2 【事例2】機械ユーザ：プレスラインのリスク低減

スライド内に入る場合のフロー
1. スライドが上死点の確認
2. メインモータの停止確認
3. スライドロックをかける
4. スライドロックの固定確認
5. スライドロックの確認信号を受け，シャッター開の操作受付
6. シャッターが開きスライド内に入る

図 3.2-13　トランスファープレスのシャッター部分

（吹き出し：シャッター部分（枠線部分）が上下し開閉）

　トランスファープレスでは，前述の"MB"と呼ばれる"金型の運搬台車"の出入口が上下方向に開閉するシャッター構造になっており，このシャッターが開かないとスライドの中にアクセスできない構造となっている．そのため，シャッターの開閉を制限すれば，スライドに挟まれるような重大災害には至らない仕組みとなっている．また，スライドロックといわれる上死点でスライドをロックする機構について，最近では国内でも標準的に装備されているが，当所の年代の古いトランスファープレスには付いていないことが多かった．当所としては，既存設備についてのRA実施の結果，作業の頻度が高いことと，一歩まちがえば重大災害につながりかねないことから，リスクが高く，とても許容できるリスクではないと判定し，トランスファープレスに関してはスライドロックを後付けし，スライド内で作業を行う場合の安全性を確保している（**図 3.2-14**）．

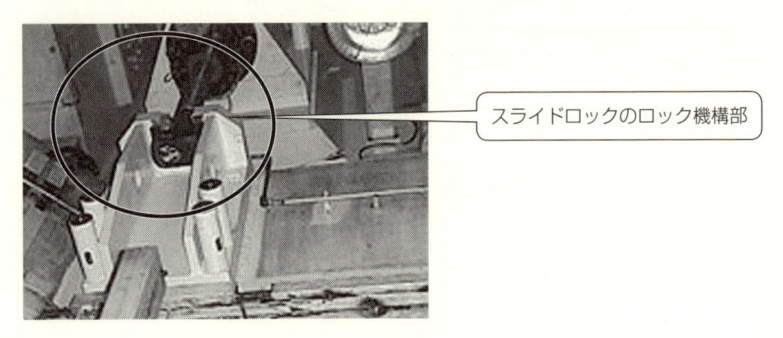

図 3.2-14　スライドロックのロック機構部

　タンデムプレスのスライド内の安全確保については，製品の出入口にライトカーテンがあり，このライトカーテンを遮光するとスライドが降りてこない制御となっているが，中に全身が入りきってしまうとライトカーテンの検知外となる．タンデムプレスの場合には，トランスファープレスとは違い出入口にシャッターがなく人の出入を物理的に制御できるものがないため，スライド内に全身が入った状態でスライドが下降するリスクが非常に高くなる．
　RAの結果からも，重大性・頻度ともに高いため，対策が必要となった．対策内容としては，スライド内の人を検知するためにレーザスキャナを設置し，スライド内の上型と下型の間を水平にスキャンすることで人の存在を検知し，万が一スライド内に人がいたとしても，この検知装置で人の存在を検知し，スライドの下降を防止する仕組みとなっている（図 3.2-15）．

（7）安全扉の安全装置
　当所の安全確保の基本的な考え方である"危険源との隔離"を行っていくと必然的に安全柵やカバーが多くなり，通常作業では作業者の安全を確保できるが，トラブルシューティングやメンテナンスを行う際には，危険源に近付かなくてはいけないので，安全柵を開ける，カバーを外すという行為が発生し，リスクが高くなる．
　現在，当所で使用している安全装置には，旧タイプの"安全プラグ"タイプ[*1]（図 3.2-16）と安全基準改定後の"安全スイッチ"タイプ[*2]（図 3.2-17，図 3.2-18）

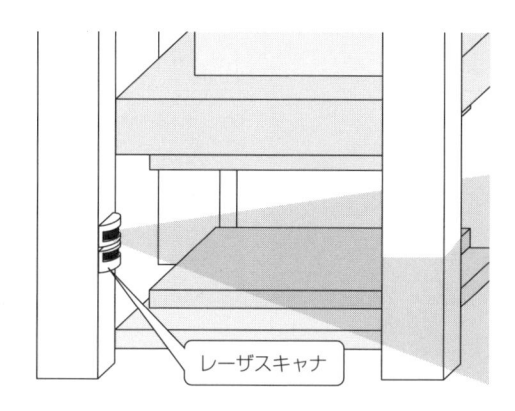

3.2 【事例2】機械ユーザ：プレスラインのリスク低減　151

図 3.2-15　レーザスキャナの例

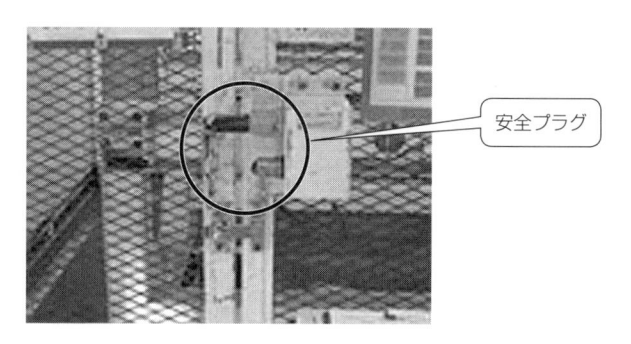

図 3.2-16　安全プラグ

＊1　"安全プラグ"は，一般的に，開閉式の扉などに取り付け，作業者が柵などを開ける際にプラグを抜くことにより，安全の条件が切れ，機械・設備側に停止信号を出し，止めるような仕組みとなっている．ただ，構造が比較的簡単なため，作業者が簡単に無効化できるので，リスクの高い所に使用するには課題がある．

＊2　"安全スイッチ"は，使用方法は安全プラグと同じであるが，スイッチ部分の構造に工夫があり，作業者が容易に無効化できない構造となっている．また，制御回路に取り込む際にも，安全リレーなどに取り込み，スイッチ自体が正常に機能していることを監視し，安全が確保できない状態になった場合には機械・設備を稼働させない仕組みとなっている．

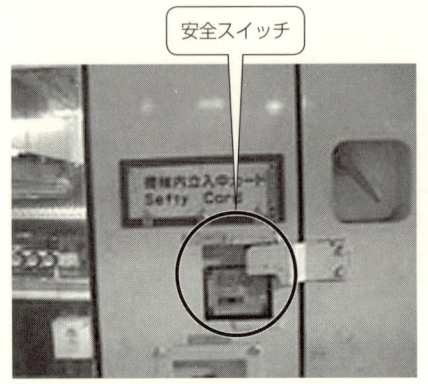

図 3.2-17　安全スイッチの場所　　　図 3.2-18　安全スイッチ部分

の 2 種類がある．安全プラグタイプについては，作業者による簡単な細工で安全を確保できなくなるという RA の結果が出ていることから，新規設備に関しては，RA の結果を反映させて安全スイッチタイプを使用している．安全スイッチタイプは，作業者が簡単に細工できないため，作業者の安全性が確保される．

　また，回路上も安全プラグなどの旧型の安全装置は，危険を検出してから機械・設備を止めることとなるが，安全スイッチなどの安全機器は安全確認型といわれる回路構成をとることにより，通常安全が確保されていれば機械・設備の稼働を許可し，何らかの理由により安全が確保できない状態になった場合は稼働を許可しない機械・設備とした．

　危険検出型の安全回路は，危険を検出した場合に機械・設備を止める動作となるが，危険を検出できない場合は機械・設備がそのまま稼働状態となり，リスクが高い状態であることがあった．また，危険を検出してから停止信号を発するため，停止信号が途切れた場合は危険状態の機械・設備が稼働することとなる．安全確認型は通常状態で安全であれば機械・設備の稼働を許可するが，安全が確保できない状態にあった場合は運転を許可しないとする．また，安全が確保されていることを起動条件に入れておくことにより，安全の条件が確保されていなければ起動できない状況となっている．

3.2 【事例2】機械ユーザ：プレスラインのリスク低減　　153

3.2.4　今後の活動について

　当所のプレス機械は，最新の設備も一部にはあるが，基本的には既存設備であり，数年～数十年使用している機械がほとんどで，日々変化をしていくなかでいかに安全を確保していくかが重要である．こうした既存設備の生産性・品質を向上させるため改造工事を行った場合に，新たなリスクが顕在化してくる．この顕在化したリスクをいかに早期に発見し，対策をうつことができるかが，製造ラインの安全確保としては重要である．そのリスクを見つけられなかった場合には，大きな被害が発生する．本来であれば，改造を行ったときのリスク対策で全てが洗い出されて対策をうつことができればベストであるが，なかなか理想どおりにはいかないのが現状である．作業行動でのリスクを見つけるためにも，作業現場で行うRA活動は重要であり，現場の作業者へRAの教育を行い，リスクをリスクと認識できることが必要である．

　次に，設計時のRAについては，本質的安全化をどこまで実現できるかが大きな課題である．小さな単体の機械であれば，設計者の一人の視点で何とかRAができるが，大型トランスファープレスやロボット工程などが含まれる複合の生産システムに関しては，多種多様なリスクが内在しているため，一人の設計者がRAを行うことはかなりの業務量となる．また，安全を確保するためには，定常作業だけを対象としたRAだけではなく，据付，調整，解体までを対象としたRAの実施を求められるが，全てのパートでRAを適切に実施するためには，工程編成の知識，製造現場の知識，作業行動の知識など，多様な知識が必要とされる．これらのことを考えた場合，単体機械や産業用ロボットなどを組み合わせた複合する生産システムのRAを行うためには，それなりの実務経験と知識を有した設計者がRAを行わなければ，適切な結果は得られない．

　現在，当所では，設備導入部門と安全管理部門が連携をして，各設計の段階に安全に関する複数のイベントを設けてRAを実施しているが，複合した生産システムに対して適切にRAを行うためには，経験と知識のあるシステムインテグレータの育成が必要と考える．

第3章　引用・参考文献

3.1
1) 厚生労働省（2009）：『成形作業におけるリスクアセスメントの進め方』リーフレット
2) JIMS K-1001：2008　"ゴム及びプラスチック機械—横型射出成形機—安全通則"，社団法人日本産業機械工業会
3) 中央労働災害防止協会 編（2007）：『新指針対応 これからの機械安全—新「機械の包括的な安全基準に関する指針」の解説』，中央労働災害防止協会
4) EN 201：2009　"Plastics and rubber machines-Injection moulding machines-Safety requirements"

第4章
リスク低減のための機器・手段

　本書第3章で紹介した事例には，機械類の使用上の制限，本質安全，安全防護・付加保護方策にそって，警告・警報，作業方法などの管理手段，保護具などが採用されている（**本書2.1.2参照**）．いずれの方策でも"制御技術"は，機能の制限，危険を検知して停止する非常停止，作業者の存在場所の確認など，重要な役割を担っている．

　機械安全のための制御システム・機器の信頼性・健全性は，制御機器メーカにより確認されている機器を使うことを前提とする．

　本章では，"安全防護"（リスク低減方策のステップ②）に貢献する制御システム・機器を中心に解説する．

　"安全防護"としては，ガードとインタロックが代表的な方策である．具体的には，リスク低減の目的に最適なガードとインタロックの種類と選択方法（**4.1**），保護装置（**4.2**），制御機器の安全確認判定の論理機能（**4.3**），機械安全のためのコントローラとネットワーク（**4.4**），駆動装置の安全（**4.5**）について解説する．

4.1 リスク低減のためのガードとインタロック

ガード（安全柵又は安全カバー）は，リスクアセスメントにより明確にされた危険区域を空間的に隔離するために設置される．ガードにより隔離された危険区域について，ワークを搬入・搬出する開口部の監視と，段取り換え・調整・清掃など危険区域内での作業のための入退出，及び（不）存在を確認し管理するインタロックにより時間的隔離（停止の原則：機械が停止している＝安全な場合のみ接近が可能）を実施する．作業者を検知するための検知機能を備えた保護装置（**4.2** 参照）やインタロック装置を適切に選択する必要がある．

ガードを選択するには，次の四つの視点を考慮する．
① ガードの機能
② 危険区域の囲い方（危険源の数と位置による選択）
③ 危険区域への接近の性質（通常作業，清掃など）と頻度
④ ガードの開閉（ワークと人の侵入・退出）とインタロック
   a）開口部から危険区域への侵入・退出検知
   b）危険区域内の不存在の確認と入退出管理

4.1.1 ガードの機能による選択

ガード（柵又はカバー）の主たる機能は，ガードで囲まれた空間（危険区域）への接近の防止である．ガードの選択にあたっては，機械と人との空間的隔離のほかに，次のような可能性についても考慮する必要がある．
① 落下物又は放出物（飛来物を含む）による危険
② エミッションによる危険（例えば，騒音，振動，放射など）
③ 環境による危険（例えば，暑さ，寒さ，悪天候に対する保護，及び有害物質など）
④ 機械類の転倒又は転落による危険

ガードは，次のような点を考慮して選択する．
① 機能に適した材料（黒いメッシュ，透明なアクリル板，特定の危険：

4.1 リスク低減のためのガードとインタロック

騒音・放射熱などを遮蔽するシールド・スクリーンなど）
② 大きさ（全体を囲うケーシング，一部を遮蔽するカバー，手又は身体を乗り越えて侵入させないための柵）
③ 強度，開口部の扉
④ 組立・固定方法（容易に移動できない）

ガードの固定については，溶接による固定，又は工具なしでは取り外せないようにする．ガードの開閉（又は取外し）なしに機械の状態が視認でき，点検・保全などが可能な（例えば，メッシュ又は透明の）ガードを選択すると，開閉回数の減少が期待できる．柵の内側で作業することがある場合には，不慮の事故発生時の脱出ルート（機械の運転状況に関係なく**内側から開くことができる扉**など）の確保と避難場所の確保をしておく．

4.1.2 危険源の数と位置によるガードの囲い方の選択

危険区域の囲い方は，囲い（包囲）ガードと距離ガードの2種類に分類できる．選択の基準を図 **4.1-1** に示す．

(1) 囲い（包囲）ガード（enclosing guard）

全ての面から危険区域を（侵入するすきまがないように）**直接囲い込むこと**により接近・侵入を阻止するガードのこと．

①危険源を含む全体を囲い込む（ボックスに入れるなどの）ガード：ケーシング（full enclosing guard），②侵入できないように危険源（部位）を直接囲い込むガード（general enclosing guard）と，③局部（危険区域のみ）を囲うガード（local enclosing guard）の3種類がある．図 **4.1-2** は危険部位を直接囲い込むガード（③）の例である．

(2) 距離ガード（distance guard）

危険区域を囲い込んで侵入を阻止するのではなく，**危険区域とガードの距離**や**ガードのサイズ**により接近による危険を防止又は低減するガードのこと．例えば，周辺フェンス，トンネルガードなどがある．

ガードの侵入口から危険区域までの距離は，インタロック装置による停止指

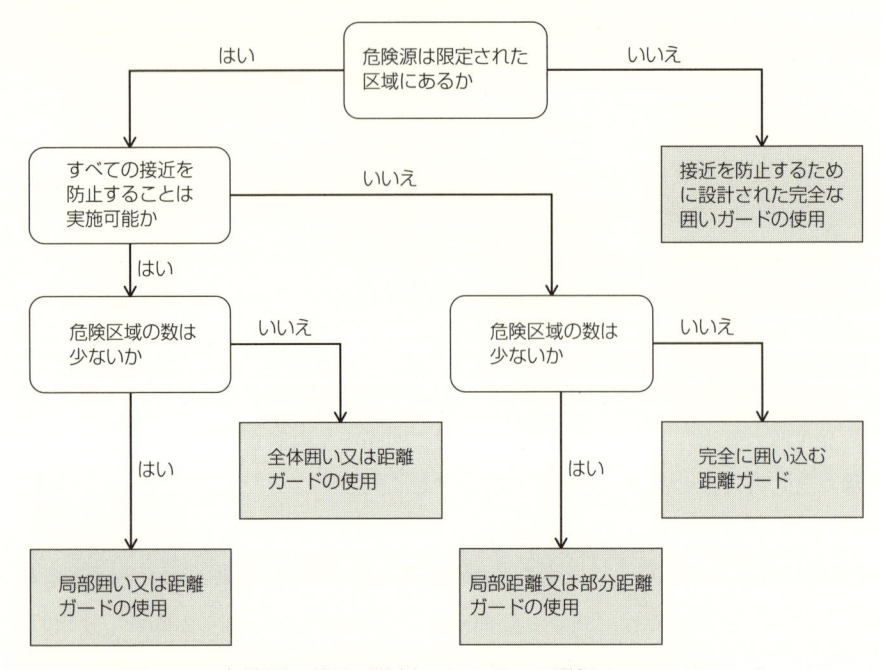

図 4.1-1　危険源の数及び位置によるガード選択のフローチャート
出典）JIS B 9716：2006 図 B.1

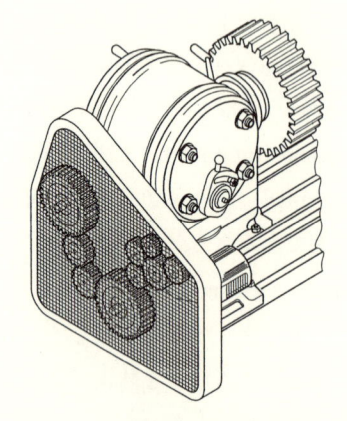

図 4.1-2　トランスミッション部への接近を防止する囲いガードの例
出典）JIS B 9716：2006 図 1

令から作業者が危険区域に接近するまでの時間（機械が完全に停止するまでの停止時間より長いこと）より計算される**安全距離**（ISO 13855, ISO 13857）が十分確保されていること．

距離ガードには，①危険源全体を囲い込む距離ガード（fully surrounding distance guard），②危険部位を囲い込む局部距離ガード（local distance guard），③危険部位（区域）への進入口をカバーのようなもので遮蔽する部分距離ガード（partial distance guard）の3種類がある．例を図 **4.1-3**〜図 **4.1-6** に示す．

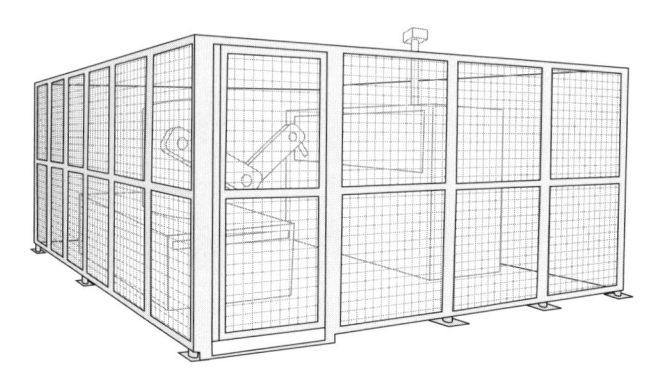

図 **4.1-3**　四方（全体）を囲い込む距離ガードの例

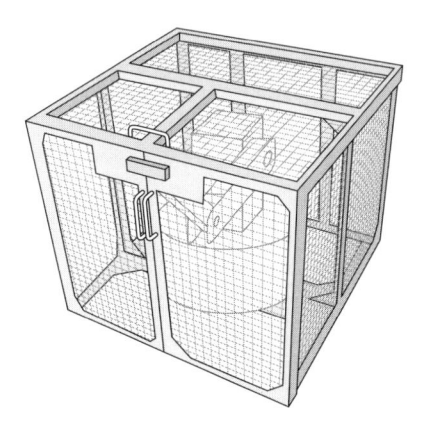

図 **4.1-4**　四方と上部（全体）を囲い込む距離ガードの例
　　　　　（上部からの飛来物もブロックできる）

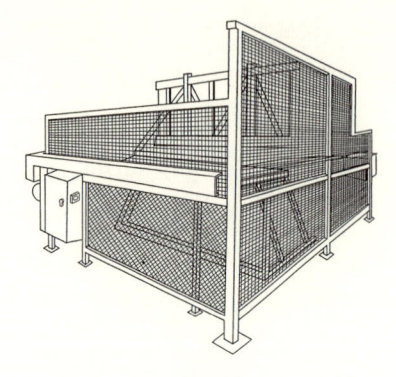

図 4.1-5　局部距離ガードの例

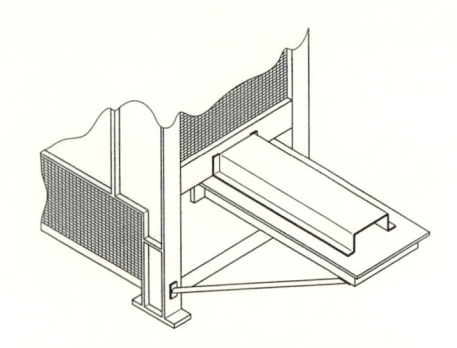

図 4.1-6　材料の供給／取出し口（トンネル）のみを囲った部分距離ガードの例

出典）JIS B 9716:2006 図2

出典）JIS B 9716:2006 図3

4.1.3　危険区域への接近の性質と頻度によるガード（開閉方法）の選択

　ガードは，ワークの搬入・搬出，保守，清掃など（接近の性質）のために取り外し，又は開閉する場合がある．

　開閉方法によるガードの種類は，固定式，可動式，調整式の三つに分類される．選択の基準を図 4.1-7 に示す．

(1) 固定式ガード（fixed guard）

　工具の使用，又は取付け手段を破壊することによってのみ開くガード，又は取外すことができるような方法でとりつけられたガードのことである（図 4.1-8）．ガードを取り外す場合には，機械が安全な状態であることが確認されていること．

(2) 可動式ガード（movable guard）

　工具を使用せずにガードの一部を開くことができるガードのことである．開閉条件を確認するための**インタロック機能**［開閉の条件として危険状態を監視していること，**本書 4.1.4(4)** に詳述］が必要である．固定式ガードの一部に限定して可動式ガードにすることで機械内部へのアクセスを確保することが，一般的である．

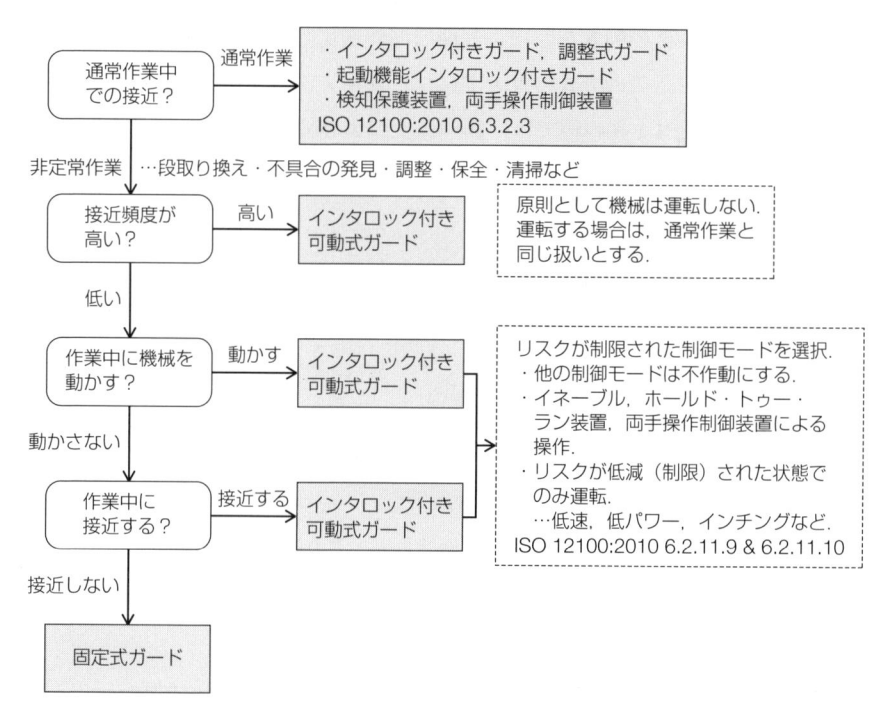

4.1 リスク低減のためのガードとインタロック

```
通常作業中         通常作業      ・インタロック付きガード，調整式ガード
での接近？   ──────────────→  ・起動機能インタロック付きガード
   │                          ・検知保護装置，両手操作制御装置
   │ 非定常作業  …段取り換え・不具合の発見・調整・保全・清掃など
   ↓                          ISO 12100:2010 6.3.2.3
接近頻度が        高い      インタロック付き     ┌─────────────────────┐
高い？    ──────────────→  可動式ガード         │原則として機械は運転しない．│
   │ 低い                                      │運転する場合は，通常作業と│
   ↓                                           │同じ扱いとする．          │
作業中に機械を    動かす    インタロック付き     └─────────────────────┘
動かす？  ──────────────→  可動式ガード         ┌─────────────────────────┐
   │ 動かさない                                 │リスクが制限された制御モードを選択．│
   ↓                                           │・他の制御モードは不作動にする．│
作業中に          接近する  インタロック付き     │・イネーブル，ホールド・トゥー・│
接近する？──────────────→  可動式ガード         │ ラン装置，両手操作制御装置による│
   │ 接近しない                                 │ 操作．                      │
   ↓                                           │・リスクが低減（制限）された状態で│
固定式ガード                                    │ のみ運転．                   │
                                                │ …低速，低パワー，インチングなど．│
                                                │ISO 12100:2010 6.2.11.9 & 6.2.11.10│
                                                └─────────────────────────┘
```

図 4.1-7 固定式又はインタロック付き可動式ガードを選択するためのフローチャート
出典）JIS B 9700:2013 図1（一部修正）

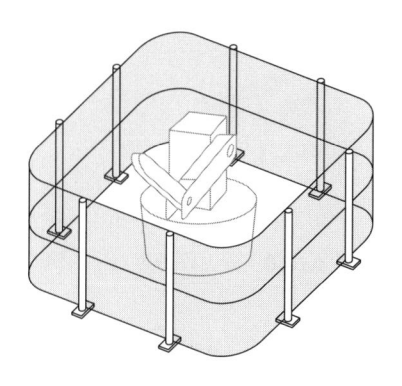

図 4.1-8 固定式ガードの例

① **自己閉鎖式ガード**（self closing guard）

機械の動き，ジグの動きなどにより開口部が変化し，危険区域が露出しないようになるガード．この方式のガードには，使用方法，作業者の能力など種々の制約がある．図 4.1-9 の例では，鋸(のこ)の角度によりガードが動いて鋸刃が常にカバーされるようになっている．

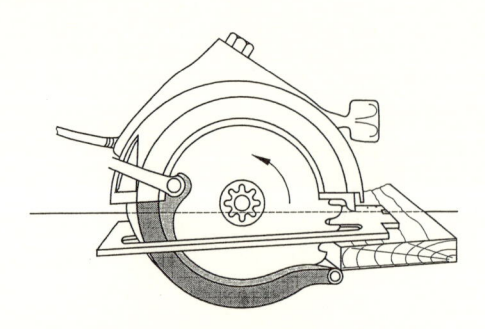

図 4.1-9　自己閉鎖式ガードの例

出典）JIS B 9716：2006 図 4

② **動力作動ガード**（power-operated guard）

重力とは別の動力源からの力によって作動するガードのことである．

この方式のガードの開閉には，手動と自動がある．自動開閉の場合には，インタロック機能が必須である（図 4.1-10）．

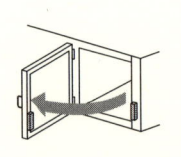

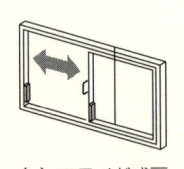

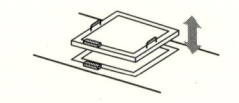

(a) ヒンジ式扉　　(b) スライド式扉　　(c) リムーバブル（取外し式）カバー

図 4.1-10　動力作動カバーの例

4.1 リスク低減のためのガードとインタロック 163

(3) 調整式ガード（adjustable guard）

固定式又は可動式ガードで，その全体で調整できるか，又は調整可能部を組み込んだガードのことである．図 4.1-11〜図 4.1-13 に例を示す．

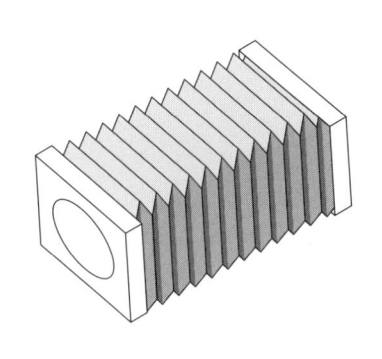

図 4.1-11 ジャバラにより危険部位全体を囲い込む例

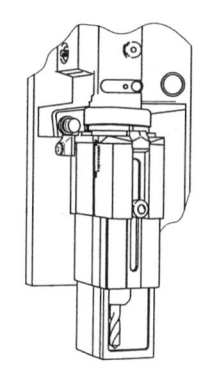

図 4.1-12 ボール盤の伸縮するガード
ガードはワークピースの表面まで容易に調整できる伸縮形である．これはドリル交換のために主軸に近寄ることができるヒンジに取り付けられている．
出典）JIS B 9716:2006 図5

図 4.1-13 柵そのものが移動することでカバーする範囲が変化する例
提供）オムロン株式会社

4.1.4 可動式ガードの開閉とインタロック機能

可動式ガードには，開閉条件を確認するためのインタロック機能が必要である．

(1) インタロック付きガード

ガードのインタロック機能とは，ガードの状態を確認することにより次に述べる機能を備えることで安全を確保するものである．

- ガードが閉じないと起動できない．
- ガードを開くと停止信号が出る．

いつでも開閉できるが，停止信号から実際に機械が停止する時間は，作業者が危険区域に到達する時間より短いことが選択の条件である（安全距離と総合停止時間については，ISO 13857 及び **4.3.2(1) c)** と **(2)(2.1) b)** などを参照）．

(2) 施錠式インタロック付きガード

図 **4.1-14** は，スライド式インタロック付きガードのついた工作機械の例である．機械が停止状態にならないと施錠が開放されず，ガードは開くことができない．また，スライドが開いている間は起動できないようになっている．通常は，スライドの裏側などに施錠式ドアスイッチ［**本書 4.3.1(5)**参照］などを使用してインタロック機能を実現させる．

この施錠式ガードは，**(1)** のインタロック付きガードに施錠機能が追加されたもので，次に述べる機能を備えることで安全確認がより確実になる．

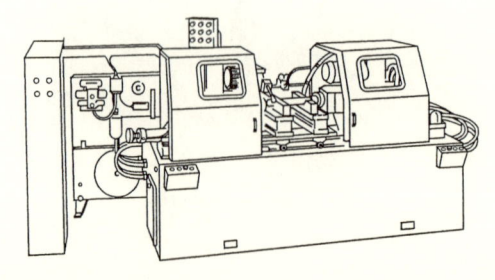

図 **4.1-14**　スライド式インタロック付きガードの例

出典) JIS B 9716:2006 図7

- ガードが閉じ，施錠されるまで起動できない．
- ガードは，危険状態がなくなる＝機械の**停止が確認**されることで開錠されて開くことが可能になる．

施錠式インタロック装置によるガードの解錠条件＝停止確認を**図 4.1-15**に示す．

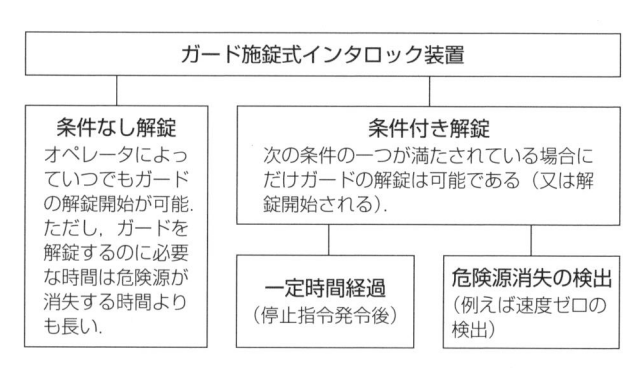

```
           ガード施錠式インタロック装置
           ┌──────────┴──────────┐
        条件なし解錠              条件付き解錠
     オペレータによっ        次の条件の一つが満たされている場合に
     ていつでもガード        だけガードの解錠は可能である（又は解
     の解錠開始が可能．      錠開始される）．
     ただし，ガードを         ┌──────┴──────┐
     解錠するのに必要     一定時間経過      危険源消失の検出
     な時間は危険源が    （停止指令発令後）  （例えば速度ゼロの
     消失する時間より                        検出）
     も長い．
```

図 4.1-15 施錠式インタロック装置によるガードの解錠条件

出典）JIS B 9710：2008 表 1（一部抜粋）

（3）制御式ガード（起動機能インタロック付きガード）

　機械の起動は，意図したものでなければならない．したがって，ガードの開閉と機械の起動が連動することは望ましくない．しかしながら，小型プレス機械のように作業のサイクルタイムが短く頻繁にガードを開閉する必要がある場合には，起動機能をもつインタロック付きガード（制御式ガード）を採用することがある．この制御式ガードは，ガードを閉じると機械が自動的に起動信号を出す機能がついた，特殊なインタロック付きガードである．この種のガードについては，安全距離を確保することが重要である（**図 4.1-16**，**図 4.1-17**に成形機の例を示す）．

　制御式ガードは，プレス機械・成形機などに採用されることがある．プレス機械の使用例では，ライトカーテンを使用し，センサを遮る回数をカウントして，1度手を引くと起動する，あるいは2度手を引くと起動する（プレスする

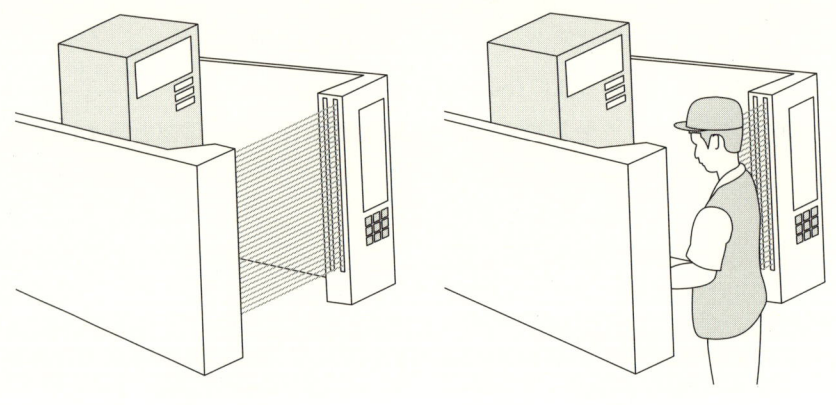

図 4.1-16　危険源の起動　　　　　　　図 4.1-17　危険源の停止
　　　　　（作業者の安全を確認）　　　　　　　　　（作業者の侵入を検知）

部品が二つある場合には2回）といったようなバリエーションがある．

(4) インタロック装置と停止機能

機械をインタロックするレベルは，次のように分類できる（ISO 14118，図 **4.1-18** を参照）．

　　レベル A： プロセスを制御するレベル．安全関連部ではない．
　　レベル B： 動力制御要素（コンタクタ，バルブ，速度制御など）．
　　レベル C： 機械アクチュエータ（エンジン，シリンダなど），動力伝達要素・作動部，及び分離手段（クラッチなど），ブレーキなど，直接機械の動きに関係するレベル．

インタロックは，動作方式により，制御式と動力式に分類できる．

① **制御式インタロック**

ガードの開閉などにより，制御システムの保護装置（安全関連部）から停止信号が出され，動力制御要素（コンタクタ，バルブなど）（レベル B）を経由して，"機械アクチュエータ（エンジン，シリンダなど）及び動力伝達要素（コンベヤなど）との分離手段（クラッチなど），ブレーキなど"（＝レベル C）に伝達されることにより，機械を停止させる．

同時に，レベルA"プロセス制御装置"に対しても停止信号を伝達する．

② 動力式インタロック

ガードの開閉などにより，制御装置を経由せず直接動力源を切断する，又はクラッチ・ブレーキを作動させて機械を停止させる．レベルA（プロセス制御装置）は，動力伝達装置などを監視することで停止を検知することになる．ガードに状態検知のためのセンサを設けてもよい．

いずれの方式でも，**レベルCの停止**が確認されない限り安全とはいえない．

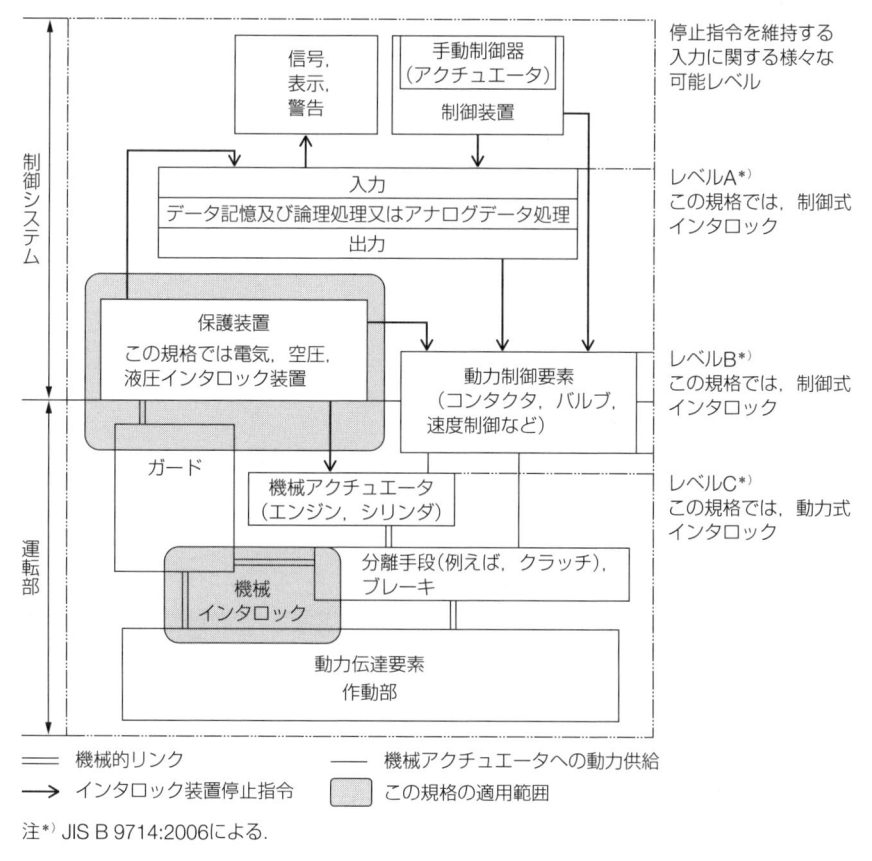

図 4.1-18 機械類におけるインタロック装置の位置付け

出典）JIS B 9710:2006 図1

インタロックの手段としては，機械的作動検出器（リミットスイッチなど），非機械的作動スイッチ（近接スイッチなど），キー組込スイッチ，プラグ・ソケットシステムの活用やガードと可動部分のインタロックなどがある．個々の機器については**本書 4.3** にて紹介する．

4.2 保護装置（安全防護策）

4.1 では，"ガード" と "インタロック" の種類と選択方法を紹介したが，リスク低減のためには，ガード・柵を設置するだけでなく，危険区域に人やワークが接近・侵入することなどを考慮して，検知装置により安全を確認するなどの "保護装置"（安全防護策）を使用することがある．

保護装置には，次の種類がある（**表 2.1-6** 参照）．

(1) 制御システムと連携するもの
　① 制御装置（両手操作制御装置，イネーブル装置，ホールド・トゥ・ラン制御装置，インタロック装置 など）
　② 進入・存在検知装置（ライトカーテン，レーザスキャナ，圧力検知マット など）

(2) 制御システムと連携しないもの
　くさび，車輪止め，アンカーボルト など

本節では，前者について解説する．

4.2.1 保護装置とインタロックによる開口部の安全確認

作業中に危険区域に接近する必要がない場合には，"固定式ガード" を採用する．作業中に危険区域に接近する必要がある場合（例えば，ワークの搬入・搬出など）には，次のようなガードを採用することで，安全な場合のみ危険区域に接近することができる "時間的隔離" を可能にする．

　・施錠式又は施錠なしのインタロック付きガード［**本書 4.1.4(1)，(2)**］
　・可動式ガードの自己閉鎖式ガード［**本書 4.1.3(2)**①］

4.2 保護装置（安全防護策）

- 調整式ガード［**本書 4.1.3(3)**］
- 起動機能インタロック付きガード［**本書 4.1.4(3)**］

接近する頻度が高い場合には，ガードの開閉そのものが煩わしく，ガードのインタロックを無効化して開放のまま作業する可能性が高い．こうした場合には，ガードそのものに"**開口部**"を設けることができる．開口部は，人とワークが出入りするのに必要な最小限の大きさとする．開口部からの出入りを監視するために，ガード及びインタロックと同等の安全性を確保できる手段（例えば，ライトカーテンの採用によるバーチャルガード）と，人とワークとを分別するための**ミューティング機能**（**コラム 6** 参照）などの採用を検討することが必要になる．

4.2.2 作業者が安全な位置に存在することを確認

作業者（又は作業者の手・足などの部分）が危険区域に存在しないことを確認する手段としては，次のものがある．

① **ホールド・トゥ・ラン操作装置**

作業者がスイッチを押している間のみ作動する操作装置（スイッチは安全な区域にあることが条件である）．

② **両手操作制御装置**（図 **4.2-1**）

両手でスイッチを操作することにより作業者の存在位置＝安全を確認する装置（イネーブルスイッチも操作していることが強制されている）．

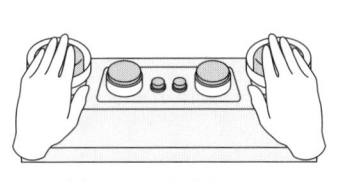

(a) 必ず両手で操作する　　(b) 2人で操作してはいけない

図 **4.2-1**　両手操作制御装置

③ **操作パネルの前の圧力マット**

作業者の存在を確認した後に起動することが可能．

ここで示した存在確認手段は，作業者が一人であることが前提条件である．特定の作業者が安全な区域に存在することを確認するのみで，複数の作業者・作業者以外が危険区域に存在しないことは確認できない．また，ワークが侵入しても運転を継続し，人が侵入すれば機械を停止するなどの機能を実現するためには，検知保護装置による安全確認が必要になる．

4.2.3 検知保護装置による安全確認

"検知保護装置"とは，センサにより，危険区域への接近を検知する，又は(不)存在による安全を確認するための装置のことである．

(1) 検知保護装置による危険区域への接近・侵入検知

ワークを搬入・搬出する又はガードの開閉頻度が非常に多いなどの理由で，ガードに開口部を設ける場合，開口部を通過する形態は，"人"，"ワーク"，"人及びワーク"の3種類が想定できる．

"人及びワーク"が通過する場合には，ミューティングの機能を使用して，ワークの通過では機械が停止しないが人の通過では機械に停止信号が出るように仕分けする．

(a) 停止性能モニタ

停止性能モニタ（Stopping Performance Monitor）とは，機械の危険な部分が停止又は安全な状態になるまでの時間を監視する機能のことで，IEC 61496-1の附属書A.3に規定されている．安全距離は，停止時間を参考に計算されるので，機械の劣化などで停止性能に影響がある場合には監視する必要がある．危険区域に侵入する可能性のある場合には，停止性能（＝安全距離）の確認は欠かせない．IEC 60204-1の9.2.2に示されている停止カテゴリを次に紹介する．

4.2 保護装置（安全防護策）

停止カテゴリ（IEC 60204-1）

停止カテゴリ0：
機械アクチュエータの電源を即時に遮断することによる停止（すなわち，非制御停止のこと）．

停止カテゴリ1：
停止するために機械アクチュエータが電源を使える状態で停止し，停止が完了してから電源を遮断する制御停止．

停止カテゴリ2：
停止完了後も機械アクチュエータに電源を供給したままにする制御停止．

出典）JIS B 9960-1：2008

(b) 危険源の近辺での使用上の情報について

重大な災害につながる危険源・危険な状態については，取扱説明書に表示するのみでなく，機械の危険部位又は侵入口に警告ラベルで表示するとともに，危険な状態を周知するための視覚信号（点滅灯など）や聴覚信号（サイレンなど）による警告をすることが望ましい．ただし，警告は，頻繁に発生されると"感覚飽和"につながり効果が期待できなくなる．

機械に表示又は設置現場に常備する情報としては，警告以外に次のようなものが考えられる．

① 法律で定められている情報
- 保護具の必要性（ヘルメットなど）
- 運転免許の必要性（クレーン，フォークリフトなど）

② 機械に関する重要な制限事項
- 回転部の最大速度，最大負荷・荷重など

③ 機械の点検時期，部品交換時期，改善履歴，事故履歴

(2) 入退出管理による（不在）存在確認

安全柵内への入退出の人数を監視すれば，その差が安全柵内での作業者の数になる．

(a) ロックアウト

ロックアウトとは，機械や装置に供給されるエネルギ（動力）源を（例えば，主ブレーカの外部ハンドル，油圧・空圧の停止バルブをワイヤや南京錠で）施錠することによって遮断し続ける方法のことである［**本書 4.3.5(1)**参照］．

トラップド・キーシステム（プラグスイッチ）は，柵内にて作業（侵入）する作業者がスイッチをロックしたキーを携帯することで柵内の存在をアピールするシステムである．携帯されたキーがないと起動スイッチをオンできないようになっている（＝**ロックアウト状態**：lock-out condition））．柵内で作業する人数分のキーを連結するシステムもある．

これらの方法では，侵入する作業者の資格・権限は確認できない．特定の作業に関する資格・権限の確認は，RFID のような ID 機能のあるプラグ（又はカード）と組み合わせることで可能になる（RF タグを使用した支援的保護装置については**本書 2.3.4** 参照）．

ロックアウトに関する規定及び規格の例を，次に紹介する．

ロックアウトに関する規定及び規格の例

- OSHA 29CFR1910.147（米国労働安全衛生局）
  工場内で作業者を守る目的で，機械・装置をロックアウトすることを義務付けている．
- ANSI Z 244.1（米国規格協会）
  職員保護に関する規格として，エネルギ源のロックアウトの最低安全要件を規定している．
- ISO 12100:2010　機械類の安全性―設計のための一般原則―リスクアセスメント及びリスク低減
  保全及び修理に関しては，遮断装置を施錠することを規定している．

(b) タグアウト

タグアウトとは，エネルギ源の遮断中に，前述のロックアウトにより遮断した装置の操作を禁止することを札（タグ）などによって明示することをいう［**本

4.2 保護装置（安全防護策）

書 **4.3.5(1)** 参照］．タグには，操作禁止，始動禁止，開放禁止，停止した作業者名などを明確に表示する．

ロックアウトとタグアウトを組み合わせて使用することによって，誤操作を防止し，動力設備・装置の稼動する範囲内で作業する作業者の安全を確保する．

(3) 検知保護装置による（不在）存在確認

危険区域を直接監視する方法のことで，圧力検知マット・ライトカーテン・カメラシステムなどを活用して危険区域を死角なく監視する（死角をなくすためには，監視員の設置・鏡などを活用して目視確認による追加措置が必要な場合もある．支援的保護装置については**本書 2.3** 参照）．資格（知識・能力・経験）と権限のチェック機能も兼ねて入退出管理と併用することもできる．

これらの監視システムを設置した場合，安全柵内を"危険な区域"とそれ以外で分離する"仮想安全柵"を構成することが可能になる．これらは，安全柵内での作業（例えば，ティーチング・清掃・調整など）を実施する場合の隔離の手段になる．安全柵内での仮想安全柵による隔離が十分でない場合には，次のような制御モード・作業（運転）モードによるリスク低減が必要である．

(4) 安全柵内での作業と制御モード・運転モード[*1]

(a) モードの切替え

安全柵内は，危険源との隔離が十分ではない．したがって，安全柵内で作業を行う際には，自動運転ではなく，次の条件を満足する制御モード又は作業モードを選択できるようにする（ISO 12100 の 6.2.11.9 及び 6.2.11.10 参照，支援的保護装置については**本書 2.3** を参照）．

---

*1　『労働安全衛生規則の一部を改正する省令』（平成 25 年厚生労働省令第 58 号）により，食品加工用機械による労働災害を防止するために必要な措置が規定された．また，食品加工用機械を含めた機械一般について目詰まりなどの調整を行う際の労働災害が多いことから必要な措置が規定されるなどの改正が行われた．
　改正の詳細は，通達『労働安全衛生規則の一部を改正する省令の施行について』（基発 0412 第 13 号，平成 25 年 4 月 12 日）の「第 2 細部事項」に詳しい．同細部事項の「(2) 一般基準関係（第 107 条関係）」には，機械の"調整"についての説明がある．

① **制御モード**（control mode）

自動運転・半自動運転・手動運転のように，制御の形態で機械の作動を規定したもの（生産システムにおける危険区域と制御範囲については ISO 11161 2.2 を参照）．

② **作業ごとの運転モード**（operating mode，作業モードと略す）

作業モードは，特定の作業を実施するために機械類又は機械類の一部を運転する必要がある場合に選択する特定の制御モードである．特定の作業とは，通常の生産活動（自動運転）以外の作業，例えば，清掃，ティーチングなどである．作業モードは，制御モードにおける手動モードを細分化したものともいえる．

モード切替え装置は，一つのモードしか選択できない構造とする．選択された作業モード以外は全て不作動にすることで，想定していない機械の作動を防ぐことできる．作業モードにおいて複数の作業を同時に実行する必要がある（例えば，ティーチングと段取り換え）場合には，同時進行する前提で作業のリスクアセスメントとリスク低減を実施した作業モードを設けることで対処する．つまり，複数の作業モードを同時選択する必要がないようにアレンジする．一つのモードで複数の機械が作動する場合には，関連しているものとしてリスクアセスメントを実施する．

モードを選択するモード切替え装置の代替手段として，作業ごとに特定の作業者（当該作業についての資格・権限のある作業者など）のみが作業可能にする方法（パスワードや ID カードによる機械的識別が必要）がある．

(b) 安全柵内での作業の注意事項

安全柵内での作業実行中，全ての機械について操作手段・機械の作動・作業者の立ち位置に配慮する．

① **操作手段**

機械の危険な要素の運転は，イネーブル装置，ホールド・トゥ・ラン制御装置など，作業者の安全な挙動が確保される手段によってのみ操作が可能であること．

② **機械の作動**

機械の危険な要素の運転は，リスクが低減した状態でのみ機械の作動を許可

する（例えば，減速，低減した動力・力，動作制限装置によるプロセスの順序を考慮した段階的操作，インチングなど）．

③ 作業者の立ち位置

次の条件を考慮すること

- 可能な限り危険区域に接近することを制限する．
- 非常停止制御器をオペレータの近くに設置する．
- 携帯式ペンダント又はローカル制御盤により機械の状態が安全柵内の現場作業者で把握できる

必要に応じて監督者又は監視員を設置することを考慮する．

4.3 リスク低減に使用される制御機器

安全機能には様々なものがあるが，どの安全機能も，安全の確認から危険源の動きを止めたり制限したりするまでの一連のシステムを構成している．安全確認の起点となるのが入力機器である．入力機器は，さらに目的に応じて次のように分類される．

① トリップ装置

トリップとは，身体やその一部が安全な領域の限界を超えて危険な領域に近づいたとき，機械を自動的に停止させるための装置である．これには，ガード（扉）が開いて人体が危険源にさらされた状態にあることを検知するインタロック機器や，危険源から一定の距離を設定しておいてその地点を人体が通過したことを検知する侵入検知装置などがある．

② 存在検知装置

トリップ装置を通過して人体がすっぽりと危険な領域に入り込んでしまうような場合の人体検知に使われるのが，存在検知装置である．光学式のセーフティレーザスキャナや，感圧式のセーフティマットスイッチ（圧力マット）といった安全機器がある．

③ 非常停止装置

緊急時に人が"意思をもって"操作して危険源の動きを停止する機器が，非常停止装置である．人が操作をしない限り機械は動き続けるため，トリップ装置などである程度リスクを下げたうえで使われる．追加的な安全機器に位置付けられる．きのこ型の非常停止スイッチが一般的である．

④ イネーブル装置

危険源を完全に止めないで危険な領域のなかで作業を行わなければならない場合などに，トリップ装置の代替機能として作業に携行するのが，イネーブル装置である．人が意識的に有効にしている間だけ，機械の運転が可能となる．

⑤ 制限装置

機械又は危険な機械条件が"設計的な限界"（例えば，空間の限界，圧力限界，負荷モーメント限界など）を超えないように制限する装置である．単体の防護装置として使われるより，機械の制御のなかに機能として組み込まれている場合が多い．

4.3.1　ガード・インタロックのためのスイッチ安全制御機器

トリップ装置のうち，機械や設備のガードに取り付けて，開閉状態を監視することによって身体やその一部が安全な領域の限界を越えて危険な領域に近づいたことを検出するのが，インタロックのためのスイッチである．

インタロックのためのスイッチには，大きく分けて安全な機構をそなえたリミットスイッチ［(1)に説明］とガードの開閉検知専用に作られたドアスイッチ類［(2)～(5)に説明］がある（ガードとインタロックについては，**本書 4.1 に既述**）．

(1) リミットスイッチ

リミットスイッチは，ガードの開閉状態を検知するのに一般的に使われる方法である（**図 4.3-1**）．リミットスイッチには，機械的な動きを接点に伝達するために様々なタイプのアクチュエータが備えられている．ガード側にも，回転の動きを検出するためのカムや直線の動きを検出するためのドッグなどの機構を設けたうえで，リミットスイッチと一体となって使われる．

4.3 リスク低減に使用される制御機器

（a）リミットスイッチ
提供）オムロン株式会社
（以下，★印で示す）

（b）ドアにドッグとリミットスイッチを取り付けた例

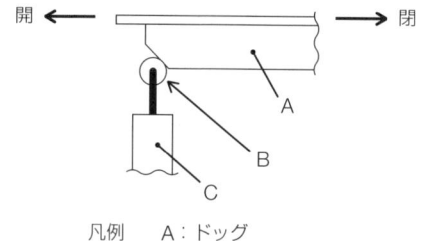

凡例　A：ドッグ
　　　B：アクチュエータ
　　　C：リミットスイッチ

図 4.3-1　リミットスイッチの例

リミットスイッチをガードのインタロックのために使う場合には，次のようなことに注意が必要である．

① ポジティブな力を使う

ガードが開く物理的な動きを，柔軟な部品を介さず直接"ポジティブな力"として接点に伝達できるよう設計することが，基本的な安全原則である．

ポジティブな力を使うことは，例えば，ドアが開いてもリミットスイッチが動作しないようにレバーをゴムなどで固定してしまうような人の不安全行動に対しても有効である．

② NC 接点を使う

ガードが閉じた安全な状態を高エネルギの状態で伝達し，ガードが開いた危険な状態はそのエネルギを遮断することで伝達することが，基本的な安全原則である．これは"通常閉（Normally Close：NC）の接点"を使うことで実現できる．

③ 直接開路動作機構を備えたスイッチを使う

さらに接点が溶着を起こしたときにもポジティブな力によって溶着を引きはがす"直接開路動作機構"（direct opening mechanism，IEC 60947-5-1，IEC 60947-5-5 の箇条 2 など）は，"十分吟味された安全原則"として広く知られ

ている．一般にインタロックのためのスイッチはこの機構を備えており，より高い信頼性の求められるシステムに使われる．直接開路動作機構を備えたリミットスイッチを特にセーフティリミットスイッチと呼ぶ．

(2) ヒンジ式ドアスイッチ

開き戸の軸部に取り付けられ，ガードの回転のエネルギをそのまま接点に伝達することで開閉を検出するスイッチである（**図 4.3-2**）．ガードの構造と一体化するため，スイッチの無効化は比較的困難である．

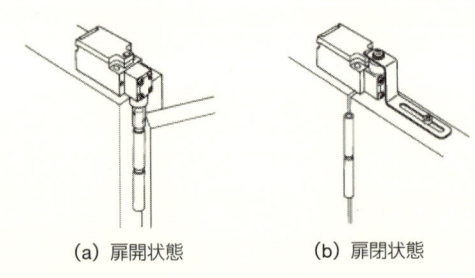

(a) 扉開状態　　(b) 扉閉状態

図 4.3-2　ヒンジ式ドアスイッチの例★

(3) キー（タング）式ドアスイッチ

"本体"と"本体とは分離するキー（タング）"で構成されたガードの開閉検知専用のスイッチが，キー（タング）式ドアスイッチである（**図 4.3-3**）．キーは，ガードの可動側，本体は枠側に取り付けられて，ガードが開かれると分離する．分離する際，機械的なエネルギをポジティブな力として接点に伝達する構造を備えている．またキー式ドアスイッチは，通常，専用のキーでないと使用できないような構造になっている（**図 4.3-4**）．これは，作業者がドライバなど現場で入手しやすい簡単な工具など使ってドアスイッチを無効化できないようにするためである．

キー式のドアスイッチには，リミットスイッチのようなカムやドグなどの装置側での設計は不要であるが，キー式のドアスイッチを使う場合には，以下の点に注意が必要である．

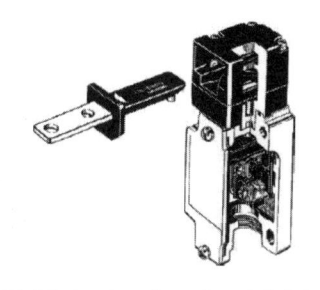

4.3 リスク低減に使用される制御機器

図 4.3-3 キー式ドアスイッチの例★　　図 4.3-4 キーとスイッチ本体★

① **NC 接点を使う**

リミットスイッチ同様，安全な状態を高エネルギの状態で伝達するため，"通常閉の接点"を使う．

② **不安全行動への対応**

予備のキーなどを使用した無効化などの不安全行動を，運用によってなくす．

(4) **非接触式ドアスイッチ**

機械的なキー（タング）を用いないガードの開閉検知のためのドアスイッチである．非接触でガードの開閉を検知するには様々な方式があるが，永久磁石を組み合わせてコード化した磁石式のものと，RFID[*2] に用いられる IC タグ方式のものは，よく知られている．どちらの方式も，センサ部に対して専用のアクチュエータが必要であり，スイッチが簡単に例えば単純な磁石や鉄板などで無効化することはできない．

非接触式ドアスイッチは，設置時の位置調整を容易に行うことができ，設置上の制約を受けにくいという特徴がある（図 4.3-5）．

非接触式ドアスイッチは，機械的なスイッチのように"ポジティブな力"を使うことはできない．このため，スイッチ内部の故障を検知する能動的な診断機能を備えていることが多い．

[*2] Radio Frequency IDentification の略（ISO/IEC 19762-3）．

図 4.3-5　非接触式ドアスイッチの例★

ICタグ方式のなかには，ユニークコードを使うことで予備キーでの無効化を防ぐタイプのものもある．

(5) 施錠式ドアスイッチ

ガードで危険源の防護を図っても，危険源への動力供給を止めた後もイナーシャ（惰性）によってしばらく動き続ける危険源もある．完全に止まる前に危険な領域に身体が達してしまうような場合には，そのあいだ，ガードを施錠しておくことが望ましい．つまり，"時間的に隔離"して，完全に危険源の動きが停止するまでガードの閉状態を維持するのである．施錠式のドアスイッチを使えば，ガードの開閉を検知できるほかに，ガードの施錠／解錠をすることもできる．

施錠の方法には，機械的なものと電磁石を使ったものがある．このうち機械的なものでは，施錠はスイッチ内部にソレノイドロック機構（電気的に施解錠を行うラッチのこと）をもち，キーの動きと連動する機構部品を機械的に固定することで施錠状態が得られる．それぞれ使い方に注意が必要である．

① スプリング施錠・動力解錠方式

ガードが閉じた状態にあるときには，スプリングの力によってロックピンが動作し，自動的に施錠される．解錠するには，ソレノイドを励磁してロックピンを戻す．一般に最もよく使われる方式だが，危険領域のなかに全身が入ったままガードを閉じてしまえるような場合（例えば，ロボットの周囲の安全柵な

4.3 リスク低減に使用される制御機器

ど）には不適切である．なぜなら，危険領域のなかに閉じ込められてしまうからである．このような場合には，別途，脱出する手段を備えておくか，ロックアウト・タグアウトなどを併用して第三者がガードを閉じることを許可しない仕組みが必要である．

② 動力施錠・スプリング解錠方式

施錠するには動力が必要で，ソレノイドに電圧が印加されない限り，ガードは施錠されない．このため，施錠を人の意思で行いたいときには便利である．その一方で，停電などでソレノイドの動力が断たれると，機械が危険な状態でも接近が可能となってしまう．

③ 電磁石方式

電磁石が通電状態で施錠される．ドアスイッチとしても非接触式である場合が多い．

(6) "人はまちがえる"——インタロックのためのスイッチの場合は？

製造現場では，生産の効率を求められるので，「少しでも機械を止めたくない」という意識が働く．こうした意識が安全機器を故意に動作させなくするといった作業者の不安全行動に結びつくと，労働災害の原因となり，結果として作業者の安全と健康だけでなく，企業経営にも大きく影響を及ぼしかねない．事業者には，こうした不安全行動を予見して機械や設備に方策をうつ義務がある．

このような安全機器を故意に動作させなくする不安全行動を**無効化**という．では，ガードには，無効化に対してどのような方策がとられているのだろうか．例えば，ガードが開いたことを検知する場合，現場では，ガードが開いてもリミットスイッチが動作しないようにレバーをゴムなどで固定してしまうことがある．これは，レバーに力がかかっている状態を"ガードが閉まっている"状態だと判断することから生じる．セーフティリミットスイッチを使って逆の動作，つまりレバーに力がかかっている状態を"ガードが開いている"と判断させれば無効化を防ぐことができる．

もちろん，セーフティリミットスイッチの取付け場所を作業者の手の届かないところに変えるなどの工夫も必要である．

また，マグネットスイッチをガードに使うことがあるが，永久磁石で動作するものだと，作業現場で手に入りやすいため，無効化が容易になる．これを防ぐには，キー式のドアスイッチなどのように，必ず決まった組合せでないと動作しないものを使う．また，最近では単純な磁石ではない，コード化されたデータをもつ非接触式ドアスイッチなどもある．

(7) "機械は壊れる"――インタロックのためのスイッチの場合は？

インタロックのためのスイッチは，壊れない部品ではない．スイッチの故障の原因として一般的に挙げられるのが，接点の溶着故障である．一般のスイッチは，溶着故障を起こすと，ガードが開いてもその状態が検知できない．一方，インタロックのためのスイッチは，直接開路動作機構と呼ばれる構造をもっている．NC接点（ガードが閉じた状態で接点が導通状態）が溶着した場合でも，ガードが開けばその力を直接接点に伝えることで，強制的に溶着を引きはがす．インタロックのためのスイッチは，直接開路動作機構のNC接点でガードの閉状態を判断することで，故障時も安全側に動作する．

4.3.2 安全柵の開口部・安全柵の内側と安全確認

本書4.2では，トリップ装置のうち，インタロックのためのスイッチを使って安全柵の開口部・安全柵の内側の安全を確認する方法について述べた．このほか，安全確認のための制御機器としては，セーフティライトカーテン，セーフティレーザスキャナなどの，侵入検知装置や存在検知装置がある．

(1) 侵入検知装置

セーフティライトカーテンとは，機械の危険領域への作業者の侵入を検知し，機械を安全に停止させる光学式のトリップ装置である（**図4.3-6**）．ガードのような構造物が不要という特色を活かして，安全柵の代用として，危険源周囲の防護や，加工物の投入・取出しが頻繁にあり高い生産性を求められる装置の防護などに使われる．

投光器と受光器を一対に向かい合わせにして，赤外線（これを**光軸**と呼ぶ）が平行に，そして順番に高速にスキャンしていく．スキャンが終わるまでに

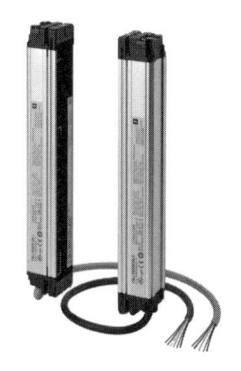

4.3 リスク低減に使用される制御機器

図 4.3-6 セーフティライトカーテンの例★

放った赤外線が受け取れなかった場合，そこに人の身体があると判断する．

セーフティライトカーテンの選定，設置に際しては，次の点に注意する．

① 最少検出物体

セーフティライトカーテンを使って人体を防護するには，指，手，腕，あるいは全身など，検出の目的にあった検出能力のセーフティライトカーテンを選ぶ．この検出能力を"最小検出物体"と呼ぶ．

② タイプ2・タイプ4

ライトカーテンは，危険源の危険の度合い（リスクレベル）に応じてタイプ2又はタイプ4と呼ばれるグレードに分かれている（IEC 61496-1 及び IEC 61496-2 に規定）．選定するにあたっては，あらかじめリスクアセスメントを実施して決定する．

タイプ2とタイプ4の違いは，主に内部の制御回路の故障の自己診断のレベルによる．タイプ2のものは制御回路が単一であるため，制御部に故障が生じた場合は安全を確保できなくなる可能性も否定できない．タイプ4のセーフティライトカーテンは，出力の制御回路が2重化されており，内部の故障に対して自己診断性能をもっている．

③ 安全距離

人はある程度の速度をもって近づくため，セーフティライトカーテンと危険

な領域との間に距離をおき，人が危険な領域に到達する前に機械を停止させる必要がある．最低限確保するべき距離を"安全距離"という．

(2) 存在検知装置

危険な領域が広く，全身がその中に入り込んでしまう場合に有効な手段として使われるのが，存在検知装置である．

(2-1) セーフティライトカーテンの水平設置

セーフティライトカーテンは，床面に対して垂直に設置すれば侵入検知装置だが，床面に対して水平に設置した場合には，その防護領域内で人体の存在検知も可能である（図 **4.3-7**）．この場合，以下の点に注意が必要である．

① **最少検出物体**

床面に立った人の検出をする必要があるため，下肢で一番細い部分，すなわち足首を最小検出物体とした検出能力が必要である．

② **安全距離**

防護領域に人が歩いて入る場合には，トリップ装置としての危険領域までの安全距離を確保すること．この場合，侵入検知装置として床面に垂直に設置したセーフティライトカーテンの安全距離とは異なる．人の歩幅を考慮する必要があるからである．

③ **床面からの距離**

足首を検出するには，セーフティライトカーテンの防護面と床面との間にある距離を確保する．ただし，そのすきまから人体が入れてはならない．

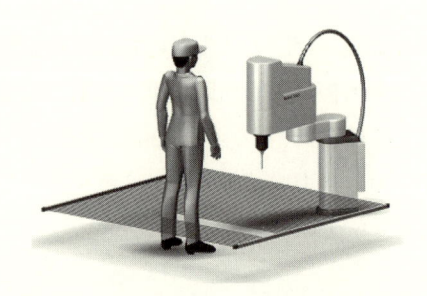

図 **4.3-7** セーフティライトカーテン（水平に設置）による不存在確認★

(2-2) セーフティレーザスキャナ

レーザ光を周囲に放射して反射光を再び受光するまでの時間をはかることで人や物体までの距離をはかり，あらかじめプログラムされた防護領域内に物体が検出されたら，それを人と判断する装置のことである（図 4.3-8）．"使用"に際しては，次の点に注意する．

① リスクアセスメントで要求されたレベルを確認したうえで使用する．
② 存在検知には，検出能力が直径 30〜200 mm のものを使用する．
③ 物体（人）を検出するには，最小でも 1.8％以上の反射率が必要である．

セーフティレーザスキャナの応用例を図 4.3-9 に示す．

図 4.3-8　セーフティレーザスキャナの例★

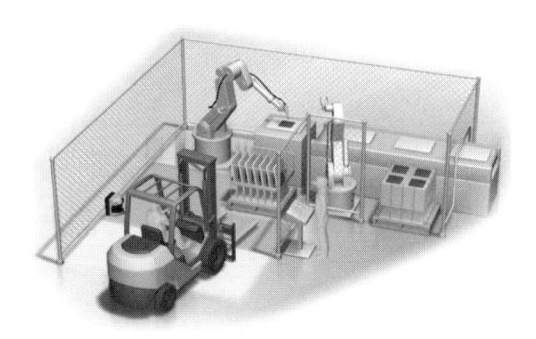

図 4.3-9　セーフティレーザスキャナの応用例★

投光器と受光器の機能を同じ装置にもっているため、"設置"には制約が少ないといえるが、次のような注意が必要となる。

① 防護領域に人が歩いて入る場合には、トリップ装置としての安全距離を確保すること。
② 防護領域を飛び越えたり、床面とレーザビームの間に潜り込んだり、迂回するなどして危険な領域に接近できないこと。
③ 死角や不感帯をつくらないこと。十分な安全距離を確保したり、迂回を防いだりするには、安全柵やセーフティライトカーテンなどのトリップ装置を併用する方法が有効である（図 4.3-10）。

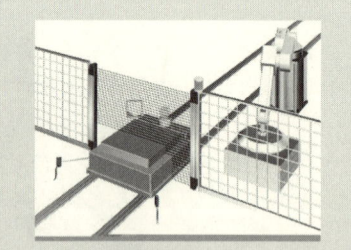

コラム5　ライトカーテンのミューティング

　ワークの投入口などの開口部をセーフティライトカーテンで防護する場合、ワークの投入のたびにライトカーテンが反応するのは不都合なため機能を一時的に無効化したいことがある。一部のセーフティライトカーテンには、外部からのミューティング信号によってこれが実現できるものがある。
　透過型や回帰反射型の光電センサなどをワークの外形を検知できる位置に配置して、条件に一致した物体がライトカーテンを通過する場合だけライトカーテンを無効化（ミューティング）するのが一般的である。外形がその条件と一致しないもの、例えば人が通過する場合には、ミューティング機能は働かない。したがって、セーフティライトカーテンは有効なままで、安全を確保できる。

図　セーフティライトカーテンのミューティングの例★

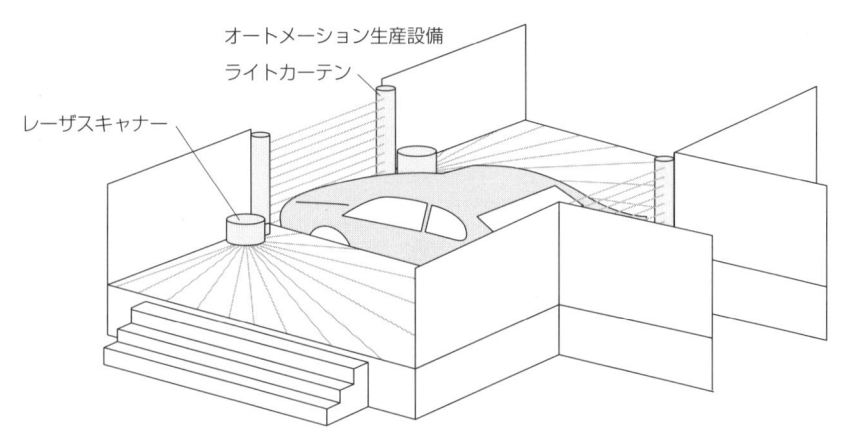

4.3 リスク低減に使用される制御機器　　　187

図 **4.3-10**　セーフティレーザスキャナで不存在確認し，セーフティライトカーテンで侵入検知をする★

（2-3）セーフティマット

　上下 2 枚の金属板が弾力性のある素材で間隔を保っているが，人がその上に乗ることで圧力がかかると圧縮されて金属板どうしが接触することにより人の存在を検知する装置のことである（**図 4.3-11**）．防護したい領域に合わせて，複数を組み合わせて使う．

図 **4.3-11**　セーフティマットの例★

セーフティレーザスキャナと同じく，不正な接近を防ぐためには，安全柵やセーフティライトカーテンなどのトリップ装置との併用も効果的である（図 **4.3-12**）．

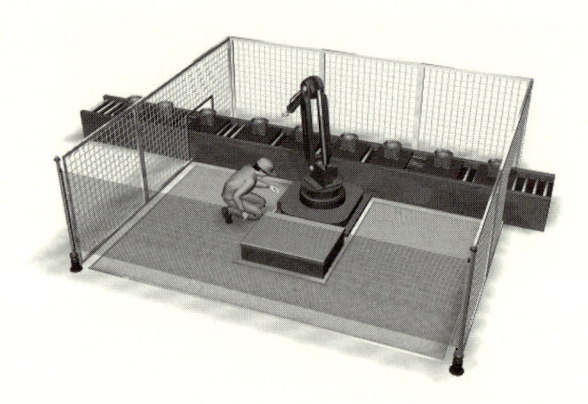

図 4.3-12 セーフティマットとセーフティライトカーテンを併用した例★

(2-4) セーフティビジョンシステム

画像センシング技術を使った存在検知装置である．危険な領域を，上空など一定の距離から検知することで，セーフティレーザスキャナなどでは課題となる物陰の人も検出できる．また，セーフティマットで課題となる検出面の異型の場合も課題とならない．新しい技術であり実用化の途上にあるが，以下の二つの方式は広く知られている．

① リファレンスパターン方式

防護領域の床面などに基準となるマークを等間隔で配置しておき，人がいない状態で一定の距離からカメラで撮影する．その画像をシステムに教示しておく．人が床面とカメラの間に存在すれば，基準となるマークが人体で隠れるため，システムに教示されている画像とは異なる．これによって人の存在を検知する方式である（IEC/TR 61496-4）．

② ステレオカメラ方式

複数のカメラにより防護領域を撮像すると，双方の画像には視差が生じる．

これを，画像技術を使って3次元的に解析することで，高さ方向に延びる防護領域内の存在も検出できる（**図4.3-13**）．

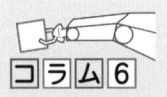

コラム6　セーフティライトカーテンのブランキング

セーフティライトカーテンには，防護領域の全てを無効化したくないが，その一部分だけを一時的に無効化したい場合がある．例えば，機械の設計上，どうしても機械の一部（危険源ではない）がセーフティライトカーテンの防護領域に入ってしまう場合や，機械の一部がライトカーテンの防護領域を通過してしまう場合，あるいはワークを通過させたい場合などがそうである．このような場合には，"ブランキング機能"を備えたセーフティライトカーテンであれば，全体の防護機能は有効にしたまま，防護領域の一部分を一時無効化することが可能である．

ブランキングには次の二つの方法がある．

① フィックスブランキング

防護領域の特定の一部分[*1]を無効化する．設定された防護領域以外の部分が遮光されると機械を停止する（**図1**）．

② フローティングブランキング

防護領域のうち特定の割合[*2]の部分だけを一時無効化する．設定された割合以上の部分が遮光されると機械を停止する（**図2**）．

[*1]　防護領域の特定の光軸を指定することが多い．
[*2]　防護領域は一定数の光軸からなるため，光軸の数で決められることが多い．

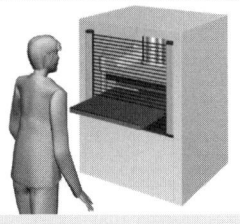

図1　フィックスブランキングの例
　　　—固定されたジグなど★

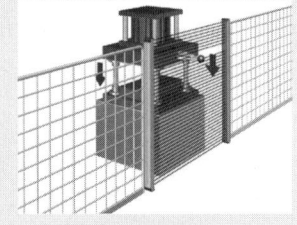

図2　フォローティングブランキングの例
　　　—可動のワーク，ジグなど★

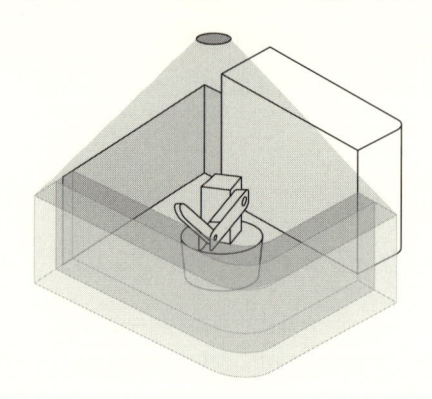

図 4.3-13 ステレオカメラ方式のセーフティビジョンシステムによる存在検知の例
参考規格) TS B 62046:2010

　画像センシング技術を使った存在検知方式には，コントラストの過不足に対してカメラの感度が追従しないなどの課題もあるが，セーフティマットやセーフティレーザスキャナなどにはない利点も多く，今後の進歩が期待される．

4.3.3　非常停止装置

（1）非常停止装置とは

　"非常停止装置"は，安全防護のための装置ではない．人が明確な意思をもって操作を実行しない限り，リスクの低減にはならないからである．その意味で，トリップ装置や存在検知装置などとは，はっきり区別されている．トリップ装置や存在検知装置によってあるレベルまでリスクを下げたうえで，なお残るリスクに対して追加の方策としてとられるのが，非常停止装置である．非常停止装置は，いわば最後の手段であるため，人が混乱した心理状態にあっても確実に操作できることが求められる．
　非常停止装置は，次の要求を満たす必要がある．

（a）構造面の要求

　① 接点には直接開路動作機構を備える［**本書 4.3.1(1)**参照］．
　② 非常停止状態は，機械的に保持され，手動操作によって保持が解除さ

れる．

(b) 設置についての要求

③ 確実に操作できる位置に配置すること（設置の高さ，間隔など）．

④ 操作の障害になるようなものがないこと．

(c) 制御面での要求

⑤ 他の全ての操作に対して最優先であること．

⑥ 非常停止装置を作動させた場合は，停止カテゴリ0又は1で機械が停止すること．

⑦ 再起動は，意図された手動操作によってされること．

(2) 押しボタン式非常停止スイッチ

一般的な機械の非常停止装置として使われる押しボタン式のスイッチのことで，"きのこ型非常停止スイッチ"とも呼ばれる．押しボタン部分の色は赤，背景の色は黄である（**図 4.3-14**）．解除の方法には，操作部を手で回す，引く，鍵で解除するなどのタイプがある．

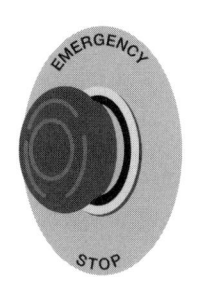

図 4.3-14 押しボタン式非常停止スイッチの例

(3) ロープ式非常停止スイッチ

コンベヤ周辺など，広範囲な領域に非常停止機能を設置したい場合に使われる．ロープの張力が一定の範囲にあるときを正常としてスイッチ接点は閉状態，ゆるんだ場合（ロープの切断などを含む）や高い張力がかかった場合（非常操作時など）にはスイッチ接点を開状態にする（**図 4.3-15**）．

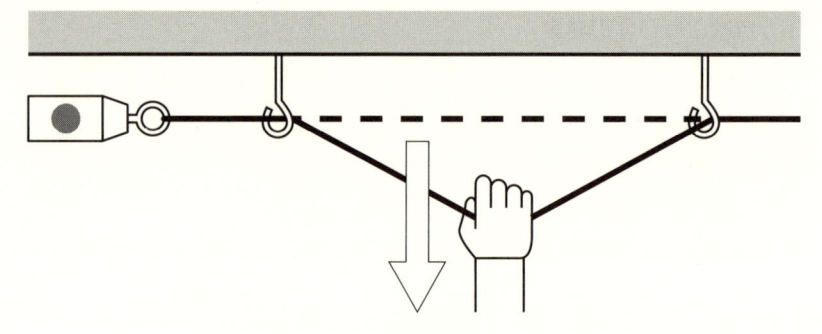

図 4.3-15　ロープ式非常停止スイッチの例

4.3.4　イネーブル装置

(1) イネーブリングスイッチ

　メンテナンス作業や機械のティーチング作業などでは，トリップ装置や存在検知装置の機能を一時的に無効化して行わなければならない場合がある．このとき，その代替機能として作業に携行するのが，イネーブル装置である．代表的な例は，ロボットのティーチングペンダントに組み込まれたイネーブリングスイッチである（**図 4.3-16**）．このスイッチを人が意識的に有効にしている（ONさせている）間だけ，継続して運転できる．イネーブリングスイッチをオフすると，インタロックする．イネーブリングスイッチは，OFF-ON-OFFの3ポジションで動作する構造のものが一般的である（**図 4.3-17**）．3ポジションのイネーブリングスイッチは，危険に遭遇して無意識に強く握り込むか，逆に手を放すと，OFFとなる[*3]．

[*3]　危険な領域内でイネーブリング機器によって作業をする場合には，必要十分なレベルにリスクを低減したうえで実施する必要がある．

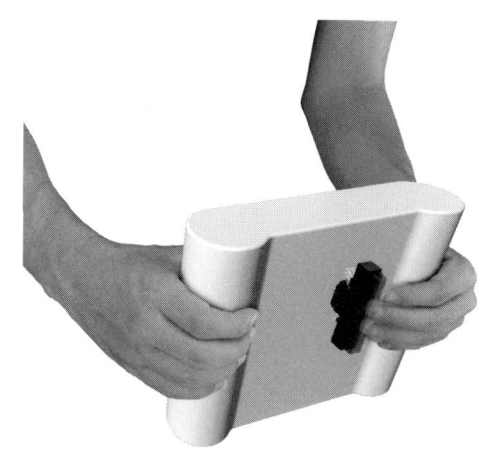

4.3 リスク低減に使用される制御機器　　　193

図 4.3-16 ティーチングペンダント（図左）とイネーブリングスイッチ（図右）の例★

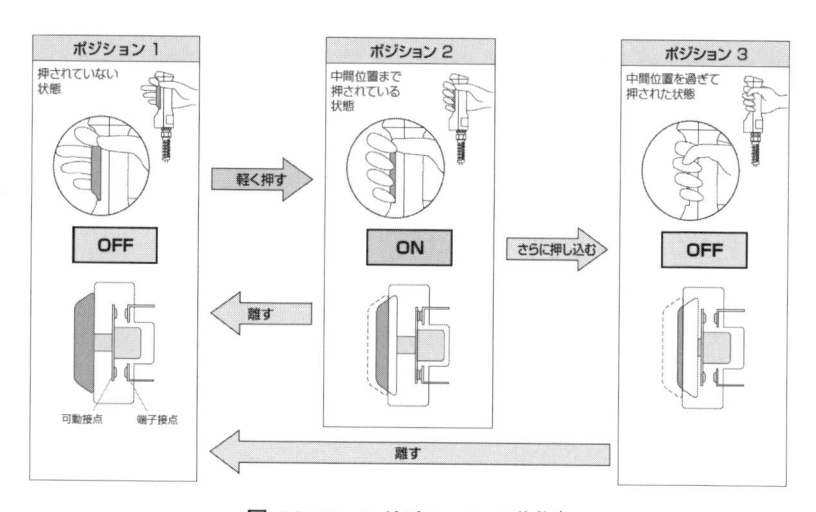

図 4.3-17 3ポジションの動作★

（2）両手操作スイッチ

作業者の両手を危険領域の外で使うことを条件に装置を起動する安全機器である（**図 4.3-18**）.

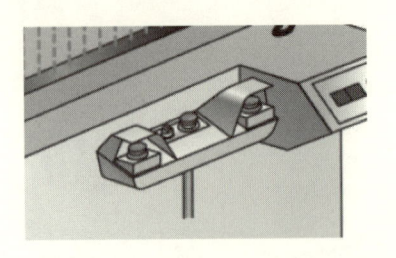

図 4.3-18　両手操作スイッチの例★

　例えば，動力プレス機械のスライドが下降をするときには，両手操作スイッチで操作することにより，両手を危険区域から隔離できる．
　ただし，作業者以外の第三者の介入に対する安全防護にはならない．その場合には，トリップ装置などとの組合せが必要になる．

4.3.5　その他の防護機器

　以下に挙げる防護装置は，機械の使用者によってされる管理（組織，監督，訓練など）を前提にした"追加の安全防護"に位置付けられる．"非常停止装置"と同様に，トリップ装置や存在検知装置などによる安全防護でリスクを低減したうえで，なお残る残留リスクを低減するために使われるのが望ましい．

（1）ロックアウト・タグアウト

（1-1）トラップドキー

　トラップドキーを安全機器本体から引き抜くと，装置はインタロックされる．作業者は，この間に，トラップドキーを携帯して危険領域内での作業を行う．作業が終了したら，トラップドキーを機器本体に戻して，装置を再起動する．以下は，代表的なトラップドキーの例である．

① プラグスイッチ

　プラグ式のトラップドキーである．プラグの引抜きによって装置をインタロックする．一つのプラグは，作業者一人についてのみ有効である．

4.3 リスク低減に使用される制御機器

② ドアスイッチ組込みのトラップドキー

ドアスイッチには，トラップドキーを組み込んだものがある（図 **4.3-19**）．安全確認用の接点を OFF にした状態でのみ，トラップドキーを引き抜くことができる．一つのトラップドキーは，作業者一人についてのみ有効である．

施錠式ドアスイッチの場合には，トラップドキーが解錠の機能も兼ねる場合が多い．

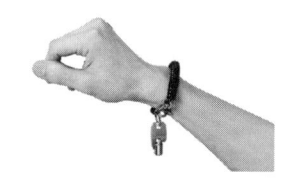

図 4.3-19 ドアスイッチ組込みのトラップドキーとその使い方の例★

③ トラップドキーシステム

複数人が危険領域に立ち入る場合には，複数のトラップドキーが使えるシステムが必要となる．作業者ごとに決められたトラップドキーを携帯して危険領域に入り，全員が元の位置にトラップドキーを戻すまで装置の再起動はできない．

(1-2) ロックアウト

危険をともなう動力や安全機器が偶発的に投入されたり再起動されたりしないように，アクチュエータ（ブレーカのハンドルやバルブ）を物理的に固定してしまうのがロックアウトである．以下に代表的なロックアウトの例を示す．

① ドアスイッチのロックアウト

ドアスイッチのハンドルシステムにキー（タング）をロックアウトするシステムを組み込んでいる（図 **4.3-20**）．このほか，キー（タング）の挿入口を塞ぐタイプのものもある．

図 4.3-20　ドアスイッチのロックアウトの例★

② ハスプ（掛け金）とパドロック（南京錠）

スイッチやバルブの操作部などを物理的に固定又は操作できないように遮蔽するハスプ（掛け金）と，それを施錠するパドロック（南京錠）の組合せによってロックアウトする方法である（図 4.3-21，図 4.3-22）．

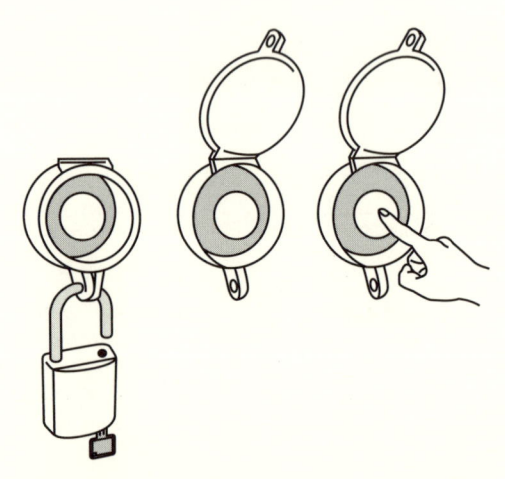

図 4.3-21　押しボタンスイッチカバーの例

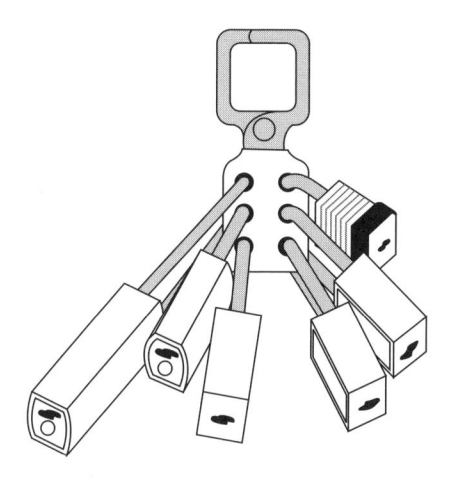

4.3 リスク低減に使用される制御機器　　　197

図 4.3-22　複数人作業を前提としたハスプとパドロックの例

(1-3) タグアウト

始動禁止，開放禁止，閉鎖禁止，運転禁止などといった警告のための札（タグ）を使う方法のことである（**図 4.3-23**）．ハスプやパドロックといったロックアウトの機器と組み合わせて使われることが多い．

図 4.3-23　タグの例

(2) ホールド・トゥ・ラン

作業者が操作器を操作している間だけ機械が稼働し，操作をやめれば一時停止する装置であり，通常機械の動力の遮断まではしない．ホールド・トゥ・ランにはモーメンタリのスイッチが使われる．スイッチ接点は，操作している間はモーメンタリ（一時的）に閉状態となるが，手を放すとばねの復帰力で開状態に戻る．

図 4.3-24 は，ホイストクレーンと呼ばれる大型の天井型クレーンを操作する"テレコン"と呼ばれるコンソールである．スイッチを作業者が保持している間，クレーンを連続的に操作することができる．

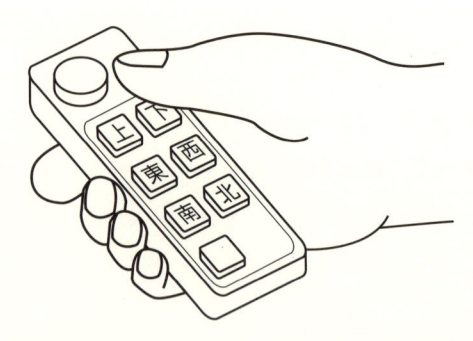

図 4.3-24　ホイストクレーンのテレコンの例

ホールド・トゥ・ランは操作を目的とした機器であり，一度操作を停止しても，操作を再開すれば直ちに機械は動作を再開する．すなわち，機械の寸動に使用することができる．安全確認のインタロックを目的とした前出のイネーブリング装置とは異なる．手動操作装置として，イネーブリング機能とホールド・トゥ・ラン機能の両方を兼ね備えた機器もある（図 4.3-25）．

(3) 機械的拘束装置

機械の動きを，機械的な障害物によって妨げ人に危険のおよばない位置に固定するのが，機械的拘束装置である．金型交換など危険な作業の間，プレスのスライドを固定して落下を防ぐ安全ブロックなどが，機械的拘束装置に相当する．

4.3 リスク低減に使用される制御機器   199

図 4.3-25 ホールド・トゥ・ラン機能を組み込んだイネーブリング装置の例★

　安全ブロックは，日本においてはプレス機に義務付けられている装置である．以下，二つの法令より表現を引用する．
　"安全ブロック"とは，「動力プレスの金型の取付け，取外し等の作業において，身体の一部を危険限界に入れる必要がある場合に，当該動力プレスの故障等によりスライドが不意に下降することのないように上型と下型の間又はスライドとボルスターの間に挿入する支え棒」[4] のことである（**図 4.3-26**）．

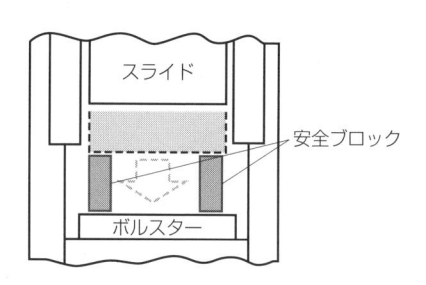

図 4.3-26 安全ブロック

---

[4] 『動力プレス機械構造規格の一部を改正する件及びプレス機械又はシャーの安全装置構造規格の一部を改正する件の適用について』（厚生労働省労働基準局長，基発0218第3号，平成23年2月18日）
　http://www.jaish.gr.jp/anzen/hor/hombun/hor1-52/hor1-52-5-1-0.htm

『労働安全衛生規則』の"第二編 安全基準"の"第一節 機械による危険の防止"の"第四節 プレス機械及びシヤー"では,"(スライドの下降による危険の防止)"として,第百三十一条の二において,「事業者は,動力プレスの金型の取付け,取外し又は調整の作業を行う場合において,当該作業に従事する労働者の身体の一部が危険限界に入るときは,スライドが不意に下降することによる労働者の危険を防止するため,当該作業に従事する労働者に安全ブロックを使用させる等の措置を講じさせなければならない」と規定している.

4.3.6 制限装置

機械又は危険な機械条件が,その設計的な限界を越えないように制限する装置のことである.機械自体の動作を制限することによりリスクを低減することを目的とするもので,分類上は本質安全方策にあたる.また,機械の制御のなかに機能として組み込んで使われることが多く,制御の安全関連部としての側面をもっている.以下にいくつかの例を紹介する.

(1) クレーンの転倒防止のための過負荷（モーメント）防止装置

クレーンのジブ（荷をつるための腕）の角度と荷重から,過大なモーメントがかかっていないかを検出する（図 **4.3-27**,図 **4.3-28**）.

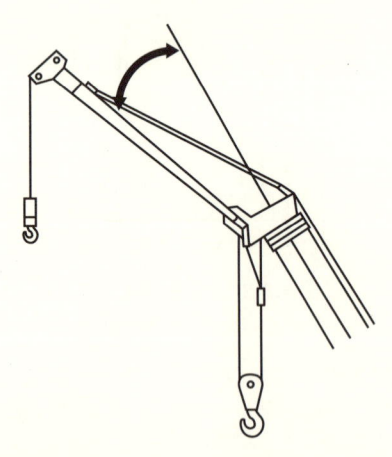

図 **4.3-27** クレーンのジブとその角度

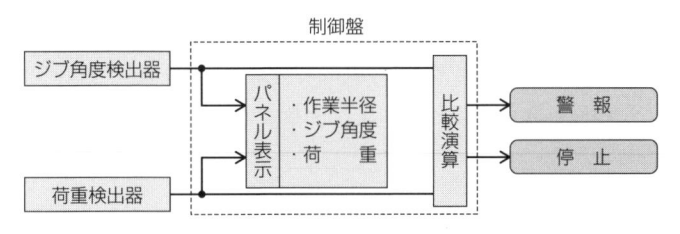

4.3 リスク低減に使用される制御機器 201

図 4.3-28 過負荷検出装置

(2) 加圧防止のための圧力調整弁

蒸気や気体に使用し，入口側［**図 4.3-29(a)**，**(b)**の底面部］の流体圧力が設定した圧力になったとき，内部の弁を開け出口［**図 4.3-29(a)**，**(b)**の側面部］から流体を逃して安全を確保するバルブである．

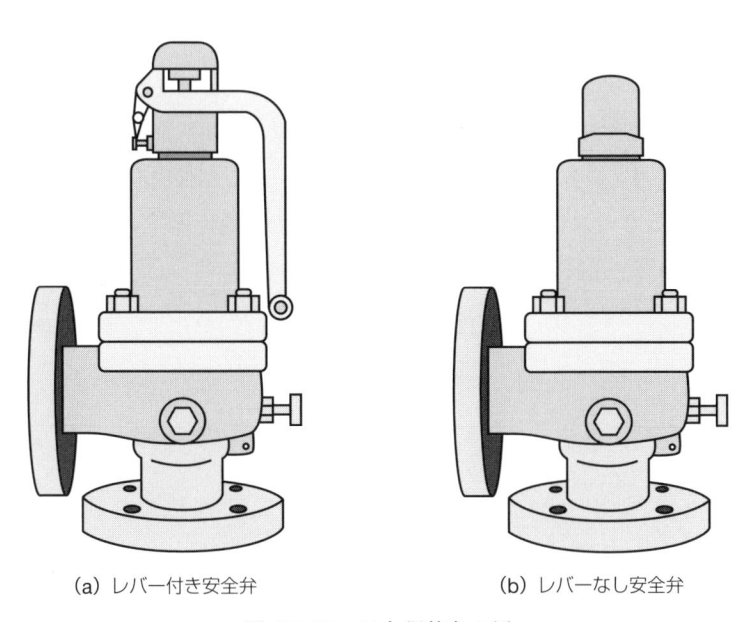

(a) レバー付き安全弁　　　　(b) レバーなし安全弁

図 4.3-29 圧力調整弁の例

(3) ロボットの可動範囲の制限のためのハードリミット（リミットスイッチ）

ロボットが設置された場所の空間的限界を越えて動作しないためのものである．ロボットの回転軸にリミットスイッチなどが組み込まれている場合が多い（図 4.3-30）．

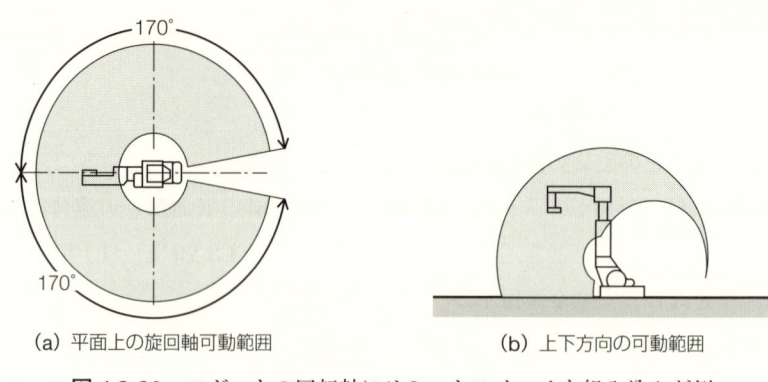

(a) 平面上の旋回軸可動範囲　　(b) 上下方向の可動範囲

図 4.3-30　ロボットの回転軸にリミットスイッチを組み込んだ例

(4) 天井クレーンの過負荷防止のためのロードリミッタ

主に天井クレーンなどに使われ，つり荷の質量を検出して，過負荷に対する警報を発したり，作動を停止させたりするものである．検出原理は，ロードセルと呼ばれる力の大きさを電気信号に変える変換器によるもの（図 4.3-31）

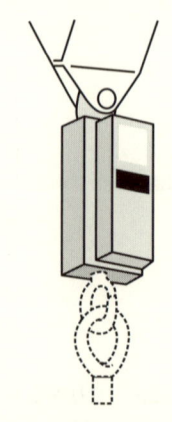

図 4.3-31　ロードセルを用いたロードリミッタの例

が多いが，ワイヤロープの張力をばねを使って検出する方式，巻上げモータの入力電流を検出する方式などもある．

4.3.7 警告・警報機器

　機械の状態を知らせるために，特に危険状態への移行直前（警告）や危険な状態の期間（警報）に，サイレンや表示灯を使用する．例えば，IEC/TS 62046の5.5には，ライトカーテンのミューティング（無効化された）状態では，「リ・ス・ク・ア・セ・ス・メ・ン・ト・の・結・果・に・よ・っ・て・は，ミュート表示器が必要」(傍点は筆者による) であり「この表示器は，人が危険区域へ接近しようとするすべての位置から十分な明るさで容易に見えるように取り付けなければならない」とある（図4.3-32）．

　"表示灯"は，赤・黄・緑などの複数の表示灯をタテに組み合わせた積層表示灯などにより自動運転・段取り換えなどの特殊作業・停止などの状態表示をするものが一般的である．表示灯の光源は，かつてはフィラメントタイプのランプが主流であったが，最近ではLEDが普及しつつある．LEDは，フィラメントに比べて長寿命なことと，発色のバリエーションが増えたことで，表示灯へも用途が広がったと思われる．

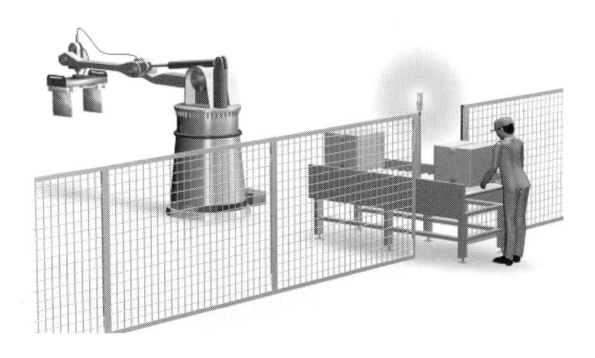

図 **4.3-32**　警告表示の例（セーフティライトカーテンのミューティング状態）★

"サイレン"は，広範囲にわたって警告する場合に使用される．例えば，ライン全体の起動前や，水力発電所の放水前などに，サイレンを鳴らす．

表示灯やサイレンが実際に作動していることを確認する機能がついているものは，ほとんど見かけない．日常点検のための動作確認押しボタンが設けられていて，始業時に確認するのが，一般的である．

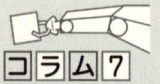

コラム7　なぜ安全規格のなかでは機器などの名称に"Safety"（安全）をつけないのか

機械安全規格の世界では，「"Safety"（安全）という言葉は避ける」という申し合わせがある．これは"安全"の語を冠すると「リスクがゼロである」という誤解を与える可能性があり，これを避けるためである．

そこで，機械安全規格のなかではどのような機器も"Safety"の語はつけないで呼ばれる．例えば，"ガードと共同するインタロック装置"の規格原文では"Protective Device"（防護装置）の語が使われているだけで"Safety Device"とは呼ばない．

一方で，機器メーカが機器などの名称に"セーフティ○○"と"セーフティ"をつける理由は，機能のわかりやすさに配慮してのことである．例えば，リミットスイッチは，一般制御用にも用いられる機器であり，全てのリミットスイッチが安全用途のために作られているわけでない．しかし，リスク低減を目的にしたリミットスイッチであれば"セーフティリミットスイッチ"と表現したほうがわかりやすいため，メーカによっては，あえて"セーフティ"をつけて呼んでいる．これは，ユーザが機能によって機器を選択しやすくためである．

もちろん，どのような"安全"機器も，リスクはゼロではないのが現実である．

4.4 機械安全のためのコントローラとネットワーク

機械安全のための制御システム，例えば**本書 4.2** で述べた保護装置や **4.3** で示した制御機器の安全確認判定の論理機能，つまり制御システムの安全関連部を，セーフティ・リレーやタイマーなどの部品を組み合わせて構成する方法は，安全に関する制御システムの知識が必要なだけでなく，時間と手間がかかる．安全関連部を構成するのに必要な機能は"コントローラ"という形態で実現されているので，必要な専門知識を活用することが容易になる．

機械安全の安全関連部を構成できるコントローラの主なものとしては，セーフティ・プログラマブル・コントローラ，セーフティ・コントローラ，セーフティ・ロジック・リレーがある．また，コントローラのもっている情報を共有・活用するための"セーフティ・ネットワーク"がある．本節では，これらのコントローラとネットワークを使用するうえでの注意点などについて述べる．

4.4.1 機械安全のためのセーフティ・コントローラ

（1）セーフティ・プログラマブル・コントローラ（セーフティ・PLC）

IEC 61508 シリーズの要求事項を満足したセーフティ・プログラマブル・コントローラは，安全関連部として使用することができる．

安全関連部としてアプリケーション（ユーザ）・プログラムを作成・変更し，安全性の検証をする技術者は，機械安全の知識と機械の動きの知識を有する者でなければならない．高度な機械安全に関する知識をもっている技術者が少ない状態では，通常の PLC のように現場で対応するためのプログラミング機能はないと考えた方がよい．安全関連部の機能は，機械のプロセス制御部と分離・独立（一つのシステムに分離独立したハードウェアとして構成されていることが多い）してプロセスの安全状態を監視していることが望ましい．安全関連部とプロセス制御部とは，制御情報を共有するとともに，優先度に配慮する必要がある．これらの条件を満たすために，安全関連部のユーザプログラムは，プロセス制御部から独立していて，機械安全の専門家によるプログラミングが担

保される(パスワードのようなセキュリティ機能などによる)ことが必要である.

(2) セーフティ・コントローラ

セーフティ・PLC と構造的には同じだが，ユーザがプログラミングするのではなく，採用する機能モジュールの選択・組合せ・設定パラメータの変更・接続方法により，必要とする機能を実現するものである．プログラミングが必要でないため取扱いが簡単で，設定まちがいの自己診断機能も充実していてプログラミングの知識は不要である．

(3) セーフティ・ロジック・リレー

セーフティ・マット用コントローラ，起動条件確認用コントローラなど，上記のセーフティ・コントローラの機能を特定の用途に限定したものである．メカニカル・リレーを組み合わせたものと，セーフティ・コントローラと同じソフトウェアベースのものとがある．

セーフティ・PLC は，機械安全の技術者によりプログラミングされたものをセーフティ・コントローラやセーフティ・ロジック・リレーとして活用するのが現実的と考える．

4.4.2 機械安全のためのセーフティ・ネットワーク

セーフティ・ネットワークとは，制御に使われる通常のネットワークを，通信時のエラー処理・データの処理などをより確実にすることで安全関連部として使用できるようにしたものである．制御用のネットワークとして実用化されているASI，PROFI，Devicenet，CC-Link は，ASIsafe，PROFIsafe，DeviceNet Safety，CC-Link Safety として安全対応している．これらのセーフティ・ネットワークは，プロセス制御とセーフティ機能の両方に活用できるようになっている（IEC/TR 62513，IEC 61784 シリーズ）．

生産ラインを構築するために複数の機械を連結し，作業モードに関連した起動・停止の連携をとるには，安全信号の共有と優先度の決定が必要になる．ハードワイヤで実施するよりはネットワークを活用したほうが，配線の煩雑さや作業ごとに異なる起動条件の設定などが簡単でわかりやすくなる．

4.4 機械安全のためのコントローラとネットワーク 207

同様に，モジュール構造の機械におけるモジュール間の連携（例えば，機械の回転部分や搬入・搬出機構との連携など）にも，ASIsafe などが活用されている．ネットワークは情報共有のために活用するのであり，安全にかかわる制御は個々の機械の安全関連部が担当する．

4.4.3　制御システムにおけるフールプルーフとフェールセーフ，フォールトトレランス

前述した機器を活用して制御システムを構成する場合には，フールプルーフ，フェールセーフ，フォールトトレランスの考え方に留意することが望ましい．

（1）フールプルーフ

"人はミスをする"．だから，誤った操作をしても危険にさらされない（又は誤った操作ができない）ようにすることを"フールプルーフ"という．例えば，"自動車のギヤがPでないと起動できないオートマチック"，"扉を閉じないと起動できない電子レンジ"，"操作可能な機能しか操作パネルに表示されない"などがある［**本書 2.1.3(4)**参照］．

（2）フェールセーフ，フォールトトレランス

"機械は壊れる"．だから，故障するときは安全側に故障する（安全な状態になってから作動しなくなる）ようにする．このことを"フェールセーフ"［**本書 2.1.3(2)**参照］という．また故障しても，最低限の機能を維持して，継続運転（又は安全に停止するプログラム）を実行することを"フォールトトレランス"［**本書 2.1.3(5)**参照］という．

制御システムにおけるフェールセーフは，故障しても安全側に壊れる，つまり機械が安全に停止するような機能をもっている．例えば，透過型光電スイッチは安全確認型であり，**図 4.4-1** に示すように，光電スイッチに故障が発生すると出力は OFF になり，安全状態の場合のみ出力は ON になる．

多重化によるフェールセーフ・フォールトトレランスは，**図 4.4-2** のように表わすことができる．

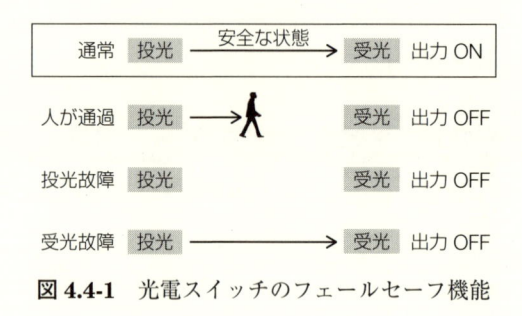

通常	投光	安全な状態 →	受光	出力 ON
人が通過	投光	→人	受光	出力 OFF
投光故障	投光		受光	出力 OFF
受光故障	投光	──────→	受光	出力 OFF

図 4.4-1　光電スイッチのフェールセーフ機能

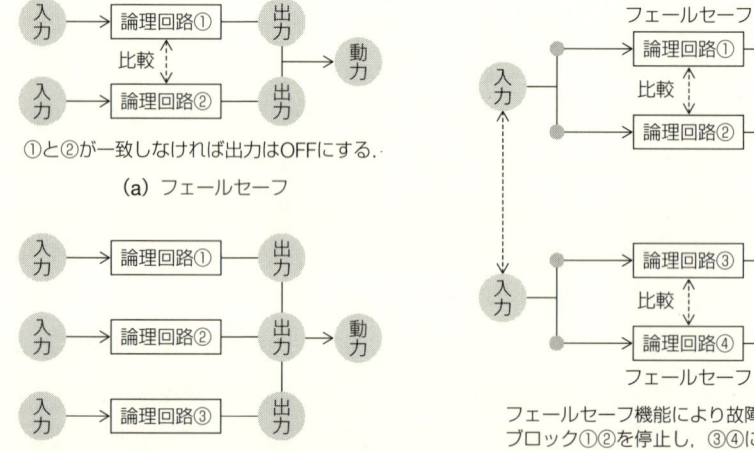

論理回路の場合

(a) フェールセーフ
①と②が一致しなければ出力はOFFにする．

(b) フォールトトレランス
①②③の多数決で多い方を採用し運転を継続．故障した回路を修理することで機能を回復する．

(c) フェールセーフでフォールトトレランス
フェールセーフ機能により故障したブロック①②を停止し，③④にて運転を継続する．

図 4.4-2　多重化によるフェールセーフとフォールトトレランス

4.5 駆動（制御）装置と安全

駆動装置は，**本書 4.1** で紹介した**図 4.1-18** のレベル B 及び C の主要制御部分にあたり，作動部（動力伝達要素であるコンベヤそのものなど）を起動・停止するための**機械アクチュエータ**，及び**分離手段**と，それらを制御する**動力制御要素**で構成される部分のことである．駆動装置の挙動は，プロセスの進行度合い（レベル A）と保護装置による安全確認（レベル B）の結果により決定される．

駆動装置としては，電気的駆動装置，空圧駆動装置，油圧駆動装置などがある．エネルギ源が異なれば，リスク低減の手法も異なる．本節では，駆動装置のリスク低減の考え方について述べる．

なお，作動部（作業者と接触する可能性の高い部分）の挙動（特に停止の確認）を監視する手段が限定されているので，駆動装置の停止を作動部の状態監視信号（例えば，ブレーキ機構からのフィードバックなど）により確認する手段を構築することが望ましい．

4.5.1 電気的駆動装置について

電気的駆動装置（ドライブシステム）には，AC/DC 電源を使用した回転型モータやリニアモータなどがある．可変速電力ドライブシステムについて定めた IEC 61800 シリーズに関連する．安全機能についての規格は，同シリーズのうち IEC 61800-5-1 と IEC 61800-5-2 の二つがある．

電気的駆動装置の機能においては，起動・停止・速度などの確認・監視が，安全にかかわる重要な機能といえる．電気的駆動装置の保護については，IEC 61800-5-2 の附属書 E で取り上げられている．

4.5.2 液（油）圧・空圧装置について

液（油）圧・空圧装置は，制御部と駆動部が一体となって作動するので，システムとしての安全確保が重要である．

まず，油圧装置は，パスカルの原理による力の増幅を利用したもので，小さ

な力で大きな駆動力を発生させることができる（**図4.5-1**）．油圧による労働災害の主なものを，次に述べる．

- 油圧装置の圧力は，7〜35 MPaが一般的である．使用圧力が大きいので死亡災害・などの重大災害になりやすい傾向にある．
- 原因不明の停止状態において，調査中に突然作動することがある．原因としては，ひっかかりなどの機械的原因と，センサの信号待ちなどの電気的原因の2種類がある．

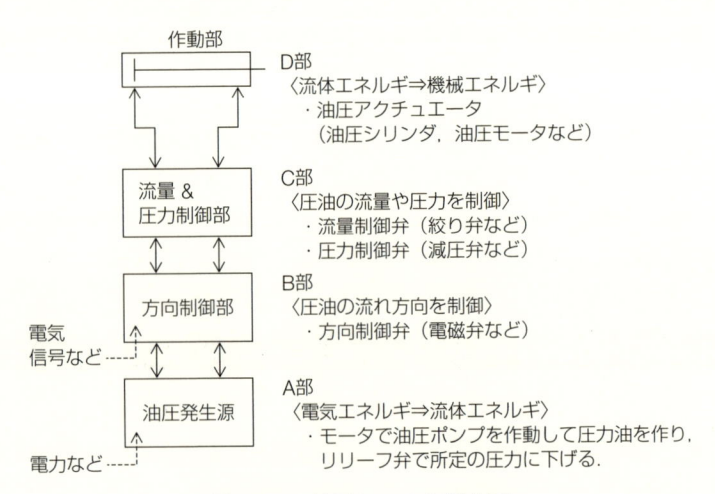

```
                作動部
          ┌──────────┐  D部
          │          │   〈流体エネルギ⇒機械エネルギ〉
          └──────────┘    ・油圧アクチュエータ
             ↑↓              （油圧シリンダ，油圧モータなど）
          ┌──────────┐  C部
          │ 流量＆   │   〈圧油の流量や圧力を制御〉
          │ 圧力制御部│    ・流量制御弁（絞り弁など）
          └──────────┘    ・圧力制御弁（減圧弁など）
             ↑↓
          ┌──────────┐  B部
          │ 方向制御部│   〈圧油の流れ方向を制御〉
          └──────────┘    ・方向制御弁（電磁弁など）
   電気      ↑↓
   信号など --┤
          ┌──────────┐  A部
          │ 油圧発生源│   〈電気エネルギ⇒流体エネルギ〉
          └──────────┘    ・モータで油圧ポンプを作動して圧力油を作り，
   電力など --┘               リリーフ弁で所定の圧力に下げる．
```

図 4.5-1　油圧システム概念図

出典）『自動車産業 安全スタッフの実務基礎知識』(2011)，日本自動車工業会（JAMA）安全衛生部会

次に，空圧装置は，圧縮した空気を動力にしており，高速動作を容易に実現できる（**図4.5-2**）．空圧による労働災害の主なものを次に示す．

- 空圧装置の圧力は，0.50〜0.7 MPaが一般的である．残圧による意図しない作動による事故がある．
- 油圧と同様に，原因不明の停止状態において，突然作動することがある．原因としては，残圧やひっかかりなどの機械的原因と，センサの信号待ちなどの電気的原因の2種類がある．

4.5 駆動（制御）装置と安全

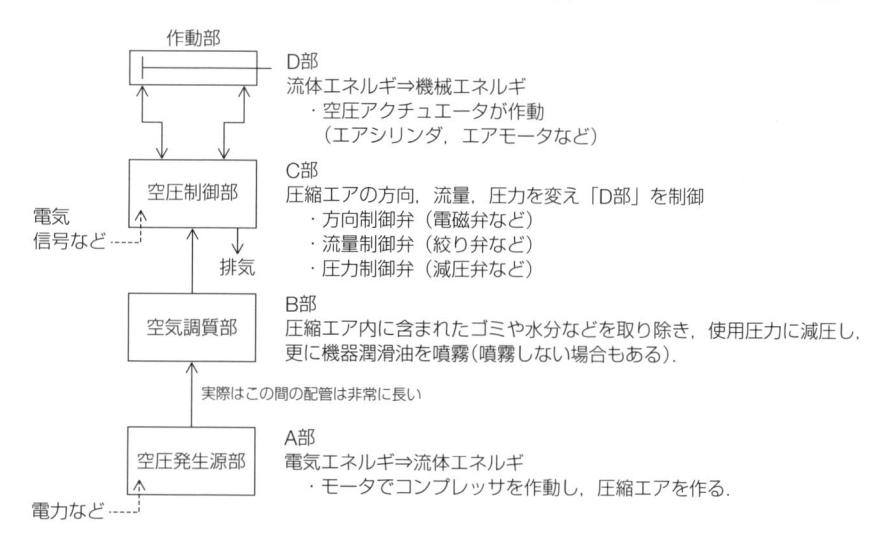

```
作動部
 ┌─────┐  D部
 │     │  流体エネルギ⇒機械エネルギ
 └─────┘   ・空圧アクチュエータが作動
             （エアシリンダ，エアモータなど）

空圧制御部   C部
 ┌─────┐  圧縮エアの方向，流量，圧力を変え「D部」を制御
 │     │   ・方向制御弁（電磁弁など）
 └─────┘   ・流量制御弁（絞り弁など）
    排気    ・圧力制御弁（減圧弁など）
電気
信号など

空気調質部   B部
 ┌─────┐  圧縮エア内に含まれたゴミや水分などを取り除き，使用圧力に減圧し，
 │     │  更に機器潤滑油を噴霧（噴霧しない場合もある）．
 └─────┘

  実際はこの間の配管は非常に長い

空圧発生源部  A部
 ┌─────┐  電気エネルギ⇒流体エネルギ
 │     │   ・モータでコンプレッサを作動し，圧縮エアを作る．
 └─────┘
電力など
```

図 4.5-2 空圧システム概念図

出典）『自動車産業 安全スタッフの実務基礎知識』(2011)，日本自動車工業会（JAMA）安全衛生部会

空圧・油圧に関する規格には，ISO 4414（空圧）と ISO 4413（油圧）がある．ISO 12100 の 6.2.10 には"空圧及び液圧装置の危険源の防止"が取り上げられている．その一部を次に紹介する．

- 空圧又は油圧＝動力源が危険源にならないように「回路における最大定格圧力を超えない（例えば，圧力制限装置の使用による）」設計をしなければならない．
- 停止後の減圧に関して「機械の動力供給を遮断した後でも圧力を維持している全ての要素には，明確に識別できる排出装置を設け，機械の設定（段取りなど）又は保全作業に着手する以前にこれらの要素に対する減圧の必要性について注意を促すための警告ラベル」を備えなければならない．

警告ラベルとともに，作業指示書の整備が重要な対策である．

次に，油・空圧装置の構成要素（コンポーネント）とその安全性向上方策の例を，**表 4.5-1** に紹介する．

表 4.5-1 油・空圧装置の構成要素（コンポーネント）とその安全性向上方策の例

コンポーネント	機能（働き）	安全上で要求される構造特性
管路・接続	油空圧の流れを維持・制限する	目詰まり，管路破壊，漏れは負荷駆動側から見ると安全側故障．ただし，管路破壊，漏れは環境維持に対して危険源となる．オリフィス，チョークの破壊は危険側故障．
油圧ポンプ	動力により流体の吸込み／排出を行う	通常運転中止まる側は許されない．安全側故障が運転停止側か運転継続側かは用途による．回転部通常湿式であるから，固着危険源を考慮する必要がある．
空圧モータ	空圧により，回転出力を生成する	回転停止側と安全側とする．空圧なしで回転出力が生じないこと（予期しない起動の防止）．ポンプと同様に固着の危険源を考慮する必要がある．
単動シリンダ	ピストンの往復運動は単一流体路	スプリング停止／動力駆動の安全原則に基づく．スプリングには安全原則適用．ピストンの固着故障を考慮する必要がある．例えば，ロッドの位置確認を行う．スプリングで停止位置を定める．
複動シリンダ	ピストンの往復運動は複数流体路	スプリングなしでは安全側を定義できない．通常安全条件はバルブとの組み合わせで定まる．ピストンの固着故障を考慮する必要がある．
機械的制御要素	・例えば，スプールで流体流路を制御する ・ニードルによる可変絞り ・ニードルと逆止め弁によるシリンダの速度制御 ・方向制御弁 ・逆止め弁 ・パイロット操作逆止弁	(1) 例えば，単動シリンダを駆動する場合：駆動流を制御して排出側は逆止め弁を用いて自由流とする．逆止め弁の固着対策を必要とする． (2) 例えば，可変絞り弁：調整機構をロック付とする．目詰まり状態を安全側とするような使用法による． (3) 例えば，速度制御弁：駆動流制御で排出側に逆止め弁を用いて自由流とする． (4) 方向制御弁，例えば2ポート：操作力は動力駆動／スプリング停止の安全原則を適用．スプリングには安全原則適用．スプールの固着対策を必要とする． (5) 逆止め弁：スプリング施錠／動力解錠の安全原則に基づく．弁固着対策要． (6) パイロット操作逆止め弁：パイロット入力で逆止弁の固着チェックが可能．

4.5 駆動（制御）装置と安全

表 4.5-1（続き）

コンポーネント	機能（働き）	安全上で要求される構造特性
電気的制御要素	・ソレノイド ・2ポート空圧電磁弁 ・電磁比例圧力弁	(1) 例えば，ソレノイド：安全条件（ノーマル）をスプリングで定める必要がある．プランジャの固着を考慮する必要がある． (2) 2ポート空圧電磁弁：空圧の停止側を安全側（ノーマル）とする．スプリングには安全原則を適用．プランジャの固着を考慮する． (3) 電磁比例圧力弁：ソレノイド電流ゼロをノーマルとする．スプリングは安全原則に基づく．
押しボタン	制御入力を与える	スプリング復帰／手動駆動，すなわちスプリング施錠／動力駆動の構成である．スプリングには安全原則の適用が必要．

出典：山元智成，池田博康，蓬原弘一（2004）：5-3 油空圧安全コンポーネントにおける危険源分析と安全原則の考察（セッション5 安全性（事例）第17回秋季信頼性シンポジウム），信頼性シンポジウム発表報文集，pp.79-82，日本信頼性学会

第4章 主な関連規格

4.1
- ISO 13854:1996（JIS B 9711:2002，IDT）
  機械類の安全性―人体部位が押しつぶされることを回避するための最小すきま
- ISO 13855:2002（JIS B 9715:2006，IDT）
  機械類の安全性―人体部位の接近速度に基づく保護設備の位置決め
- ISO 13857:2008（JIS B 9718:2013，IDT）
  機械類の安全性―危険区域に上肢及び下肢が到達することを防止するための安全距離
- ISO 14118:2000（JIS B 9714:2006，IDT）
  機械類の安全性―予期しない起動の防止
- ISO 14119:1998（JIS B 9710:2006，IDT）
  機械類の安全性―ガードと共同するインタロック装置―設計及び選択のための原則
- ISO 14120:2002（JIS B 9716:2006，IDT）
  機械類の安全性―ガード―固定式及び可動式ガードの設計及び製作のための一般要求事項

214　　第4章　リスク低減のための機器・手段

4.2
- ISO 11161:2007（―）
  (機械の安全性―統合生産システム―基本的要求事項)
- ISO 12100:2010（JIS B 9700:2013, IDT）
  機械類の安全性―設計のための一般原則―リスクアセスメント及びリスク低減
- ISO 13849-1:2006（JIS B 9705-1:2011, IDT）
  機械類の安全性―制御システムの安全関連部―第1部：設計のための一般原則
- ISO 13851:2002（JIS B 9712:2006, IDT）
  機械類の安全性―両手操作制御装置―機能的側面及び設計原則
- ISO 13856-1:2001（JIS B 9717-1:2011, IDT）
  機械類の安全性―圧力検知保護装置―第1部：圧力検知マット及び圧力検知フロアの設計及び試験のための一般原則
- ISO 14119:1998（JIS B 9710:2006, IDT）
  機械類の安全性―ガードと共同するインタロック装置―設計及び選択のための原則
- ISO 14120:2002（JIS B 9716:2006, IDT）
  機械類の安全性―ガード―固定式及び可動式ガードの設計及び製作のための一般要求事項
- IEC 60204-1:2009（JIS B 9960-1:2008, 2005年版 IEC と MOD）
  機械類の安全性―機械の電気装置―第1部：一般要求事項
- IEC 61496-1:2004（JIS B 9704-1:2006, IDT, なお IEC は 2012 年版が最新）
  機械類の安全性―電気的検知保護設備―第1部：一般要求事項及び試験
- IEC 61496-1:2004/AMENDMENT 1:2007（JIS B 9704-1:2006/AMENDMENT 1:2011, IDT）
  機械類の安全性―電気的検知保護設備―第1部：一般要求事項及び試験（追補1）
- IEC/TS 62046:2008（TS B 62046:2010, IDT）
  機械類の安全性―人を検出する保護設備の使用基準

4.3
- ISO 13849-1:2006（JIS B 9705-1:2011, IDT）
  機械類の安全性―制御システムの安全関連部―第1部：設計のための一般原則
- ISO/IEC 19762-3:2005（JIS X 0500-3:2009, IDT）
  自動認識及びデータ取得技術―用語―第3部：RFID
- IEC 60947-5-1:2009（JIS C 8201-5-1:2007, 2003年版 IEC と IDT）
  低圧開閉装置及び制御装置―第5部：制御回路機器及び開閉素子―第1節：電気機械式制御回路機器
- IEC 60947-5-5:2005（JIS C 8201-5-5:2008, IDT）
  低圧開閉装置及び制御装置―第5部：制御回路機器及び開閉素子―第5節：機械的ラッチング機能をもつ電気的非常停止機器

- IEC 61496-1:2012（JIS B 9704-1:2006，2004 年版 IEC と IDT）
  機械類の安全性―電気的検知保護設備―第 1 部：一般要求事項及び試験
- IEC 61496-2:2013（JIS B 9704-2:2008，2006 年版 IEC と IDT）
  機械類の安全性―電気的検知保護設備―第 2 部：能動的光電保護装置を使う設備に対する要求事項
- IEC/TR 61496-4:2007（TR B 0025:2010，IDT）
  機械類の安全性―電気的検知保護設備―第 4 部：映像利用保護装置（VBPD）を用いる設備に対する要求事項
- IEC/TS 62046:2008（TS B 62046:2010，IDT）
  機械類の安全性―人を検出する保護設備の使用基準

※★印のついた写真・図版はオムロン株式会社に提供いただいた．

4.4

- IEC 61508 シリーズ（JIS C 0508 シリーズ）
  電気・電子・プログラマブル電子安全関連系の機能安全
- IEC 61784 シリーズ（―）
  工業用コミュニケーションネットワーク―プロファイル
- IEC/TR 62513:2008（TR B 0030:2011，IDT）
  機械類の安全性―安全関連通信システムの使用指針

4.5

- ISO 4413:2010（JIS B 8361:2013，MOD）
  油圧―システム及びその機器の一般規則及び安全要求事項
- ISO 4414:2010（JIS B 8370:2013，MOD）
  空気圧―システム及びその機器の一般規則及び安全要求事項
- IEC 61800-5-1:2007（―）
  （可変速電力ドライブシステム―第 5-1 部：安全要求事項―電気，熱及びエネルギ）
- IEC 61800-5-2:2007（―）
  （可変速電力ドライブシステム―第 5-2 部：安全要求事項―機能）

第5章
保 護 具

　第1章から第4章までは，主に機械・設備の安全性に関する取組みについて説明してきたが，ここでは作業員などが最終的に自分自身に身に着ける保護手段としての保護具について取り上げる．

　本章の **5.1.1** に説明するように，保護具は，機械・設備にリスク低減対策が講じられたことを前提として使用される方策であり，機械・設備の技術的な対策とともに使用されることにより，さらにその効果を発揮するものである．

　本章では，保護具の種類や選定の留意点，また適用される規格などの情報を紹介する．

5.1 保護具とは

保護具とは，危険・有害作業における災害防止，又は健康傷害を防止することを目的として作業者自身が直接身につける器具であり，災害防止の目的で使用するものを"安全保護具"，健康傷害防止の目的で使用するものを"衛生保護具"という．本章ではこのうち安全保護具について解説する．

5.1.1 リスク低減方策としての保護具の位置付けと優先順位

保護具は，対象となる危険・有害作業に存在するリスクを低減する措置の一つであるが，その適用には優先順位がある．まずは，メーカ（設計・製造者）が，本質的な安全が確保できるかを検討し，その後，残るリスクに対して工学的な対策を検討する．そして，それでも残るリスクについてメーカから提供される"残留リスク情報"に対して，ユーザが作業現場で保護具の適用を検討し，さらなるリスク低減を実施する．なお，保護具の適用に対しては，メーカが行う工学的な対策と併用することでリスクの低減を図るものもある．

5.1.2 保護具の選定に関する留意点

事業者には，労働者に対する安全配慮義務（又は健康配慮義務）として，「使用者は労働契約に伴い，労働者がその生命，身体などの安全を確保しつつ労働できるよう，必要な配慮をするものとする」（『労働契約法』第5条）と明文化されているように，危険や有害な作業に対して適切な対策をとることが求められている．

保護具を，適切な対策をとるための用具として使用するためには，対象となる作業に対して，どのような危険性・有害性があるかを明確にしたうえで，どのような労働災害が発生する可能性があるかをあらかじめ検討し，こうした災害を防止するために保護具がどのような性能，形状などでなければならないかを検討する必要がある．また，保護具は，適切に身につけなければ性能を発揮できないばかりではなく，かえって作業性を損ないリスクを増大させる（新た

にリスクが発生する）ことがあるので，使用に関しては注意が必要である．そこで，労働者の身体に適合した形状（又はサイズ）を選択するとともに，正しく装着するための訓練と装着状態の確認方法についても十分な配慮が必要となる．

5.2 保護帽

5.2.1 保護帽とは

保護帽とは，作業中における物体の飛来・落下，もしくは墜落による頭部への危険を防止するための保護具である．また，保護帽は，厚生労働大臣が定める『保護帽の規格』に適合し，型式検定に合格したものでなければ譲渡又は貸与してはならないことが，『労働安全衛生法』第42条に規定されている．保護帽の検定は"型式検定"として行われるため，検定に合格した型式と同じ型式の保護帽は，検定合格品とみなされ，"検定合格標章"（**図 5.2-1**）を貼付される．

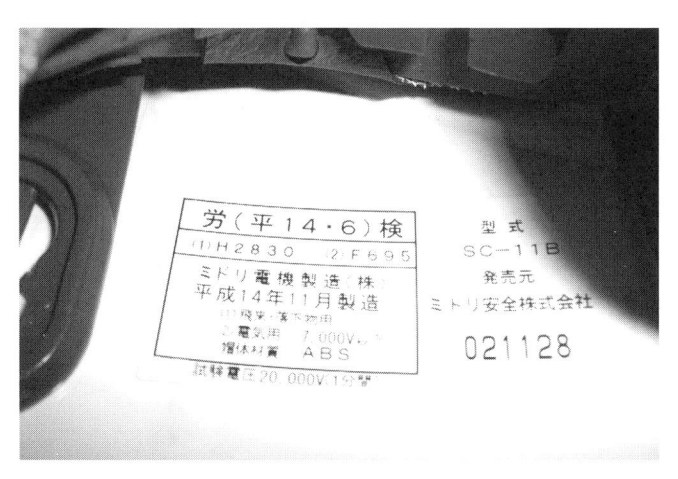

図 5.2-1　検定合格標章

5.2.2　保護帽の種類と使用区分

保護帽は，対象となる作業によって"飛来・落下物用保護帽"（飛来物，落下物による危険を防止又は低減）と"墜落時保護用保護帽"（墜落時の危険を防止又は低減）に大きく分類される（**図 5.2-2**）．

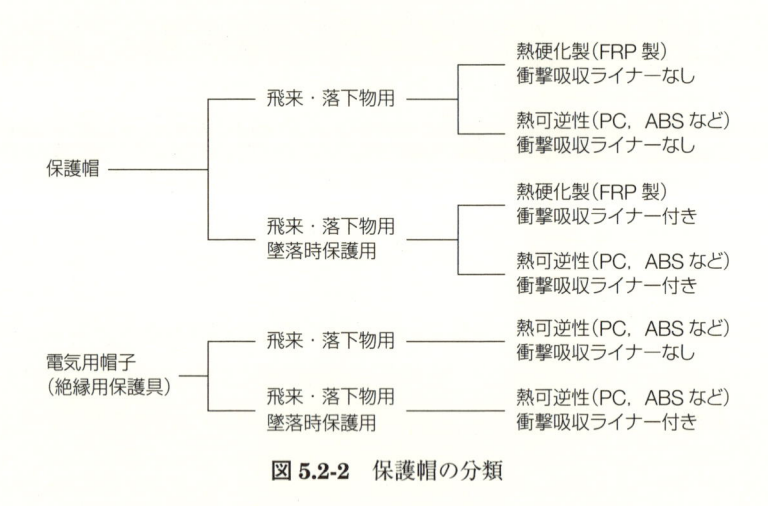

```
                          ┌─ 飛来・落下物用 ──┬─ 熱硬化製(FRP製)
                          │                   │  衝撃吸収ライナーなし
                          │                   └─ 熱可逆性(PC, ABSなど)
                          │                      衝撃吸収ライナーなし
保護帽 ───────────────────┤
                          │                   ┌─ 熱硬化製(FRP製)
                          │  飛来・落下物用   │  衝撃吸収ライナー付き
                          └─ 墜落時保護用 ────┤
                                              └─ 熱可逆性(PC, ABSなど)
                                                 衝撃吸収ライナー付き

電気用帽子              ┌─ 飛来・落下物用 ─── 熱可逆性(PC, ABSなど)
                        │                      衝撃吸収ライナーなし
(絶縁用保護具) ─────────┤
                        │  飛来・落下物用      熱可逆性(PC, ABSなど)
                        └─ 墜落時保護用 ───── 衝撃吸収ライナー付き
```

図 5.2-2　保護帽の分類

"墜落時保護用保護帽"には，内側に衝撃吸収ライナー（発砲スチロール製の半球状のもの）が装着されており［**図 5.2-3(a)**］，作業者が墜落した際に頭部に加わる力を和らげる効果がある．"飛来・落下物用保護帽"には，この部品はついていない．近年では，飛来・落下物用と，墜落時保護用の二つの性能を兼用した"飛来落下物用墜落時保護用保護帽"の割合が多くなっている［**図 5.2-3(b)**］．

また，電気保守用保護帽は，検定対象品目として"電気用帽子（絶縁用保護具）"に分類され，『絶縁用保護具等の規格』が適用されている（検定合格番号の頭に"F"の記号が付いている）．

5.2 保護帽

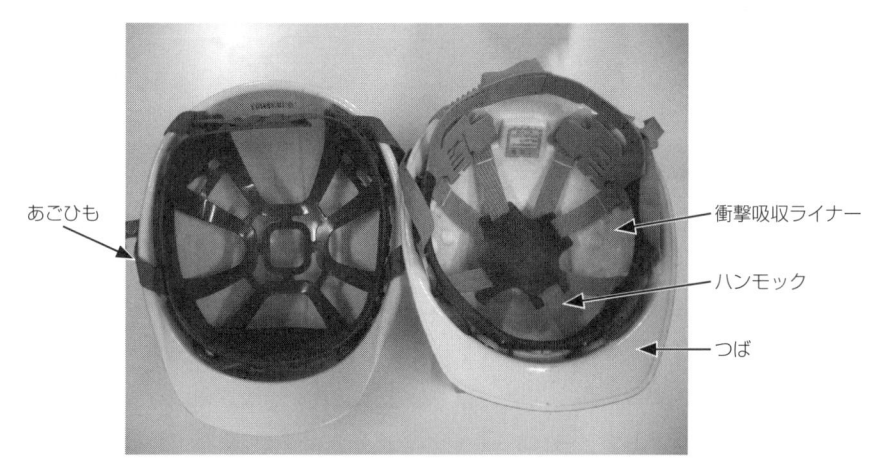

図 5.2-3 保護帽の種類

帽体の材質には，主に次のものがある．
- ABS 製（熱可塑性樹脂：帯電性には優れるが，高熱環境には不向き）
- PC 製　（熱可塑性樹脂：帯電性に優れ，耐候性も ABS 製より優れる）
- FRP 製（熱硬化性樹脂：耐候性には優れるが，帯電性には不向き）

作業環境や条件にあった種類の保護帽を選択することが必要となる．

保護帽の耐用年数としては，見た目に異常が認められなくても，ABS，PC などの熱可塑性樹脂の保護帽は 3 年以内，ERP などの熱硬化性樹脂の保護帽は 5 年以内，装着体は 1 年以内の交換が目安となっている．また，構成される部品に異常や劣化が見られた場合には，直ちに交換することが必要である（日本ヘルメット工業会　推奨）．

なお，JIS T 8131:2000（産業用安全帽）では，附属書 2（規定）に"転倒・転落時保護用"，"高電圧電気絶縁用"として規定されている．

5.3　保護めがね

5.3.1　保護めがねとは

　保護めがねとは，作業中における飛来物（粉塵，金属のかけら，液体など）や有害光線から眼を守るための保護具である．JIS では，JIS T 8147（保護めがね）と JIS T 8141（遮光保護具）によって，めがねの種類，形式，構造，強度，耐有害放射性能などが定められている．

　また，レーザによる溶接，切断，加工を行う際のレーザ光線の放射される作業環境に対しては，JIS T 8143（レーザ保護フィルタ及びレーザ保護めがね）によってレーザ光線から目を保護するために使用する保護めがねなどが定義されている．

　溶接・溶断作業時に顔面全体を保護するために使用する保護具については，JIS T 8142（溶接用保護面）がある．なお，高熱作業環境で使用する防熱面，防災面についての JIS はない．

5.3.2　保護めがねの種類と使用区分

　保護めがねには，めがね形［正面や側面からの飛来物などから眼を保護するために使用するめがねで，一眼式と二眼式がある．側面にサイドシールドがあるものとないものがあり，テンプル（ツル）の長さの調節可能なタイプもある］と，フロント形（めがねの前部に取り付けて使用するタイプ），ゴグル形（顔に密着させて使用するタイプ）と，防災面（顔全体を保護するタイプ，保護めがねと併用で使用することもある）などがあり，作業や作業者にあったものを使用することが大切である（**図 5.3-1**）．**図 5.3-2** に，代表的な保護めがねを示す．

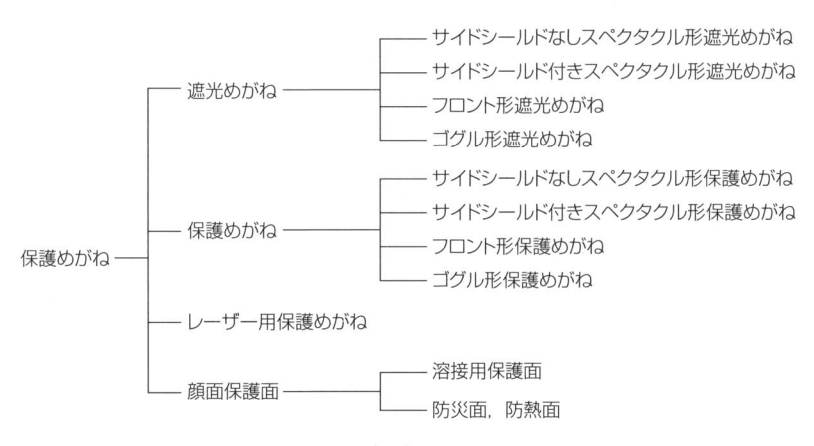

5.3 保護めがね

```
保護めがね ─┬─ 遮光めがね ─┬─ サイドシールドなしスペクタクル形遮光めがね
           │              ├─ サイドシールド付きスペクタクル形遮光めがね
           │              ├─ フロント形遮光めがね
           │              └─ ゴグル形遮光めがね
           ├─ 保護めがね ─┬─ サイドシールドなしスペクタクル形保護めがね
           │              ├─ サイドシールド付きスペクタクル形保護めがね
           │              ├─ フロント形保護めがね
           │              └─ ゴグル形保護めがね
           ├─ レーザー用保護めがね
           └─ 顔面保護面 ─┬─ 溶接用保護面
                          └─ 防災面，防熱面
```

図 5.3-1　保護めがねの分類

めがね形 　　　　　　　　遮光めがね

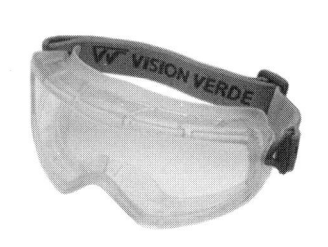

ゴグル形 　　　　　　　　防災面

図 5.3-2　保護めがねの例

5.3.3 保護めがねの選択と管理方法

保護めがねは，対象となる作業環境や条件に合わせたものを選ぶ必要がある（飛来してくる物体の特性に合わせた選択）．レンズは，通常，PC（ポリカーボネイト）をベースとした耐衝撃性の強いもので，使用環境によってはサイドのすきまからの飛来にも対応できるめがね（サイドシールド付きなど）を選択する．

視力矯正用のめがねを使用している場合には，めがねの上からかけられる保護めがねを選択することが重要である（矯正用めがねは，保護めがねではない）．

保護めがねの管理については，レンズに傷を付けないように丁寧に取り扱うことが必要である．万が一汚れが付着した場合には，水で洗い落としたうえで，柔らかい布などを使用して拭く必要がある．また，収納には専用のケースや袋を用いて保管する．

5.4 防音保護具

5.4.1 防音保護具とは

防音保護具とは，一定以上の騒音環境下で行う作業に対して，作業者の難聴を防ぐために遮音性の高い材料を使用した耳栓，耳覆いのことである．JISでは，JIS T 8161（防音保護具）がある．

耳栓は，軟質プラスチックなどの素材を一定の形に成型したものである．外耳道に直接挿入することにより遮音する構造のもので，JISには，遮音性の異なる1種と2種の規定がある．

耳覆いは，耳全体を覆うことにより遮音する構造のもので，ヘッドバンドタイプ（ヘッドバンドの弾性を利用してカップを耳の外周に押し当てる形状のもの），保護帽装着タイプ（スプリング部を保護帽に縁に金具などで取り付けるもの）がある（図 **5.4-1**）．

5.4 防音保護具

```
防音保護具 ─┬─ 耳栓 ──┬─ 一定の形に成型された耳栓
          │        └─ 筒状のものを丸めて使用する耳栓
          └─ 耳覆い ┬─ ヘッドバンドタイプの耳覆い
                   └─ 保護具装着タイプの耳覆い
```

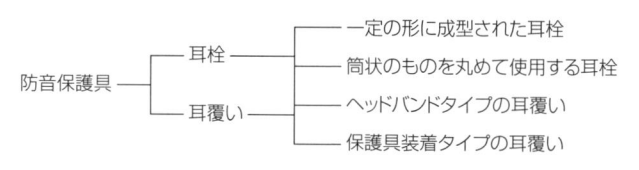

図 5.4-1 防音保護具の分類

5.4.2 防音保護具を使用する基準

屋内作業については,『作業環境測定基準』[1976 年（昭和 51 年）労働省告示第 46 号] に定められた方法により,等価騒音レベルを測定し,三つの管理区分に分類する（**表 5.4-1**）.屋外作業については,騒音レベルが最も大きくなる時間に等価騒音レベルを測定する.屋内作業では第Ⅲ管理区分の場合,屋外作業では 90 dB(A) 以上の場合に,防音保護具を必ず使用しなければならない.屋内作業での第Ⅱ管理区分と屋外作業での 85 dB(A) 以上 90 dB(A) 未満の場合には,必要に応じて防音保護具を使用することになる.

表 5.4-1 管理区分の決定方法

		B 測定		
		85 db(A)未満	85～90 db(A)未満	90 dB(A)以上
A 測定	85 db(A)未満	第Ⅰ管理区分	第Ⅱ管理区分	第Ⅲ管理区分
	85～90 db(A)未満	第Ⅱ管理区分	第Ⅱ管理区分	第Ⅲ管理区分
	90 dB(A)以上	第Ⅲ管理区分	第Ⅱ管理区分	第Ⅲ管理区分

5.4.3 防音保護具の保守管理

防音保護具は,外耳や耳の周囲に直接密着させることで十分な防音効果を得られることから,使用前に,外観のきず,汚れ,変形,材質の硬化や劣化がないことを確認しておくことが大切である.

使用後は,耳栓は清潔にしてケースに入れて保管する.なお,耳栓には使い捨て式のものもある.耳覆いは,カップが変形しないようにして保管箱に入れて保管する.

5.5 安全帯

5.5.1 安全帯とは

　安全帯とは，ベルト，ロープ／ストラップ，金具などから構成されるもので，高所からの墜落を阻止するための保護具である．『労働安全衛生規則』では，2m以上の高所作業については，事業者に墜落などの危険を防止するための処置を行うことが義務付けられており，また，作業者は事業者の指示に従う義務がある（『労働安全衛生規則』第520条，521条）．

　墜落防止の措置としては，安全な作業床や手すりの設置，墜落防護用ネットの採用などを優先的に検討することになるが，さらなる墜落による災害を防止するためには，安全帯の着用が重要となる．安全帯は，『労働安全衛生法』第42条において，定められた「"安全帯の規格"を満足しているものを使用しなくてはならない」と規定されている．

5.5.2 安全帯の種類と構造

　安全帯の種類は，安全帯のベルトの形式により，1種から3種までの3種類に分類されている．労働省産業安全研究所による旧安全帯構造指針の分類と現在の安全帯構造指針の分類，及び厚生労働省の『安全帯の規格』における分類を表5.5-1に示す．

5.5.3 安全帯の種類の選定

　安全帯の種類と各部の名称を図5.5-1，図5.5-2に示す．また，作業の種類ごとに安全帯の選択方法を次に示す．

5.5 安全帯

表 5.5-1 安全帯の種類と分類

作業による分類	旧構造指針	構造指針	安全帯の規格	参考図
1本つり専用	なし	2種安全帯（フルハーネス）	ハーネス型安全帯	図 5.5-1(c)
		3種安全帯 A	胴ベルト型安全帯 1本つり状態でのみ使用する構造のもの	図 5.5-2(d)
		3種安全帯 B		図 5.5-2(e)
	A種安全帯	1種安全帯		図 5.5-1(a)
	B種安全帯			
U字つり専用	C種安全帯		胴ベルト型安全帯 U字つり状態でのみ使用する構造のもの	
1本つり・U字つり兼用	D種安全帯		胴ベルト型安全帯 U字つり状態で使用することができるもの	図 5.5-1(b)
	E種安全帯			

安全帯各部の名称
① 胴ベルト
② 補助ベルト
③ 肩ベルト
④ 腿ベルト
⑤ ハーネス用副ベルト
⑧ 1本つり専用ランヤード
⑨ U字つり専用ランヤード
⑪ D環
⑫ 角環
⑬ バックル
⑭ フック
⑮ グリップ
⑯ 補助フック
⑰ 伸縮調節器
⑱ 8字環
⑲ 垂直親綱

(a) 1種安全帯（1本つり専用）の例

(b) 1種安全帯（1本つり・U字つり兼用）の例

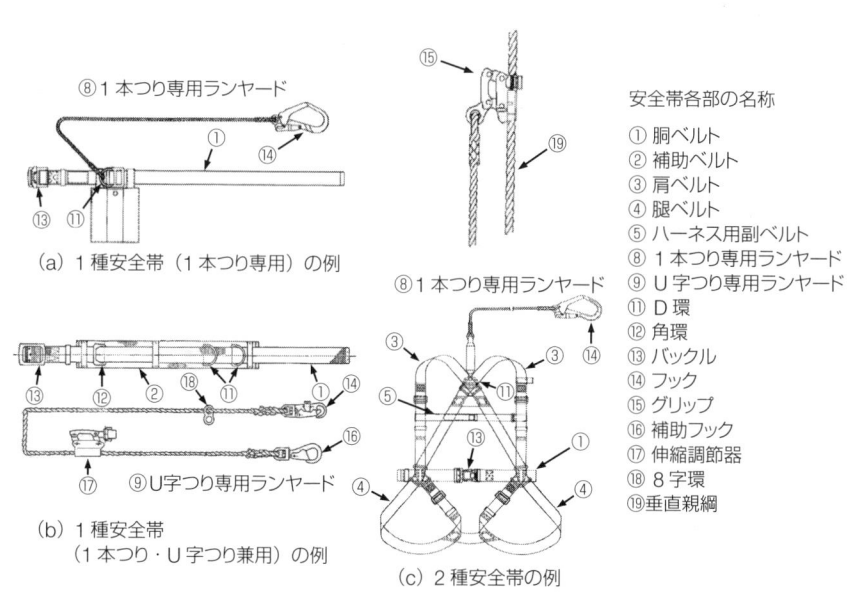

(c) 2種安全帯の例

図 5.5-1 安全帯の各部の名称 (1)

(d) 3種安全帯A

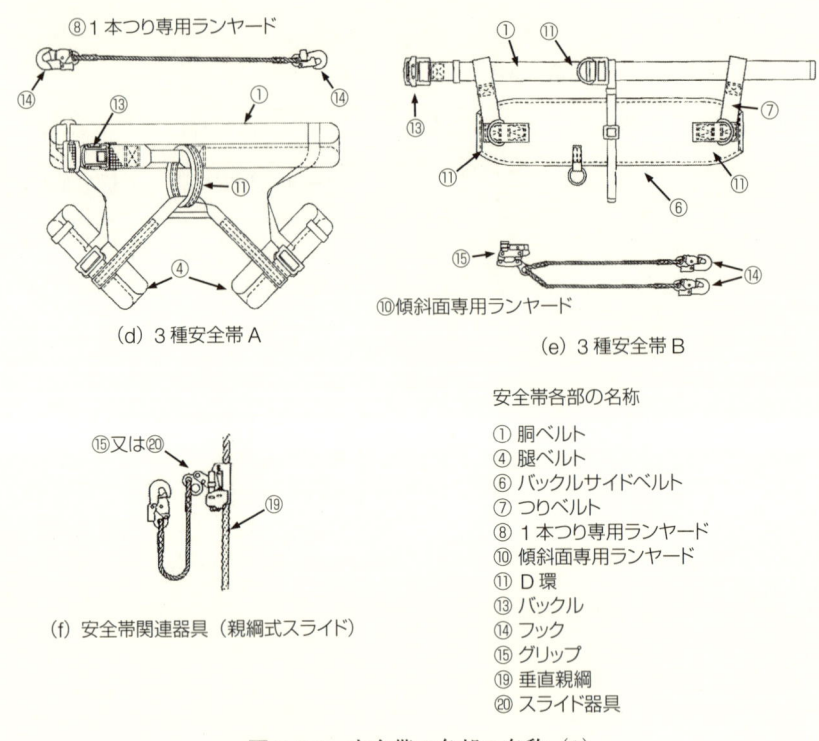

(e) 3種安全帯B

(f) 安全帯関連器具（親綱式スライド）

安全帯各部の名称
① 胴ベルト
④ 腿ベルト
⑥ バックルサイドベルト
⑦ つりベルト
⑧ 1本つり専用ランヤード
⑩ 傾斜面専用ランヤード
⑪ D環
⑬ バックル
⑭ フック
⑮ グリップ
⑲ 垂直親綱
⑳ スライド器具

図 5.5-2 安全帯の各部の名称（2）

① **1本つり作業**

　作業場所に足場となるものがあり，作業者が安全帯によって身体を保持しなくても安定した作業ができる場合には，万が一の墜落防止のために1本つり専用安全帯選択する．

② **U字つり作業**

　電柱上での作業など，U字つり状態にして体重をかけたまま身体を安定させないと作業ができない場合には，U字つり専用安全帯を使用する．また，U字つりのためにフックをD環に掛け外しする際などに誤って落下する可能性がある場合には，1本つり専用ランヤードを併用する．補助ベルトはなるべく幅広なものを選択することが望ましい．また，1本つりの状態で使用しない場

合には，U字つり専用安全帯を選択する．

③ 1本つり・U字つり両方の作業

1本つり又はU字つり状態で使用する場合には，1本つり・U字つり兼用安全帯を選択する．U字つり作業を行う際，フックをD環に掛け外しする際に誤って落下する可能性がある場合には，1本つり専用ランヤードを併用するか，常時接続型（補助フック付き）の使用を検討する．

④ 垂直面作業

窓ふき作業など，垂直面での作業については，1本つり専用安全帯のうち3種安全帯Aを選択する．

⑤ 傾斜面作業

法面(のりめん)作業など，傾斜面での作業については，一本つり専用安全帯のうち3種安全帯Bを選択する．

5.5.4 安全帯の使用上の注意事項

安全帯の装着について，1種安全帯は，できるだけ腰骨の近くで，墜落阻止時に足部の方に抜けないような位置で，しかも，極力，胸部へずれないように，確実に装着する．また，1種安全帯のうちU字つり専用安全帯は，伸縮調整器を角環に正しくかけて，外れ止め装置の動作を必ず確認する．

安全帯を取り付ける対象物は，ランヤードが外れたり，抜けたりする恐れがなく，墜落阻止時の衝撃に十分耐えられる堅固なものであることを条件に選択する．

保守・点検では，定期的な点検とともに，安全帯を使用する前に，安全帯に縫い糸の著しい摩耗，切断，きず，汚れ，変色がないことを確認し，金属類に変形，亀裂，摩耗がないことも確認しておくことが必要である．そして，もし著しい異常が確認される場合には，速やかに使用を止めて，新しい安全帯と交換する．

5.6 安 全 靴

5.6.1 安全靴とは

　建設業，製造業など様々な作業場における足の負傷事故のうち最も多いのは，足の甲や爪先に落下物が当たることによる災害である．このような災害を防止することを目的としたものが安全靴で，靴の爪先部に，鋼製又はプラスチック製の先芯が装着されており，靴底には耐滑性の高い意匠と材質を用いている．『労働安全衛生規則』では，第558条で「事業者は作業中の労働者に通路等の構造又は当該作業の状況に応じて，安全靴その他適当な履物を定め，当該履物を使用させなければならない」と明文化されており，労働者は，「同項の規定に定められた履物の使用を命じられたときは，当該履物を使用しなければならない」と定められている．

　足部保護用の靴には，次のものがある．

① **安全靴**：主として重量物運搬作業など，つま先部への落下物の危険のある作業
② **静電靴**：人体の静電気帯電が原因となる爆発・火災・電撃などの事故や災害が生じる危険のある作業
③ **絶縁ゴム底靴**：低圧回路に触れる恐れのある作業
④ **導電靴**：超高圧送電線や変電所など，静電誘導による人体耐電を起こす危険のある作業
⑤ **その他**："プロテクティブスニーカー"は，つま先部への落下物の危険のある作業に使用されるもので，JSAA規格（日本保安用品協会の制定規格）にて定める普通作業用（A種）はJIS T 8101（安全靴）のS種，軽作業用（B種）は同JISのL種に相当する．

5.6.2 安全靴の種類と形式

　安全靴は，JIS T 8101（安全靴）により，以下のように分類されている．

5.6 安全靴

① 甲被による種類

革製（甲被：革），総ゴム製（甲被：耐油性ゴム，非耐油ゴム）

② 作業区分による種類

重作業用（記号 H），普通作業用（記号 S），軽作業用（記号 L）

③ 付加的性能による種類

耐踏抜き性（記号 P），かかと部の衝撃エネルギー吸収性（記号 E），足甲プロテクタの耐衝撃性（記号 M），耐滑性（記号 F）

5.6.3 安全靴の構造と JIS マーク

図 5.6-1 に安全靴（1層底）の構造と主部位の名称を，図 5.6-2 に安全靴の中敷きと靴底の JIS マーク表示の例を示す．

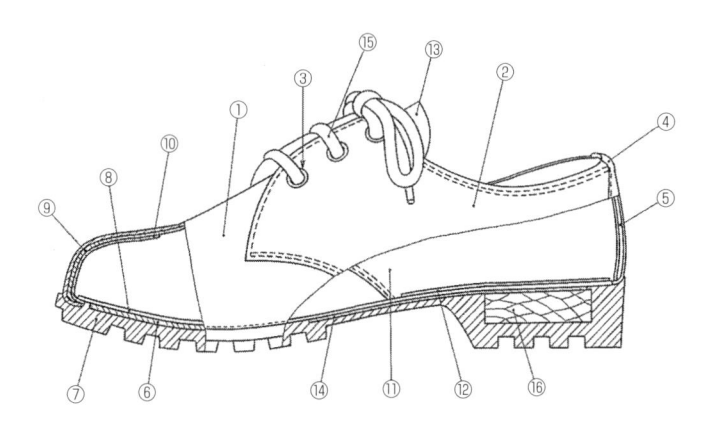

安全靴各部の名称

①甲被（甲革）
②甲被（腰革又は筒革）
③はとめ
④市革
⑤月形しん
⑥中物
⑦表底（かかとを含む）
⑧中底
⑨先しん
⑩先裏
⑪腰裏又は筒裏
⑫中敷又は半敷
⑬砂よけ（べろ）
⑭踏まずしん
⑮靴ひも
⑯かかとしん

図 5.6-1 安全靴（1層底）の構造と主部位の名称

出典）JIS T 8101:2006 参考付図 1

中敷きのJISマーク　　　　　　　靴底のJISマーク

図 5.6-2　安全靴のJISマーク表示の例

5.6.4　安全靴の選択と管理方法

　対象となる作業での危険性を把握して，安全靴の機能と形状を選択することが重要である．機能では，"爪先の保護性能"，"かかと部の衝撃緩和機能"，"転倒防止のための耐滑性能"などを考慮する．また，自分の足にあった靴を選ぶことが重要なため，立った状態で足を入れ，全体のフィット感をチェックすることや，歩いてみて足に強い圧迫感がないことを確認するとともに，"軽さ"や"はきやすさ"なども確かめておくことが重要である．

　さらに，JISにはJIS T 8101（安全靴）やJIS T 8103（静電気帯電防止靴）があり，これらのJISに合格したものを"安全靴"というが，規格を満たさないものも"安全靴"と呼ばれていることがあるので，注意が必要である．

　また使用時に安全靴及び甲プロテクタに大きな衝撃や圧迫を受けた場合には，直ちにその安全靴の使用を中止する．また，甲被が破れたものや，靴底の意匠が著しくすり減ったものは，使用してはいけない．そして，使用後は，直射日光を避けて風通しのよい場所で保管する．

第 5 章　主な関連規格

- JIS T 8101：2006（ISO 8782 シリーズと MOD）
  安全靴
- JIS T 8103：2010（―）
  静電気帯電防止靴
- JIS T 8131：2000（ISO 3873：1977 と MOD）
  産業用安全帽
- JIS T 8141：2003（ISO 4849：1981 ほかと MOD）
  遮光保護具
- JIS T 8142：2003（―）
  溶接用保護面
- JIS T 8143：1994（ISO 6161：1981 と NEQ）
  レーザ保護フィルタ及びレーザ保護めがね
- JIS T 8147：2003（ISO 4849：1981 ほかと MOD）
  保護めがね
- JIS T 8161：1983（―）
  防音保護具

第 5 章　引用・参考文献

1) 労務行政研究所 編（2010）：平成 22 年版 労働安全衛生関係法令集，労務行政
2) NIIS-TR-72-3：1972　産業安全研究所技術指針"安全帽試験基準"（労働省産業安全研究所）
3) NIIS-TR-No.35：1999　産業安全研究所技術指針"安全帯構造指針"（労働省産業安全研究所）
4) NIIS-TR-No.37：2004　産業安全研究所技術指針"安全帯使用指針"（労働省産業安全研究所）
5) NIIS-TR-90：1990　産業安全研究所技術指針"安全靴技術指針"（労働省産業安全研究所）
6) NIIS-TR-No.41：2006　産業安全研究所技術指針"安全靴・作業靴技術指針"（労働安全衛生総合研究所）

あとがき

　2005年11月に公布された労働安全衛生法の改正により，事業場の機械設備に対するリスクアセスメントと，それに基づくリスク低減措置が努力義務化されたが，これにより，事業場において，"作業安全"に取り組む前に，まず"設備安全"に取り組むことが求められることになった．さらに，この取組みを促進させる方策の一環として，2012年1月に労働安全衛生規則の一部を改正する省令が公布され，その規定に基づき同年3月に『機械譲渡者等が行う機械に関する危険性等の通知の促進に関する指針』（通称，残留リスク情報指針）が告示され，機械メーカ等，機械譲渡者から機械ユーザへの残留リスク情報の提供が努力義務化されている．

　このような諸施策を受けて，機械ユーザは，提供される残留リスク情報を基にいっそうしっかりしたリスク低減への取組みが行われるよう期待されている．
　弊会では，2011年2月に，事業場における機械設備のリスクアセスメントを行ううえで参考となるガイド本として，『機械・設備のリスクアセスメント—セーフティ・エンジニアがつなぐ，メーカとユーザのリスク情報』を編纂し，日本規格協会より出版いただいている．本書はこの姉妹編として，ユーザサイドで機械設備のリスク低減を行うにはどのような技術的方策があるのかを解説し，実際に取り組まれる方々の参考に供することを企図して計画されたものである．本書のタイトルの『機械・設備のリスク低減技術—セーフティ・エンジニアの基礎知識』は前書のタイトルに合わせたものであるが，よりわかりやすく狙いを表現すれば，"技術でつくり込む，現場サイドの機械設備安全"ということになる．

　本書は，機械設備安全にかかわる多くの方々に参考になるものと考えているが，中心となる対象者は生産技術部門の方々であろう．生産機械設備は通常，生産技術部門が，計画し，外力の活用を含めエンジニアリングを行い，機械設

備を稼働可能な状態にして製造部門に引き渡す役割を担っている．また生産設備は多くの場合複数の機械からなる機械システム（統合生産システム）の形態をとるので，この機械システムのリスクの低減にあたっては，構成要素の単体機械の残留リスク（調達先メーカより提供される残留リスク情報等）のみならず，組合せによって生ずる新たなリスクに対しても対応策を考えなければならない．最終的な設備ユーザたる製造部門への残留リスク情報の提供者が生産技術部門であることを考えれば，その果たす責務は大変重いといえる．その意味で，生産技術部門は安全に関する技術的知見を高めることが求められているといえよう．いずれにせよ，本書が多くの方々に読まれ，機械設備の安全性確保にいささかでもお役に立つことができれば，幸いである．

　本書の執筆にあたっては，監修をお願いした向殿政男先生をはじめ，弊会の機械安全の活動に関係する方々にご協力をいただいた．第1章と第2章，第4章の一部は，弊会の標準化推進部の川池襄部長と宮崎浩一次長が担当したが，その他については，平田機工株式会社の木下博文氏，独立行政法人労働安全衛生総合研究所の清水尚憲氏，住友重機械工業株式会社の石川篤氏，富士重工業株式会社の志賀敬氏及びオムロン株式会社の飯田龍也氏の諸氏にご担当いただいた．また，石川，志賀の両氏には貴重な写真のご提供もいただいている．この場をお借りして，改めて謝意を表したい．

　最後に，本書の出版をお引き受けいただいた一般財団法人日本規格協会の出版事業部関係者の方々，とりわけ今回も編集にご尽力いただいた森下美奈子氏には重ねて厚く御礼申し上げたい．

2013年7月吉日

　　　　　　　　　　　　　　　　　　　一般社団法人 日本機械工業連合会

　　　　　　　　　　　　　　　　　　　　　　常務理事　石坂　清

付　録

関連法規集

付録1

基発第 0731001 号
平成 19 年 7 月 31 日

機械の包括的な安全基準に関する指針
(本書での略称：機械の包括安全指針)

第1 趣旨等
1 趣旨
　機械による労働災害の一層の防止を図るには，機械を労働者に使用させる事業者において，その使用させる機械に関して，労働安全衛生法(昭和47年法律第57号．以下「法」という．)第28条の2第1項の規定に基づく危険性又は有害性等の調査及びその結果に基づく労働者の危険又は健康障害を防止するため必要な措置が適切かつ有効に実施されるようにする必要がある．
　また，法第3条第2項において，機械その他の設備を設計し，製造し，若しくは輸入する者は，機械が使用されることによる労働災害の発生の防止に資するよう努めなければならないとされているところであり，機械の設計・製造段階においても危険性又は有害性等の調査及びその結果に基づく措置(以下「調査等」という．)が実施されること並びに機械を使用する段階において調査等を適切に実施するため必要な情報が適切に提供されることが重要である．
　このため，機械の設計・製造段階及び使用段階において，機械の安全化を図るため，すべての機械に適用できる包括的な安全確保の方策に関する基準として本指針を定め，機械の製造等を行う者が実施に努めるべき事項を第2に，機械を労働者に使用させる事業者において法第28条の2の調査等が適切かつ有効に実施されるよう，「危険性又は有害性等の調査等に関する指針」(平成18年危険性又は有害性等の調査等に関する指針公示第1号．以下「調査等指針」という．)の1の「機械安全に関して厚生労働省労働基準局長の定める」詳細な指針を第3に示すものである．

2 適用
　本指針は，機械による危険性又は有害性(機械の危険源をいい，以下単に「危険性又は有害性」という．)
を対象とし，機械の設計，製造，改造等又は輸入(以下「製造等」という．)を行う者及び機械を労働者に使用させる事業者の実施事項を示す．

3 用語の定義
　本指針において，次の各号に掲げる用語の意義は，それぞれ当該各号に定めるところによる．
　　(1) 機械　　連結された構成品又は部品の組合せで，そのうちの少なくとも一つは機械的な作動機構，制御部及び動力部を備えて動くものであって，特に材料の加工，処理，移動，梱包等の特定の用途に合うように統合されたものをいう．
　　(2) 保護方策　　機械のリスク(危険性又は有害性によって生ずるおそれのある負傷又

は疾病の重篤度及び発生する可能性の度合をいう．以下同じ．）の低減（危険性又は有害性の除去を含む．以下同じ．）のための措置をいう．これには，本質的安全設計方策，安全防護，付加保護方策，使用上の情報の提供及び作業の実施体制の整備，作業手順の整備，労働者に対する教育訓練の実施等及び保護具の使用を含む．
- (3) 本質的安全設計方策　ガード又は保護装置（機械に取り付けることにより，単独で，又はガードと組み合わせて使用する光線式安全装置，両手操作制御装置等のリスクの低減のための装置をいう．）を使用しないで，機械の設計又は運転特性を変更することによる保護方策をいう．
- (4) 安全防護　ガード又は保護装置の使用による保護方策をいう．
- (5) 付加保護方策　労働災害に至る緊急事態からの回避等のために行う保護方策（本質的安全設計方策，安全防護及び使用上の情報以外のものに限る．）をいう．
- (6) 使用上の情報　安全で，かつ正しい機械の使用を確実にするために，製造等を行う者が，標識，警告表示の貼付，信号装置又は警報装置の設置，取扱説明書等の交付等により提供する指示事項等の情報をいう．
- (7) 残留リスク　保護方策を講じた後に残るリスクをいう．
- (8) 機械の意図する使用　使用上の情報により示される，製造等を行う者が予定している機械の使用をいい，設定，教示，工程の切替え，運転，そうじ，保守点検等を含むものであること．
- (9) 合理的に予見可能な誤使用　製造等を行う者が意図していない機械の使用であって，容易に予見できる人間の挙動から行われるものをいう．

第2　機械の製造等を行う者の実施事項
1　製造等を行う機械の調査等の実施
　機械の製造等を行う者は，製造等を行う機械に係る危険性又は有害性等の調査（以下単に「調査」という．）及びその結果に基づく措置として，次に掲げる事項を実施するものとする．
- (1) 機械の制限（使用上，空間上及び時間上の限度・範囲をいう．）に関する仕様の指定
- (2) 機械に労働者が関わる作業等における危険性又は有害性の同定（機械による危険性又は有害性として例示されている事項の中から同じものを見い出して定めることをいう．）
- (3) (2)により同定された危険性又は有害性ごとのリスクの見積り及び適切なリスクの低減が達成されているかどうかの検討
- (4) 保護方策の検討及び実施によるリスクの低減

　(1)から(4)までの実施に当たっては，同定されたすべての危険性又は有害性に対して，別図に示すように反復的に実施するものとする．

2　実施時期
　機械の製造等を行う者は，次の時期に調査等を行うものとする．
- ア　機械の設計，製造，改造等を行うとき
- イ　機械を輸入し譲渡又は貸与を行うとき
- ウ　製造等を行った機械による労働災害が発生したとき

エ　新たな安全衛生に係る知見の集積等があったとき
3　機械の制限に関する仕様の指定
　機械の製造等を行う者は，次に掲げる機械の制限に関する仕様の指定を行うものとする．
　　ア　機械の意図する使用，合理的に予見可能な誤使用，労働者の経験，能力等の使用上の制限
　　イ　機械の動作，設置，保守点検等に必要とする範囲等の空間上の制限
　　ウ　機械，その構成品及び部品の寿命等の時間上の制限
4　危険性又は有害性の同定
　機械の製造等を行う者は，次に掲げる機械に労働者が関わる作業等における危険性又は有害性を，別表第1に例示されている事項を参照する等して同定するものとする．
　　ア　機械の製造の作業（機械の輸入を行う場合を除く．）
　　イ　機械の意図する使用が行われる作業
　　ウ　運搬，設置，試運転等の機械の使用の開始に関する作業
　　エ　解体，廃棄等の機械の使用の停止に関する作業
　　オ　機械に故障，異常等が発生している状況における作業
　　カ　機械の合理的に予見可能な誤使用が行われる作業
　　キ　機械を使用する労働者以外の者（合理的に予見可能な者に限る．）が機械の危険性又は有害性に接近すること
5　リスクの見積り等
　（1）　機械の製造等を行う者は，4で同定されたそれぞれの危険性又は有害性ごとに，発生するおそれのある負傷又は疾病の重篤度及びそれらの発生の可能性の度合いをそれぞれ考慮して，リスクを見積もり，適切なリスクの低減が達成されているかどうか検討するものとする．
　（2）　リスクの見積りに当たっては，それぞれの危険性又は有害性により最も発生するおそれのある負傷又は疾病の重篤度によってリスクを見積もるものとするが，発生の可能性が低くても予見される最も重篤な負傷又は疾病も配慮するよう留意すること．
6　保護方策の検討及び実施
　（1）　機械の製造等を行う者は，3から5までの結果に基づき，法令に定められた事項がある場合はそれを必ず実施するとともに，適切なリスクの低減が達成されていないと判断した危険性又は有害性について，次に掲げる優先順位により，機械に係る保護方策を検討し実施するものとする．
　　ア　別表第2に定める方法その他適切な方法により本質的安全設計方策を行うこと．
　　イ　別表第3に定める方法その他適切な方法による安全防護及び別表第4に定める方法その他適切な方法による付加保護方策を行うこと．
　　ウ　別表第5に定める方法その他適切な方法により，機械を譲渡又は貸与される者に対し，使用上の情報を提供すること．
　（2）　（1）の検討に当たっては，本質的安全設計方策，安全防護又は付加保護方策を適切に適用すべきところを使用上の情報で代替してはならないものとする．
　　また，保護方策を行うときは，新たな危険性又は有害性の発生及びリスクの増加が生じないよう留意し，保護方策を行った結果これらが生じたときは，当該リスクの低減

を行うものとする．

7　記録
　機械の製造等を行う者は，実施した機械に係る調査等の結果について次の事項を記録し，保管するものとする．
　仕様や構成品の変更等によって実際の機械の条件又は状況と記録の内容との間に相異が生じた場合は，速やかに記録を更新すること．
　　ア　同定した危険性又は有害性
　　イ　見積もったリスク
　　ウ　実施した保護方策及び残留リスク

第3　機械を労働者に使用させる事業者の実施事項
1　実施内容
　機械を労働者に使用させる事業者は，調査等指針の3の実施内容により，機械に係る調査等を実施するものとする．
　この場合において，調査等指針の3（1）は，「機械に労働者が関わる作業等における危険性又は有害性の同定」と読み替えて実施するものとする．

2　実施体制等
　機械を労働者に使用させる事業者は，調査等指針の4の実施体制等により機械に係る調査等を実施するものとする．
　この場合において，調査等指針の4（1）オは「生産・保全部門の技術者，機械の製造等を行う者等機械に係る専門的な知識を有する者を参画させること．」と読み替えて実施するものとする．

3　実施時期
　機械を労働者に使用させる事業者は，調査等指針の5の実施時期の（1）のイからオまで及び（2）により機械に係る調査等を行うものとする．

4　対象の選定
　機械を労働者に使用させる事業者は，調査等指針の6により機械に係る調査等の実施対象を選定するものとする．

5　情報入手
　機械を労働者に使用させる事業者は，機械に係る調査等の実施に当たり，調査等指針の7により情報を入手し，活用するものとする．
　この場合において，調査等指針の7（1）イは「機械の製造等を行う者から提供される意図する使用，残留リスク等別表第5の1に掲げる使用上の情報」と読み替えて実施するものとする．

6　危険性又は有害性の同定
　機械を労働者に使用させる事業者は，使用上の情報を確認し，次に掲げる機械に労働者が関わる作業等における危険性又は有害性を，別表第1に例示されている事項を参照する等して同定するものとする．
　　ア　機械の意図する使用が行われる作業
　　イ　運搬，設置，試運転等の機械の使用の開始に関する作業

ウ　解体，廃棄等の機械の使用の停止に関する作業
　　エ　機械に故障，異常等が発生している状況における作業
　　オ　機械の合理的に予見可能な誤使用が行われる作業
　　カ　機械を使用する労働者以外の者（合理的に予見可能な場合に限る.）が機械の危険性又は有害性に接近すること

7　リスクの見積り等
　(1)　機械を労働者に使用させる事業者は，6で同定されたそれぞれの危険性又は有害性ごとに，調査等指針の9の (1) のアからウまでに掲げる方法等により，リスクを見積もり，適切なリスクの低減が達成されているかどうか及びリスクの低減の優先度を検討するものとする。
　(2)　機械を労働者に使用させる事業者は，(1) のリスクの見積りに当たり，それぞれの危険性又は有害性により最も発生するおそれのある負傷又は疾病の重篤度によってリスクを見積もるものとするが，発生の可能性が低くても，予見される最も重篤な負傷又は疾病も配慮するよう留意するものとする。

8　保護方策の検討及び実施
　(1)　機械を労働者に使用させる事業者は，使用上の情報及び7の結果に基づき，法令に定められた事項がある場合はそれを必ず実施するとともに，適切なリスクの低減が達成されていないと判断した危険性又は有害性について，次に掲げる優先順位により，機械に係る保護方策を検討し実施するものとする。
　　ア　別表第2に定める方法その他適切な方法による本質的安全設計方策のうち，機械への加工物の搬入・搬出又は加工の作業の自動化等可能なものを行うこと。
　　イ　別表第3に定める方法その他適切な方法による安全防護及び別表第4に定める方法その他適切な方法による付加保護方策を行うこと。
　　ウ　ア及びイの保護方策を実施した後の残留リスクを労働者に伝えるための作業手順の整備，労働者教育の実施等を行うこと。
　　エ　必要な場合には個人用保護具を使用させること。
　(2)　(1) の検討に当たっては，調査等指針の10の (2) 及び (3) に留意するものとする。また，保護方策を行う際は，新たな危険性又は有害性の発生及びリスクの増加が生じないよう留意し，保護方策を行った結果これらが生じたときは，当該リスクの低減を行うものとする。

9　記録
　機械を労働者に使用させる事業者は，機械に係る調査等の結果について，調査等指針の11の (2) から (4) まで並びに実施した保護方策及び残留リスクについて記録し，使用上の情報とともに保管するものとする。

10　注文時の条件
　機械を労働者に使用させる事業者は，別表第2から別表第5までに掲げる事項に配慮した機械を採用するものとし，必要に応じ，注文時の条件にこれら事項を含めるものとする。
　また，使用開始後に明らかになった当該機械の安全に関する知見等を製造等を行う者に伝達するものとする。

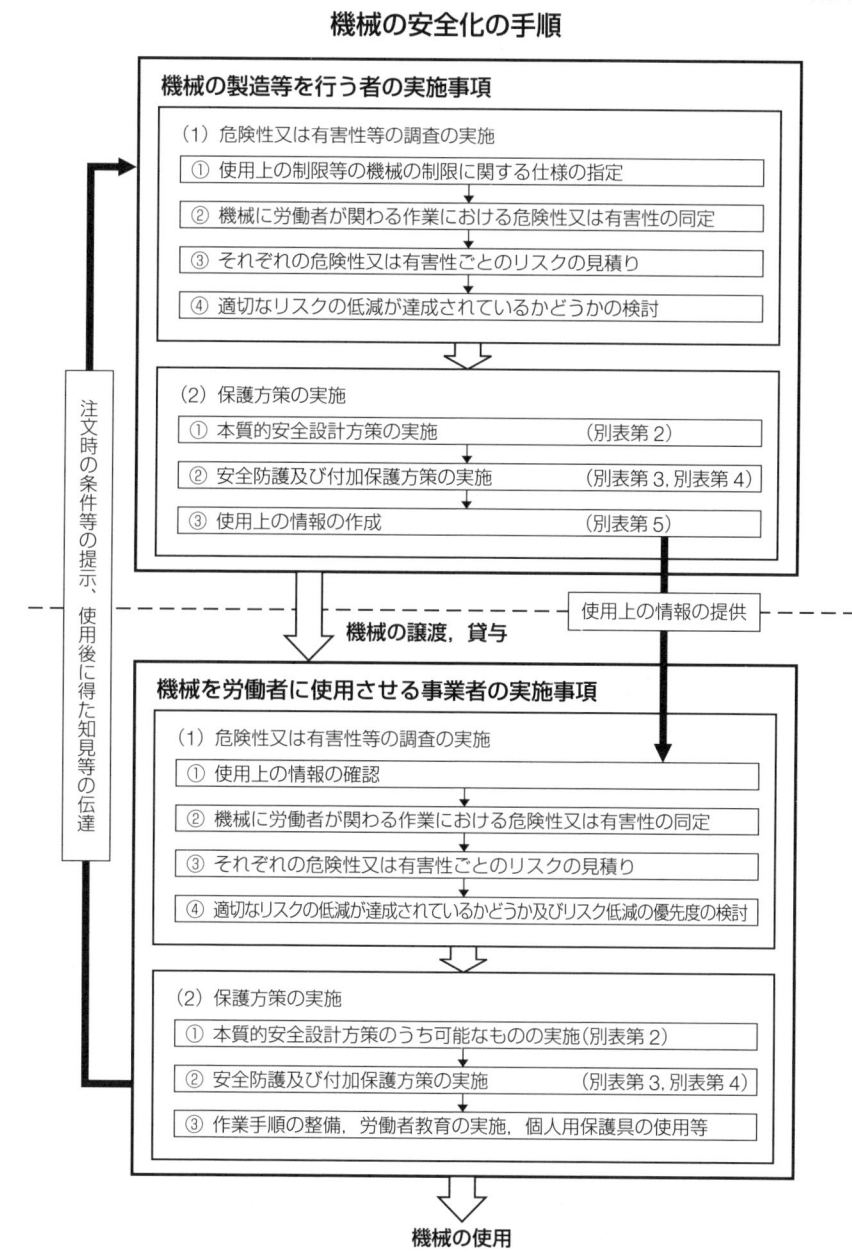

機械の安全化の手順

機械の製造等を行う者の実施事項

(1) 危険性又は有害性等の調査の実施
- ① 使用上の制限等の機械の制限に関する仕様の指定
- ② 機械に労働者が関わる作業における危険性又は有害性の同定
- ③ それぞれの危険性又は有害性ごとのリスクの見積り
- ④ 適切なリスクの低減が達成されているかどうかの検討

(2) 保護方策の実施
- ① 本質的安全設計方策の実施　　　　　（別表第2）
- ② 安全防護及び付加保護方策の実施　　（別表第3, 別表第4）
- ③ 使用上の情報の作成　　　　　　　　（別表第5）

↓ 機械の譲渡, 貸与　　　　使用上の情報の提供

機械を労働者に使用させる事業者の実施事項

(1) 危険性又は有害性等の調査の実施
- ① 使用上の情報の確認
- ② 機械に労働者が関わる作業における危険性又は有害性の同定
- ③ それぞれの危険性又は有害性ごとのリスクの見積り
- ④ 適切なリスクの低減が達成されているかどうか及びリスク低減の優先度の検討

(2) 保護方策の実施
- ① 本質的安全設計方策のうち可能なものの実施（別表第2）
- ② 安全防護及び付加保護方策の実施　　（別表第3, 別表第4）
- ③ 作業手順の整備, 労働者教育の実施, 個人用保護具の使用等

↓ 機械の使用

（左側フィードバック：注文時の条件等の提示、使用後に得た知見等の伝達）

別表第1　機械の危険性又は有害性
1　機械的な危険性又は有害性
2　電気的な危険性又は有害性
3　熱的な危険性又は有害性
4　騒音による危険性又は有害性
5　振動による危険性又は有害性
6　放射による危険性又は有害性
7　材料及び物質による危険性又は有害性
8　機械の設計時における人間工学原則の無視による危険性又は有害性
9　滑り，つまずき及び墜落の危険性又は有害性
10　危険性又は有害性の組合せ
11　機械が使用される環境に関連する危険性又は有害性

別表第2　本質的安全設計方策
1　労働者が触れるおそれのある箇所に鋭利な端部，角，突起物等がないようにすること．
2　労働者の身体の一部がはさまれることを防止するため，機械の形状，寸法等及び機械の駆動力等を次に定めるところによるものとすること．
　　(1)　はさまれるおそれのある部分については，身体の一部が進入できない程度に狭くするか，又ははさまれることがない程度に広くすること．
　　(2)　はさまれたときに，身体に被害が生じない程度に駆動力を小さくすること．
　　(3)　激突されたときに，身体に被害が生じない程度に運動エネルギーを小さくすること．
3　機械の運動部分が動作する領域に進入せず又は危険性又は有害性に接近せずに，当該領域の外又は危険性又は有害性から離れた位置で作業が行えるようにすること．例えば，機械への加工物の搬入（供給）・搬出（取出し）又は加工等の作業を自動化又は機械化すること．
4　機械の損壊等を防止するため，機械の強度等については，次に定めるところによること．
　　(1)　適切な強度計算等により，機械各部に生じる応力を制限すること．
　　(2)　安全弁等の過負荷防止機構により，機械各部に生じる応力を制限すること．
　　(3)　機械に生じる腐食，経年劣化，摩耗等を考慮して材料を選択すること．
5　機械の転倒等を防止するため，機械自体の運動エネルギー，外部からの力等を考慮し安定性を確保すること．
6　感電を防止するため，機械の電気設備には，直接接触及び間接接触に対する感電保護手段を採用すること．
7　騒音，振動，過度の熱の発生がない方法又はこれらを発生源で低減する方法を採用すること．
8　電離放射線，レーザー光線等（以下「放射線等」という．）の放射出力を機械が機能を果たす最低レベルに制限すること．
9　火災又は爆発のおそれのある物質は使用せず又は少量の使用にとどめること．また，

可燃性のガス，液体等による火災又は爆発のおそれのあるときは，機械の過熱を防止すること，爆発の可能性のある濃度となることを防止すること，防爆構造電気機械器具を使用すること等の措置を講じること．
10　有害性のない又は少ない物質を使用すること．
11　労働者の身体的負担の軽減，誤操作等の発生の抑止等を図るため，人間工学に基づく配慮を次に定めるところにより行うこと．
　（1）　労働者の身体の大きさ等に応じて機械を調整できるようにし，作業姿勢及び作業動作を労働者に大きな負担のないものとすること．
　（2）　機械の作動の周期及び作業の頻度については，労働者に大きな負担を与えないものとすること．
　（3）　通常の作業環境の照度では十分でないときは，照明設備を設けることにより作業に必要な照度を確保すること．
12　制御システムの不適切な設計等による危害を防止するため，制御システムについては次に定めるところによるものとすること．
　（1）　起動は，制御信号のエネルギーの低い状態から高い状態への移行によること．また，停止は，制御信号のエネルギーの高い状態から低い状態への移行によること．
　（2）　内部動力源の起動又は外部動力源からの動力供給の開始によって運転を開始しないこと．
　（3）　機械の動力源からの動力供給の中断又は保護装置の作動等によって停止したときは，当該機械は，運転可能な状態に復帰した後においても再起動の操作をしなければ運転を開始しないこと．
　（4）　プログラム可能な制御装置にあっては，故意又は過失によるプログラムの変更が容易にできないこと．
　（5）　電磁ノイズ等の電磁妨害による機械の誤動作の防止及び他の機械の誤動作を引き起こすおそれのある不要な電磁エネルギーの放射の防止のための措置が講じられていること．
13　安全上重要な機構や制御システムの故障等による危害を防止するため，当該機構や制御システムの部品及び構成品には信頼性の高いものを使用するとともに，当該機構や制御システムの設計において，非対称故障モードの構成品の使用，構成品の冗長化，自動監視の使用等の方策を考慮すること．
14　誤操作による危害を防止するため，操作装置等については，次に定める措置を講じること．
　（1）　操作部分等については，次に定めるものとすること．
　　ア　起動，停止，運転制御モードの選択等が容易にできること．
　　イ　明瞭に識別可能であり，誤認のおそれがある場合等必要に応じて適切な表示が付されていること．
　　ウ　操作の方向とそれによる機械の運動部分の動作の方向とが一致していること．
　　エ　操作の量及び操作の抵抗力が，操作により実行される動作の量に対応していること．
　　オ　危険性又は有害性となる機械の運動部分については，意図的な操作を行わない限

り操作できないこと．
- カ　操作部分を操作しているときのみ機械の運動部分が動作する機能を有する操作装置については，操作部分から手を放すこと等により操作をやめたときは，機械の運動部分が停止するとともに，当該操作部分が直ちに中立位置に戻ること．
- キ　キーボードで行う操作のように操作部分と動作との間に一対一の対応がない操作については，実行される動作がディスプレイ等に明確に表示され，必要に応じ，動作が実行される前に操作を解除できること．
- ク　保護手袋又は保護靴等の個人用保護具の使用が必要な場合又はその使用が予見可能な場合には，その使用による操作上の制約が考慮されていること．
- ケ　非常停止装置等の操作部分は，操作の際に予想される負荷に耐える強度を有すること．
- コ　操作が適正に行われるために必要な表示装置が操作位置から明確に視認できる位置に設けられていること．
- サ　迅速かつ確実で，安全に操作できる位置に配置されていること．
- シ　安全防護を行うべき領域（以下「安全防護領域」という．）内に設けることが必要な非常停止装置，教示ペンダント等の操作装置を除き，当該領域の外に設けられていること．

(2) 起動装置については，次に定めるところによるものとすること．
- ア　起動装置を意図的に操作したときに限り，機械の起動が可能であること．
- イ　複数の起動装置を有する機械で，複数の労働者が作業に従事したときにいずれかの起動装置の操作により他の労働者に危害が生ずるおそれのあるものについては，一つの起動装置の操作により起動する部分を限定すること等当該危害を防止するための措置が講じられていること．
- ウ　安全防護領域に労働者が進入していないことを視認できる位置に設けられていること．視認性が不足する場合には，死角を減らすよう機械の形状を工夫する又は鏡等の間接的に当該領域を視認する手段を設ける等の措置が講じられていること．

(3) 機械の運転制御モードについては，次に定めるところによるものとすること．
- ア　保護方策又は作業手順の異なる複数の運転制御モードで使用される機械については，個々の運転制御モードの位置で固定でき，キースイッチ，パスワード等によって意図しない切換えを防止できるモード切替え装置を備えていること．
- イ　設定，教示，工程の切替え，そうじ，保守点検等のために，ガードを取り外し，又は保護装置を解除して機械を運転するときに使用するモードには，次のすべての機能を備えていること．
  - （ア）選択したモード以外の運転モードが作動しないこと．
  - （イ）危険性又は有害性となる運動部分は，イネーブル装置，ホールド・ツゥ・ラン制御装置又は両手操作制御装置の操作を続けることによってのみ動作できること．
  - （ウ）動作を連続して行う必要がある場合，危険性又は有害性となる運動部分の動作は，低速度動作，低駆動力動作，寸動動作又は段階の操作による動作とされていること．

(4) 通常の停止のための装置については，次に定めるところによるものとすること．
　ア　停止命令は，運転命令より優先されること．
　イ　複数の機械を組み合せ，これらを連動して運転する機械にあっては，いずれかの機械を停止させたときに，運転を継続するとリスクの増加を生じるおそれのある他の機械も同時に停止する構造であること．
　ウ　各操作部分に機械の一部又は全部を停止させるためのスイッチが設けられていること．
15　保守点検作業における危害を防止するため次の措置を行うこと．
　(1)　機械の部品及び構成品のうち，安全上適切な周期での点検が必要なもの，作業内容に応じて交換しなければならないもの又は摩耗若しくは劣化しやすいものについては，安全かつ容易に保守点検作業が行えるようにすること．
　(2)　保守点検作業は，次に定める優先順位により行うことができるようにすること．
　　ア　ガードの取外し，保護装置の解除及び安全防護領域への進入をせずに行えるようにすること．
　　イ　ガードの取外し若しくは保護装置の解除又は安全防護領域への進入を行う必要があるときは，機械を停止させた状態で行えるようにすること．
　　ウ　機械を停止させた状態で行うことができないときは，14の(3)イに定める措置を講じること．

別表第3　安全防護の方法

1　安全防護は，安全防護領域について，固定式ガード，インターロック付き可動式ガード等のガード又は光線式安全装置，両手操作制御装置等の保護装置を設けることにより行うこと．
2　安全防護領域は次に定める領域を考慮して定めること．
　(1)　機械的な危険性又は有害性となる運動部分が動作する最大の領域（以下「最大動作領域」という．）
　(2)　機械的な危険性又は有害性について，労働者の身体の一部が最大動作領域に進入する場合には，進入する身体の部位に応じ，はさまれ等の危険が生じることを防止するために必要な空間を確保するための領域
　(3)　設置するガードの形状又は保護装置の種類に応じ，当該ガード又は保護装置が有効に機能するために必要な距離を確保するための領域
　(4)　その他，危険性又は有害性に暴露されるような機械周辺の領域
3　ガード又は保護装置の設置は，機械に労働者が関わる作業に応じ，次に定めるところにより行うこと．
　(1)　動力伝導部分に安全防護を行う場合は，固定式ガード又はインターロック付き可動式ガードを設けること．
　(2)　動力伝導部分以外の運動部分に安全防護を行う場合は，次に定めるところによること．
　　ア　機械の正常な運転において，安全防護領域に進入する必要がない場合は，当該安全防護領域の全周囲を固定式ガード，インターロック付き可動式ガード等のガード

又は光線式安全装置，圧力検知マット等の身体の一部の進入を検知して機械を停止させる保護装置で囲むこと．
　　イ　機械の正常な運転において，安全防護領域に進入する必要があり，かつ，危険性又は有害性となる運動部分の動作を停止させることにより安全防護を行う場合は，次に定めるところにより行うこと．
　　　（ア）安全防護領域の周囲のうち労働者の身体の一部が進入するために必要な開口部以外には，固定式ガード，インターロック付き可動式ガード等のガード又は光線式安全装置，圧力検知マット等の身体の一部の進入を検知して機械を停止させる保護装置を設けること．
　　　（イ）開口部には，インターロック付き可動式ガード，自己閉鎖式ガード等のガード又は光線式安全装置，両手操作制御装置等の保護装置を設けること．
　　　（ウ）開口部を通って労働者が安全防護領域に全身を進入させることが可能であるときは，当該安全防護領域内の労働者を検知する装置等を設けること．
　　ウ　機械の正常な運転において，安全防護領域に進入する必要があり，かつ，危険性又は有害性となる運動部分の動作を停止させることにより安全防護を行うことが作業遂行上適切でない場合は，調整式ガード（全体が調整できるか，又は調整可能な部分を組み込んだガードをいう．）等の当該運動部分の露出を最小限とする手段を設けること．
　（3）油，空気等の流体を使用する場合において，ホース内の高圧の流体の噴出等による危害が生ずるおそれのあるときは，ホースの損傷を受けるおそれのある部分にガードを設けること．
　（4）感電のおそれのあるときは，充電部分に囲い又は絶縁覆いを設けること．
　　囲いは，キー若しくは工具を用いなければ又は充電部分を断路しなければ開けることができないものとすること．
　（5）機械の高温又は低温の部分への接触による危害が生ずるおそれのあるときは，当該高温又は低温の部分にガードを設けること．
　（6）騒音又は振動による危害が生ずるおそれのあるときは，音響吸収性の遮蔽板，消音器，弾力性のあるシート等を使用すること等により発生する騒音又は振動を低減すること．
　（7）放射線等による危害が生ずるおそれのあるときは，放射線等が発生する部分を遮蔽すること，外部に漏洩する放射線等の量を低減すること等の措置を講じること．
　（8）有害物質及び粉じん（以下「有害物質等」という．）による危害が生ずるおそれのあるときは，有害物質等の発散源を密閉すること，発散する有害物質等を排気すること等当該有害物質等へのばく露低減化の措置を講じること．
　（9）機械から加工物等が落下又は放出されるおそれのあるときは，当該加工物等を封じ込め又は捕捉する措置を講じること．
4　ガードについては，次によること．
　（1）ガードは，次に定めるところによるものとすること．
　　ア　労働者が触れるおそれのある箇所に鋭利な端部，角，突起物等がないこと．
　　イ　十分な強度を有し，かつ，容易に腐食，劣化等しない材料を使用すること．

ウ　開閉の繰返し等に耐えられるようヒンジ部，スライド部等の可動部品及びそれらの取付部は，十分な強度を有し，緩み止め又は脱落防止措置が施されていること．
　　エ　溶接等により取り付けるか又は工具を使用しなければ取外しできないようボルト等で固定されていること．
　(2)　ガードに製品の通過等のための開口部を設ける場合は，次に定めるところによるものとすること．
　　ア　開口部は最小限の大きさとすること．
　　イ　開口部を通って労働者の身体の一部が最大動作領域に達するおそれがあるときは，トンネルガード等の構造物を設けることによって当該労働者の身体の一部が最大動作領域に達することを防止し，又は3(2)イ(イ)若しくは(ウ)に定めるところによること．
　(3)　可動式ガードについては，次に定めるところによるものとすること．
　　ア　可動式ガードが完全に閉じていないときは，危険性又は有害性となる運動部分を動作させることができないこと．
　　イ　可動式ガードを閉じたときに，危険性又は有害性となる運動部分が自動的に動作を開始しないこと．
　　ウ　ロック機構(危険性又は有害性となる運動部分の動作中はガードが開かないように固定する機構をいう．以下同じ．)のない可動式ガードは，当該可動ガードを開けたときに危険性又は有害性となる運動部分が直ちに動作を停止すること．
　　エ　ロック機構付きの可動式ガードは，危険性又は有害性となる運動部分が完全に動作を停止した後でなければガードを開けることができないこと．
　　オ　危険性又は有害性となる運動部分の動作を停止する操作が行われた後一定時間を経過しなければガードを開くことができない構造とした可動式ガードにおいては，当該一定時間が当該運動部分の動作が停止するまでに要する時間より長く設定されていること．
　　カ　ロック機構等を容易に無効とすることができないこと．
　(4)　調整式ガードは，特殊な工具等を使用することなく調整でき，かつ，特定の運転中は安全防護領域を覆うか又は当該安全防護領域を可能な限り囲うことができるものとすること．
5　保護装置については，次に定めるところによるものとすること．
　(1)　使用の条件に応じた十分な強度及び耐久性を有すること．
　(2)　信頼性が高いこと．
　(3)　容易に無効とすることができないこと．
　(4)　取外すことなしに，工具の交換，そうじ，給油及び調整等の作業が行えるよう設けられること．
6　機械に蓄積されたエネルギー，位置エネルギー，機械の故障若しくは誤動作又は誤操作等により機械の運動部分の動作を停止させた状態が維持できないとリスクの増加を生じるおそれのあるときは，当該運動部分の停止状態を確実に保持できる機械的拘束装置を備えること．
7　固定式ガードを除くガード及び保護装置の制御システムについては，次に定めるとこ

ろによるものとすること．
- (1) 別表第2の12及び13に定めるところによること．
- (2) 労働者の安全が確認されている場合に限り機械の運転が可能となるものであること．
- (3) 危険性又は有害性等の調査の結果に基づき，当該制御システムに要求されるリスクの低減の効果に応じて，適切な設計方策及び構成品が使用されていること．

別表第4　付加保護方策の方法

1. 非常停止の機能を付加すること．非常停止装置については，次に定めるところによるものとすること．
   - (1) 明瞭に視認でき，かつ，直ちに操作可能な位置に必要な個数設けられていること．
   - (2) 操作されたときに，機械のすべての運転モードで他の機能よりも優先して実行され，リスクの増加を生じることなく，かつ，可能な限り速やかに機械を停止できること．また，必要に応じ，保護装置等を始動するか又は始動を可能とすること．
   - (3) 解除されるまで停止命令を維持すること．
   - (4) 定められた解除操作が行われたときに限り，解除が可能であること．
   - (5) 解除されても，それにより直ちに再起動することがないこと．
2. 機械へのはさまれ・巻き込まれ等により拘束された労働者の脱出又は救助のための措置を可能とすること．
3. 機械の動力源を遮断するための措置及び機械に蓄積又は残留したエネルギーを除去するための措置を可能とすること．動力源の遮断については，次に定めるところによるものとすること．
   - (1) すべての動力源を遮断できること．
   - (2) 動力源の遮断装置は，明確に識別できること．
   - (3) 動力源の遮断装置の位置から作業を行う労働者が視認できないもの等必要な場合は，遮断装置は動力源を遮断した状態で施錠できること．
   - (4) 動力源の遮断後においても機械にエネルギーが蓄積又は残留するものにおいては，当該エネルギーを労働者に危害が生ずることなく除去できること．
4. 機械の運搬等における危害の防止のため，つり上げのためのフック等の附属用具を設けること等の措置を講じること．
5. 墜落，滑り，つまずき等の防止については，次によること．
   - (1) 高所での作業等墜落等のおそれのあるときは，作業床を設け，かつ，当該作業床の端に手すりを設けること．
   - (2) 移動時に転落等のおそれのあるときは，安全な通路及び階段を設けること．
   - (3) 作業床における滑り，つまずき等のおそれのあるときは，床面を滑りにくいもの等とすること．

別表第5　使用上の情報の内容及び提供方法

1. 使用上の情報の内容には，次に定める事項その他機械を安全に使用するために通知又は警告すべき事項を含めること．

(1) 製造等を行う者の名称及び住所
(2) 型式又は製造番号等の機械を特定するための情報
(3) 機械の仕様及び構造に関する情報
(4) 機械の使用等に関する情報
　ア　意図する使用の目的及び方法（機械の保守点検等に関する情報を含む.）
　イ　運搬，設置，試運転等の使用の開始に関する情報
　ウ　解体，廃棄等の使用の停止に関する情報
　エ　機械の故障，異常等に関する情報（修理等の後の再起動に関する情報を含む.）
　オ　合理的に予見可能な誤使用及び禁止する使用方法
(5) 安全防護及び付加保護方策に関する情報
　ア　目的（対象となる危険性又は有害性）
　イ　設置位置
　ウ　安全機能及びその構成
(6) 機械の残留リスク等に関する情報
　ア　製造等を行う者による保護方策で除去又は低減できなかったリスク
　イ　特定の用途又は特定の付属品の使用によって生じるおそれのあるリスク
　ウ　機械を使用する事業者が実施すべき安全防護，付加保護方策，労働者教育，個人用保護具の使用等の保護方策の内容
　エ　意図する使用において取り扱われ又は放出される化学物質の化学物質等安全データシート
2　使用上の情報の提供の方法は，次に定める方法その他適切な方法とすること.
　(1) 標識，警告表示等の貼付を，次に定めるところによるものとすること.
　　ア　危害が発生するおそれのある箇所の近傍の機械の内部，側面，上部等の適切な場所に貼り付けられていること.
　　イ　機械の寿命を通じて明瞭に判読可能であること.
　　ウ　容易にはく離しないこと.
　　エ　標識又は警告表示は，次に定めるところによるものとすること.
　　　(ア) 危害の種類及び内容が説明されていること.
　　　(イ) 禁止事項又は行うべき事項が指示されていること.
　　　(ウ) 明確かつ直ちに理解できるものであること.
　　　(エ) 再提供することが可能であること.
　(2) 警報装置を，次に定めるところによるものとすること.
　　ア　聴覚信号又は視覚信号による警報が必要に応じ使用されていること.
　　イ　機械の内部，側面，上部等の適切な場所に設置されていること.
　　ウ　機械の起動，速度超過等重要な警告を発するために使用する警報装置は，次に定めるところによるものとすること.
　　　(ア) 危険事象を予測して，危険事象が発生する前に発せられること.
　　　(イ) 曖昧でないこと.
　　　(ウ) 確実に感知又は認識でき，かつ，他のすべての信号と識別できること.
　　　(エ) 感覚の慣れが生じにくい警告とすること.

（オ）信号を発する箇所は，点検が容易なものとすること．
　(3)　取扱説明書等の文書の交付を，次に定めるところによるものとすること．
　　ア　機械本体の納入時又はそれ以前の適切な時期に提供されること．
　　イ　機械が廃棄されるときまで判読が可能な耐久性のあるものとすること．
　　ウ　可能な限り簡潔で，理解しやすい表現で記述されていること．
　　エ　再提供することが可能であること．

付録 2

平成 18 年 3 月 10 日官報公示

危険性又は有害性等の調査等に関する指針
(本書での略称：リスクアセスメント指針)

1 趣旨等

生産工程の多様化・複雑化が進展するとともに，新たな機械設備・化学物質が導入されていること等により，労働災害の原因が多様化し，その把握が困難になっている．

このような現状において，事業場の安全衛生水準の向上を図っていくため，労働安全衛生法（昭和 47 年法律第 57 号．以下「法」という．）第 28 条の 2 第 1 項において，労働安全衛生関係法令に規定される最低基準としての危害防止基準を遵守するだけでなく，事業者が自主的に個々の事業場の建設物，設備，原材料，ガス，蒸気，粉じん等による，又は作業行動その他業務に起因する危険性又は有害性等の調査（以下単に「調査」という．）を実施し，その結果に基づいて労働者の危険又は健康障害を防止するため必要な措置を講ずることが事業者の努力義務として規定されたところである．

本指針は，法第 28 条の 2 第 2 項の規定に基づき，当該措置が各事業場において適切かつ有効に実施されるよう，その基本的な考え方及び実施事項について定め，事業者による自主的な安全衛生活動への取組を促進することを目的とするものである．

また，本指針を踏まえ，特定の危険性又は有害性の種類等に関する詳細な指針が別途策定されるものとする．詳細な指針には，「化学物質等による労働者の危険又は健康障害を防止するため必要な措置に関する指針」，機械安全に関して厚生労働省労働基準局長の定めるものが含まれる．

なお，本指針は，「労働安全衛生マネジメントシステムに関する指針」（平成 11 年労働省告示第 53 号）に定める危険性又は有害性等の調査及び実施事項の特定の具体的実施事項としても位置付けられるものである．

2 適用

本指針は，建設物，設備，原材料，ガス，蒸気，粉じん等による，又は作業行動その他業務に起因する危険性又は有害性（以下単に「危険性又は有害性」という．）であって，労働者の就業に係る全てのものを対象とする．

3 実施内容

事業者は，調査及びその結果に基づく措置（以下「調査等」という．）として，次に掲げる事項を実施するものとする．

(1) 労働者の就業に係る危険性又は有害性の特定
(2) (1) により特定された危険性又は有害性によって生ずるおそれのある負傷又は疾病の重篤度及び発生する可能性の度合（以下「リスク」という．）の見積り
(3) (2) の見積りに基づくリスクを低減するための優先度の設定及びリスクを低減するための措置（以下「リスク低減措置」という．）内容の検討
(4) (3) の優先度に対応したリスク低減措置の実施

4 実施体制等
(1) 事業者は，次に掲げる体制で調査等を実施するものとする。
　ア　総括安全衛生管理者等，事業の実施を統括管理する者（事業場トップ）に調査等の実施を統括管理させること。
　イ　事業場の安全管理者，衛生管理者等に調査等の実施を管理させること。
　ウ　安全衛生委員会等（安全衛生委員会，安全委員会又は衛生委員会をいう。）の活用等を通じ，労働者を参画させること。
　エ　調査等の実施に当たっては，作業内容を詳しく把握している職長等に危険性又は有害性の特定，リスクの見積り，リスク低減措置の検討を行わせるように努めること。
　オ　機械設備等に係る調査等の実施に当たっては，当該機械設備等に専門的な知識を有する者を参画させるように努めること。
(2) 事業者は，(1)で定める者に対し，調査等を実施するために必要な教育を実施するものとする。

5 実施時期
(1) 事業者は，次のアからオまでに掲げる作業等の時期に調査等を行うものとする。
　ア　建設物を設置し，移転し，変更し，又は解体するとき。
　イ　設備を新規に採用し，又は変更するとき。
　ウ　原材料を新規に採用し，又は変更するとき。
　エ　作業方法又は作業手順を新規に採用し，又は変更するとき。
　オ　その他，次に掲げる場合等，事業場におけるリスクに変化が生じ，又は生ずるおそれのあるとき。
　　(ア) 労働災害が発生した場合であって，過去の調査等の内容に問題がある場合
　　(イ) 前回の調査等から一定の期間が経過し，機械設備等の経年による劣化，労働者の入れ替わり等に伴う労働者の安全衛生に係る知識経験の変化，新たな安全衛生に係る知見の集積等があった場合
(2) 事業者は，(1)のアからエまでに掲げる作業を開始する前に，リスク低減措置を実施することが必要であることに留意するものとする。
(3) 事業者は，(1)のアからエまでに係る計画を策定するときは，その計画を策定するときにおいても調査等を実施することが望ましい。

6 対象の選定
事業者は，次により調査等の実施対象を選定するものとする。
(1) 過去に労働災害が発生した作業，危険な事象が発生した作業等，労働者の就業に係る危険性又は有害性による負傷又は疾病の発生が合理的に予見可能であるものは，調査等の対象とすること。
(2) (1)のうち，平坦な通路における歩行等，明らかに軽微な負傷又は疾病しかもたらさないと予想されるものについては，調査等の対象から除外して差し支えないこと。

7 情報の入手
(1) 事業者は，調査等の実施に当たり，次に掲げる資料等を入手し，その情報を活用するものとする。入手に当たっては，現場の実態を踏まえ，定常的な作業に係る資料等のみならず，非定常作業に係る資料等も含めるものとする。

ア　作業標準，作業手順書等
　　イ　仕様書，化学物質等安全データシート（MSDS）等，使用する機械設備，材料等に係る危険性又は有害性に関する情報
　　ウ　機械設備等のレイアウト等，作業の周辺の環境に関する情報
　　エ　作業環境測定結果等
　　オ　混在作業による危険性等，複数の事業者が同一の場所で作業を実施する状況に関する情報
　　カ　災害事例，災害統計等
　　キ　その他，調査等の実施に当たり参考となる資料等
　(2)　事業者は，情報の入手に当たり，次に掲げる事項に留意するものとする．
　　ア　新たな機械設備等を外部から導入しようとする場合には，当該機械設備等のメーカーに対し，当該設備等の設計・製造段階において調査等を実施することを求め，その結果を入手すること．
　　イ　機械設備等の使用又は改造等を行おうとする場合に，自らが当該機械設備等の管理権原を有しないときは，管理権原を有する者等が実施した当該機械設備等に対する調査等の結果を入手すること．
　　ウ　複数の事業者が同一の場所で作業する場合には，混在作業による労働災害を防止するために元方事業者が実施した調査等の結果を入手すること．
　　エ　機械設備等が転倒するおそれがある場所等，危険な場所において，複数の事業者が作業を行う場合には，元方事業者が実施した当該危険な場所に関する調査等の結果を入手すること．

8　危険性又は有害性の特定
　(1)　事業者は，作業標準等に基づき，労働者の就業に係る危険性又は有害性を特定するために必要な単位で作業を洗い出した上で，各事業場における機械設備，作業等に応じてあらかじめ定めた危険性又は有害性の分類に則して，各作業における危険性又は有害性を特定するものとする．
　(2)　事業者は，(1)の危険性又は有害性の特定に当たり，労働者の疲労等の危険性又は有害性への付加的影響を考慮するものとする．

9　リスクの見積り
　(1)　事業者は，リスク低減の優先度を決定するため，次に掲げる方法等により，危険性又は有害性により発生するおそれのある負傷又は疾病の重篤度及びそれらの発生の可能性の度合をそれぞれ考慮して，リスクを見積もるものとする．ただし，化学物質等による疾病については，化学物質等の有害性の度合及びばく露の量をそれぞれ考慮して見積もることができる．
　　ア　負傷又は疾病の重篤度とそれらが発生する可能性の度合を相対的に尺度化し，それらを縦軸と横軸とし，あらかじめ重篤度及び可能性の度合に応じてリスクが割り付けられた表を使用してリスクを見積もる方法
　　イ　負傷又は疾病の発生する可能性とその重篤度を一定の尺度によりそれぞれ数値化し，それらを加算又は乗算等してリスクを見積もる方法
　　ウ　負傷又は疾病の重篤度及びそれらが発生する可能性等を段階的に分岐していくこと

によりリスクを見積もる方法
 (2) 事業者は，(1)の見積りに当たり，次に掲げる事項に留意するものとする．
  ア 予想される負傷又は疾病の対象者及び内容を明確に予測すること．
  イ 過去に実際に発生した負傷又は疾病の重篤度ではなく，最悪の状況を想定した最も重篤な負傷又は疾病の重篤度を見積もること．
  ウ 負傷又は疾病の重篤度は，負傷や疾病等の種類にかかわらず，共通の尺度を使うことが望ましいことから，基本的に，負傷又は疾病による休業日数等を尺度として使用すること．
  エ 有害性が立証されていない場合でも，一定の根拠がある場合は，その根拠に基づき，有害性が存在すると仮定して見積もるよう努めること．
 (3) 事業者は，(1)の見積りを，事業場の機械設備，作業等の特性に応じ，次に掲げる負傷又は疾病の類型ごとに行うものとする．
  ア はさまれ，墜落等の物理的な作用によるもの
  イ 爆発，火災等の化学物質の物理的効果によるもの
  ウ 中毒等の化学物質等の有害性によるもの
  エ 振動障害等の物理因子の有害性によるもの
    また，その際，次に掲げる事項を考慮すること．
  ア 安全装置の設置，立入禁止措置その他の労働災害防止のための機能又は方策（以下「安全機能等」という．）の信頼性及び維持能力
  イ 安全機能等を無効化する又は無視する可能性
  ウ 作業手順の逸脱，操作ミスその他の予見可能な意図的・非意図的な誤使用又は危険行動の可能性

10 リスク低減措置の検討及び実施
 (1) 事業者は，法令に定められた事項がある場合にはそれを必ず実施するとともに，次に掲げる優先順位でリスク低減措置内容を検討の上，実施するものとする．
  ア 危険な作業の廃止・変更等，設計や計画の段階から労働者の就業に係る危険性又は有害性を除去又は低減する措置
  イ インターロック，局所排気装置等の設置等の工学的対策
  ウ マニュアルの整備等の管理的対策
  エ 個人用保護具の使用
 (2) (1)の検討に当たっては，リスク低減に要する負担がリスク低減による労働災害防止効果と比較して大幅に大きく，両者に著しい不均衡が発生する場合であって，措置を講ずることを求めることが著しく合理性を欠くと考えられるときを除き，可能な限り高い優先順位のリスク低減措置を実施する必要があるものとする．
 (3) なお，死亡，後遺障害又は重篤な疾病をもたらすおそれのあるリスクに対して，適切なリスク低減措置の実施に時間を要する場合は，暫定的な措置を直ちに講ずるものとする．

11 記　録
 事業者は，次に掲げる事項を記録するものとする．
 (1) 洗い出した作業

(2) 特定した危険性又は有害性
(3) 見積もったリスク
(4) 設定したリスク低減措置の優先度
(5) 実施したリスク低減措置の内容

付録 3

平成 24 年厚生労働省告示第 132 号

機械譲渡者等が行う機械に関する危険性等の通知の促進に関する指針
(本書での略称：残留リスク情報指針)

(目的)

第一条 この指針は，機械譲渡者等（労働安全衛生規則（以下「則」という．）第二十四条の十三第一項に規定する機械譲渡者等をいう．以下同じ．）が行う機械に関する危険性等の通知に関し必要な事項を定めることにより，機械の譲渡又は貸与を受ける相手方事業者（同項に規定する相手方事業者をいう．以下同じ．）による労働安全衛生法（昭和四十七年法律第五十七号．以下「法」という．）第二十八条の二第一項の調査及び同項の措置の適切かつ有効な実施を図るために行う当該機械に関する危険性等の通知を促進し，もって機械による労働災害の防止に資することを目的とする．

(適用)

第二条 機械に関する危険性等の通知は，労働者に危険を及ぼし，又は労働者の健康障害をその使用により生ずるおそれのある機械で，事業場で使用されるものに関して行うこととする．ただし，当該機械のうち，主として一般消費者の生活の用に供するためのものについては，この限りでない．

2 則第二十四条の十三第一項第三号の機械に係る作業の範囲は，機械を稼働させるための準備作業，運転及び保守等とする．

(機械に関する危険性等の通知)

第三条 機械譲渡者等が自ら機械に関する危険性等の通知に係る次項の文書の作成を行う場合においては，次に掲げる事項について十分な知識を有する者に当該文書を作成させるものとする．

　一　機械に関する危険性等の調査の手法
　二　前号の調査の結果に基づく機械による労働災害を防止するための措置の方法
　三　機械に適用される法令等

2 機械譲渡者等が行う機械に関する危険性等の通知は，則第二十四条の十三第一項各号に掲げる事項について，次に掲げる方法により当該事項を記載した文書を相手方事業者に交付することにより行うものとする．

　一　残留リスクマップ（当該機械の絵又は図を用いて則第二十四条の十三第一項第一号の事項のほか，同項第二号から第五号までの事項の全部又は一部を簡潔に記載し，当該機械に関する危険性等の情報の全体像を示したものをいう．）
　二　残留リスク一覧（則第二十四条の十三第一項第一号から第五号までの事項を第二条第二項の作業ごとに詳細に記載したものをいう．）

3 前項第一号に掲げる残留リスクマップに則第二十四条の十三第一項各号の事項の全てを

詳細に記載した場合には，前項第二号に掲げる残留リスク一覧の方法による当該事項の記載を省略できる．
4　機械に関する危険性等の通知は，機械を譲渡し，又は貸与する時以前に行うものとする．
5　機械譲渡者等は，相手方事業者への機械に関する危険性等の通知に当たって次に掲げる事項に配慮するものとする．
　一　機械を譲渡し，又は貸与する時以前に，当該機械に関する危険性等の通知の内容について，相手方事業者に説明すること．
　二　当該機械に関する危険性等の通知に係る相手方事業者の名称，当該通知を行った日等の記録を作成し，これを保存すること．
第四条　機械譲渡者等から機械を譲渡又は貸与された相手方事業者であって，当該機械を別の相手方事業者に譲渡又は貸与しようとするものについては，前条第二項の規定にかかわらず，当該機械について交付された文書を，当該別の相手方事業者に交付することをもって同項の通知をしたこととみなす．

（細目）
第五条　この指針に定める事項に関し必要な細目は，厚生労働省労働基準局長が定める．

付録4

基発 0329 第 8 号
平成 24 年 3 月 29 日

都道府県労働局長　殿

厚生労働省労働基準局長機械譲渡者等が行う機械に関する危険性等の通知の促進に関する指針の適用について

(本書での略称："残留リスク情報指針"の適用について)

　労働安全衛生規則の一部を改正する省令(平成24年厚生労働省令第9号．以下「一部改正省令」という．)は平成24年1月27日に公布され，同年4月1日から施行されるとともに，一部改正省令による改正後の労働安全衛生規則(昭和47年労働省令第32号．以下「則」という．)の規定に基づき「機械譲渡者等が行う機械に関する危険性等の通知の促進に関する指針」(平成24年厚生労働省告示第132号．以下「指針」という．)が平成24年3月16日に告示され，同年4月1日から適用される．本指針の趣旨及び細部事項は，下記のとおりであるので，関係者に指針の普及を図るとともにその運用に遺憾のないようにされたい．
　また，関係事業者団体に対しても別紙により，一部改正省令及び指針の周知・普及を図るよう協力を要請したので了知されたい．

記

第1　指針の趣旨
　機械による労働災害を防止するため，機械を使用する事業者は，労働安全衛生法(昭和47年法律第57条)第28条の2第1項の規定による機械に係る危険性等の調査を実施し，調査の結果に基づく適切な保護方策(以下「調査等」という．)を実施する必要がある．
　本指針は，調査等の適切かつ有効な実施を図るため，機械譲渡者等が行う機械の譲渡又は貸与を受ける相手方事業者への機械の危険性等の通知を促進するために必要な通知の方法及び留意事項を示したものであること．

第2　細部事項
1　第2条関係
　(1)　本指針における「機械」は，平成19年7月31日付け基発第0731001号「機械の包括的な安全基準に関する指針」(以下「機械包括安全指針」という．)の第1の3の(1)の「機械」の定義によること．また，「一般消費者の生活の用に供するもの」には，例えば，事業場で使用される家庭用電気機械器具があること．
　(2)　第2項の本指針の対象とする作業の範囲は，譲渡又は貸与された機械を使用する事業者が行う全ての作業をいい，当該機械の製造者が実施する作業は対象としないこと．また，「保守等」の「等」には，機械を使用する事業者が機械の設置，解体の作業を行う場合は，これが含まれること．

"残留リスク情報指針"の適用について 261

2 第3条関係
   (1) 第1項第1号及び第2号に関する知識は,機械包括安全指針の第2に示される「機械の製造等を行う者の実施事項」に関する知識が該当すること.
   (2) 第1項により,機械譲渡者等が自ら機械に関する危険性等の通知の作成を行うに当たっては,当該機械の設計,製造及び取扱説明書を作成する部署等が連携し,通知の作成のための組織的な体制を構築すること.
   (3) 第2項第1号の残留リスクマップについては,次の事項に留意するとともに別添1の様式例を参考とすること.
      ［1］ 機械の全体図が示されていること.
      ［2］ 機械に関する危険性等の通知の作成を行う者が想定した全ての残留リスクの情報が［1］の全体図に記載されていること.
      ［3］ 残留リスク一覧に記載する各情報と関連付ける記号又は番号が［1］の全体図に記載されていること.
      ［4］ 機械上の箇所が特定されない残留リスクについては,全体図近傍に別枠を設けて記載すること.
      ［5］ 機械を使用する事業者が保護方策を講じない場合に発生しうるリスク（危険性又は有害性によって生ずるおそれのある負傷又は疾病の重篤度及び発生する可能性の度合）の概要（危険,警告,注意等の分類）については,本文書のみで容易に認識できるようにすることが望ましいこと.この場合,分類の定義について冒頭等に記載すること.
   (4) 第2項第2号の残留リスク一覧については,次の事項に留意するとともに別添2の様式例を参考とすること.
      ［1］ 機械に関する危険性等の通知の作成を行う者が想定した全ての残留リスクの情報と機械を使用する事業者が実施すべき全ての保護方策の情報が記載されていること.
      ［2］ 次の事項が一覧性のある表等にまとめられていること.なお,次の項目の順番は任意であるが,機械を使用する事業者が理解しやすいよう配慮すること.
         ア 残留リスクマップに記載された機械の全体図の中で,保護方策が必要となる箇所を特定する記号又は番号
         イ 保護方策が必要となる機械の運用段階及び作業内容
         ウ 機械を使用する事業者が保護方策を実施しない場合のリスク及び危害（負傷又は疾病）の内容
         エ 作業に必要な資格・教育（必要な場合に限る.）
         オ 機械を使用する事業者が実施すべき保護方策
         カ 取扱説明書の参照部分
   (5) 第3項について,残留リスクマップの中に残留リスク一覧の内容を記載する場合は,別添3の様式例を参考とすること.この場合,残留リスク一覧を別途通知する必要はないこと.
   (6) 残留リスクマップ及び残留リスク一覧は,原則として取扱説明書の冒頭等,機械を使用する事業者の認識しやすい箇所に記載すること.また,機械を使用する事業者が

活用しやすいようにする方法として，取扱説明書内に記載するほか，当該取扱説明書とは別に文書や電子データにより提供すること等があること．
　(7) 第4項の機械に関する危険性等の通知の時期については，機械を使用する事業者が，労働安全衛生法第28条の2第1項の規定による機械に係る危険性等の調査を実施するのに支障のないように，十分前もって行うことが望ましいこと．
　(8) 第5項第1号について，機械譲渡者等は，通知の内容について，機械を使用する事業場における安全衛生管理に関する責任部署に直接説明することが望ましいこと．
　(9) 第5項第2号の記録の保存について，その保存期間は機械の耐用年数等を考慮の上，決定すること．
3　第4条関係
　本条において第3条第2項の通知をしたこととみなされる相手方事業者は，譲渡又は貸与された機械の改造を行わず，又は当該機械が通知内容と異なる改造がなされていない場合に当該機械を別の相手方事業者に譲渡又は貸与する者が該当すること．なお，譲渡又は貸与された機械に改造を行った後，又は当該機械が通知の内容と異なる改造がなされている場合に当該機械を別の相手方事業者に譲渡又は貸与するときには，第3条第1項の機械譲渡者等が自ら機械に関する危険性等の通知の作成を行う者になるものであること．

第3　その他の配慮すべき事項
1　追加的な情報の提供について
　機械を使用する事業者が労働安全衛生法第28条の2第1項の規定による危険性等の調査を実施するために必要な場合は，機械の製造者等は，則第24条の13第1項に掲げる事項以外の事項であっても，機械を使用する事業者との協議により追加的な情報を提供することが望ましいため，機械の製造者に対して，次の事項に配慮しつつ追加的な情報提供を行うよう促すこと．
　(1) 機械の設計・製造段階において，本質的安全設計方策が施された危険源の情報については，機械を使用する事業者等が改造を行う際の危険性等の調査等に必要な場合があることから，その要求により追加的な情報として提供することが適当であること．また，機械の製造者等が残留リスクと判断した根拠についても，機械を使用する事業者等がその判断の適否を確認する必要があれば，同様の要求により追加的な情報として提供することが適当であること．
　(2) 機械を使用する事業者にとって必要な情報が，機械の製造者等の企業秘密に係る情報である場合や機械の製造者等での負担が過大となる場合には，適切な代償や守秘義務を講じる等，当事者間の契約等に基づき提供することが適当であること．
2　機械の使用者から当該機械の製造者に対する機械災害情報の提供の促進について
　機械を使用する事業場において発生した機械による災害の情報は，当該機械の製造者による機械の改善に役立つものであるため，機械の製造者においては，機械を使用する事業者に対して，機械の災害情報の提供を求めるよう促すこと．
　また，機械を使用する事業者から機械の製造者に対する機械災害情報の積極的な提供が，機械の製造者による機械の改善に不可欠なものであるため，労働基準監督署において機械災害の再発防止の指導を行う際等には，必要に応じ当該機械を使用する事業者に対し，当

該機械の製造者に対する災害情報の提供を行うよう促すこと．
　なお，厚生労働省においては，平成 24 年度に，機械を使用する事業者から機械の製造者への機械災害情報のフィードバック促進のための仕組みの構築を目的とした委託事業を実施することとしているので，申し添える．

別添 1　（省略）　　…**本書第 1 章の図 1.3-3** 参照．
別添 2　（省略）　　…**本書第 1 章の図 1.3-4** 参照．
別添 3　（省略）　　…**本書第 1 章の図 1.3-5** 参照．

索　引

数字

3ステップメソッド　47, 58, 76
3ポジション　192

A - Z

ALARP　56
CCF　74
DC　73
D-SIMS　104
ILO　33
IMS　75, 78
　──仕様　82
I-SIMS　104
ISO 11161　75, 78
ISO 12100　46
JMF　37
　──ガイドライン　37
KYT　29
MB　147
MTTFd　73
OHSMS　136
Op-SIMS　104
PL　72, 73
PLr　72, 73
PM-SIMS　104
SRP/CS　73
ZMS　63

あ行

安全基準　140
安全距離　159, 184
安全靴　230
安全スイッチ　150
安全帯　226
安全立会い　139
安全プラグ　150
安全ブロック　199
安全防護　48
　──及び付加保護方策　58
　──策　88, 168
安全保護具　218
イネーブリングスイッチ　192
イネーブル装置　176
命のカード　144
違反　108
インタロック　156
　──機能　160
　──付きガード　164
　──付き可動式ガード　129
インテグレータ　78, 80
衛生保護具　218
エラー　108
押しボタン式非常停止スイッチ　191

か行

ガード　156
回避の可能性　74
囲い（包囲）ガード　157
カテゴリ　73
可動式ガード　160
管理・制御の階層　35
キー（タング）式ドアスイッチ　178
機械アクチュエータ　209
機械安全専門家　37
機械譲渡者　26

機械使用における安全と健康についての実
　施要項　33
機械的拘束装置　198
機械の包括安全指針　25
機械の防護に関する条約　21, 33
機械類の制限　50
危険源　48, 98
　──の除去　60
　──の同定　52
　──分析
危険点近接作業　110
基収　23
技術者倫理　41
基発　23
共通原因故障　74
局部距離ガード　159
許容可能なリスク　55
距離ガード　157
空間的隔離　156
空間分離　107
駆動装置　209
検知保護装置　170
検定　24
　──合格標章　219
公示　23
光軸　182
構造規格　24
告示　23
固定式ガード　160

さ行

サイレン　204
作業モード　174
残留リスク一覧　29
残留リスク情報　26
　──指針　26
残留リスクマップ　29
支援的保護装置　107
　──の適用の検討手順　111
時間的隔離　156
時間分離　107

自己閉鎖式ガード　162
指差呼称　29
自主検査　24
システム制限の仕様　82
使用上の情報　58, 89, 106
冗長化　67
省令　23
診断範囲　73
侵入検知装置　182
スリップ　109
制御式ガード　165
制御システムの安全関連部　73
制御範囲　78
制御モード　174
成形システム　125
制限装置　176, 200
静電靴　230
性能基準　141
政令　23
セーフティ・PLC　205
セーフティ・エンジニア　82
セーフティ・コントローラ　206
セーフティ・システムインテグレータ
　75, 82
セーフティ・ネットワーク　206
セーフティビジョンシステム　188
セーフティマット　187
セーフティライトカーテン　182, 189, 203
セーフティレーザスキャナ　185
セーフティ・ロジック・リレー　206
施錠式インタロック付きガード　164
施錠式ドアスイッチ　180
絶縁ゴム底靴　230
設計の妥当性確認　91
ゼロメカニカルステート　63
存在検知装置　175, 184

た行

タイプA規格　46
タイプB規格　46

タイプ C 規格　46
タグ　197
タグアウト　144, 172, 197
タスクゾーン　78, 85
タスク分析　93
タスクベースドアプローチ　91
立入りカード　144
タンデムライン　142
調整式ガード　163
墜落時保護用保護帽　220
通達　23
通知　23
停止カテゴリ　171
停止性能モニタ　170
適切なリスク低減　48
適切に管理されたリスク　36
テレコン　198
電気的駆動装置　209
統合生産システム　75, 78
　──構築フロー　92
導電靴　230
動力作動ガード　162
動力制御要素　209
トラップドキー　194
　──システム　195
トランスファーライン　142
トリップ装置　175

な行

日本機械工業連合会　37
入退出管理　171
人間-機械間インタフェース　70
人間工学　51, 69

は行

ハインリッヒの法則　18
ハスプ　196
発基　23
パドロック　196
パフォーマンスレベル　72, 73
ハンドリングロボット　143

非常停止装置　176, 190
非接触式ドアスイッチ　179
ヒューマンエラー　108
表示灯　203
飛来・落下物用保護帽　220
ヒンジ式ドアスイッチ　178
ピント　57
不安全な行動　18
不安全な状態　17
フールプルーフ　18, 65, 207
フェールセーフ　62, 207
フォールトアボイダンス　67
フォールトトレランス　67, 207
付加保護方策　48
部分距離ガード　159
プラグスイッチ　194
プラスチック射出成形機　122
分離手段　209
平均危険側故障時間　73
防音保護具　224
法律　22
ホールド・トゥ・ラン　198
保護具　218
保護装置　108, 168
保護帽　219
保護方策　47, 48, 49, 58
保護めがね　222
本質的安全設計方策　48, 58, 88

ま行

ミステイク　108
ミューティング機能　169
ムービングボルスター　147
無効化　181
メーカ立会い　139
モード切替え装置　174

や行

要求パフォーマンスレベル　73

ら行

落成検査　24
ラプス　109
リスク　48
　——アセスメント　47, 48, 49
　——グラフ　54
　——指針　25
　——低減戦略　47
　——低減方策　49
　——評価　48, 55
　——分析　48
　——マトリクス　55
　——見積もり　48, 53
両手操作スイッチ　193
レイアウト　83
レーザスキャナ　150
労働安全衛生規則　23
労働安全衛生施行令　23
労働安全衛生法　22
労働安全衛生マネジメントシステム　36
労働基準法　22
ロープ式非常停止スイッチ　191
ローベンス報告書　21
ロックアウト　172, 195

執筆者紹介

向殿　政男（むかいどの　まさお）【監修，まえがき】

明治大学名誉教授，工学博士
明治大学大学院工学研究科電気工学専攻博士課程修了，明治大学工学部教授，同理工学部教授，情報科学センター所長，理工学部長等を経て現職．
経済産業省製品安全部会長，国土交通省昇降機等事故調査部会長，消費者庁参与を歴任．
主な著書に『よくわかるリスクアセスメント』（中災防），『安全学入門—安全の確立から安心へ』（共著，研成社）

飯田　龍也（いいだ　たつや）【第4章】

オムロン株式会社 インダストリアルオートメーションビジネスカンパニー
沼津工業高等専門学校卒業，オムロン欧州現地法人を経て現職．
NECA 制御安全委員会委員，IEC/TC44 各規格ワーキング委員，ISO/TC199 部会 統合生産システム WG 委員などを歴任．
セーフティリードアセッサ

石川　篤（いしかわ　あつし）【第3章】

住友重機械工業株式会社 プラスチック機械事業部 成形システム部 部長
宇都宮大学工学部電気工学科卒業，現職にてプラスチック射出成形機の設計業務に従事．
日本機械工業連合会 ISO/TC199 部会委員，ISO/TC199/WG7 主査を歴任．

川池　襄（かわいけ　のぼる）【第1，4章】

一般社団法人日本機械工業連合会 標準化推進部 部長
大阪工業大学工学部電子工学科卒業，オムロン株式会社を経て現職．
日本機械工業連合会各種委員・主査を歴任．大阪市立大学 非常勤講師（生産管理）
主な著書に『機械・設備のリスクアセスメント』（共著，日本規格協会）
労働安全コンサルタント（厚生労働省登録電気第333号）

木下　博文（きのした　ひろふみ）【第2章】
　　平田機工株式会社　開発本部　課長
　　1985年　平田機工に入社．入社以来，生産設備の制御設計に従事．
　　日本機械工業連合会各種委員・主査を歴任．
　　主な著書に「統合生産システム（IMS）における安全設計手法の提案—Vモデルに沿った規格要求事項の明確化」（共著，『労働安全衛生研究』誌，労働安全衛生総合研究所）

志賀　敬（しが　たかし）【第3章】
　　富士重工業株式会社　人事部　安全衛生課　担当
　　東海大学第二工学部機械工学科卒業，富士重工業株式会社に入社，現在に至る．
　　日本機械工業連合会「機械安全のためのセーフティインティグレーターの機能及び育成に関する検討部会」委員，同「統合生産システムWG（RFID等）」検討メンバーなどを歴任．
　　主な著書に『現場発ものづくり革新—安全は競争力』（寄稿，日本機械工業連合会）

清水　尚憲（しみず　しょうけん）【第2, 5章】
　　独立行政法人　労働安全衛生総合研究所　機械システム安全研究グループ　上席研究員
　　千葉工業大学工学部精密機械工学科卒業後，労働省産業安全研究所（現・独立行政法人労働安全衛生総合研究所）に入所，現在に至る．
　　日本機械工業連合会，中央労働災害防止協会，日本保安用品協会の各種委員・主査を歴任．
　　主な著書に『管理・監督者のための安全管理技術基礎編，実践編』（共著，日科技連出版社）
　　労働安全コンサルタント（厚生労働省登録機械，第539号）

宮崎　浩一（みやざき　ひろかず）【第2章】
　　一般社団法人日本機械工業連合会　標準化推進部　次長
　　明治大学大学院理工学研究科博士後期課程修了［博士（学術）］
　　主な著書に『安全の国際規格第2巻　機械安全』（共著，日本規格協会）

機械・設備のリスク低減技術
―セーフティ・エンジニアの基礎知識

定価：本体 2,800 円（税別）

2013 年 7 月 16 日　第 1 版第 1 刷発行

監　　修　向殿　政男
発 行 者　田中　正躬
発 行 所　一般財団法人　日本規格協会
　　　　　〒 107-8440　東京都港区赤坂 4 丁目 1-24
　　　　　　　　　　　http://www.jsa.or.jp/
　　　　　　　　　　　振替　00160-2-195146

印 刷 所　日本ハイコム株式会社
製　　作　株式会社大知

© Masao Mukaidono, et al., 2013　　　　Printed in Japan
ISBN978-4-542-30701-8

- 当会発行図書，海外規格のお求めは，下記をご利用ください．
  営業サービスユニット：（03）3583-8002
  書店販売：（03）3583-8041　注文 FAX：（03）3583-0462
  JSA Web Store：http://www.webstore.jsa.or.jp/
- 落丁，乱丁の場合は，お取替えいたします．
- 内容に関するご質問は，本書に記載されている事項に限らせていただきます．書名及びその刷数と，ご質問の内容（ページ数含む）に加え，氏名，ご連絡先を明記のうえ，メール（メールアドレスはカバーに記しています）又は FAX（03-3582-3372）にてお願いいたします．電話によるご質問はお受けしておりませんのでご了承ください．

リスクマネジメント関連図書

安全の国際規格 第1巻
安全設計の基本概念
ISO/IEC Guide 51 (JIS Z 8051)
ISO 12100 (JIS B 9700)
向殿政男 監修
宮崎浩一・向殿政男 共著
A5判・158ページ 定価1,890円(本体1,800円)

対訳 ISO 31000:2009 (JIS Q 31000:2010)
リスクマネジメントの国際規格
[ポケット版]
日本規格協会 編
新書判・184ページ
定価2,940円(本体2,800円)

安全の国際規格 第2巻
機械安全
ISO 12100-2 (JIS B 9700-2)
向殿政男 監修
宮崎浩一・向殿政男 共著
A5判・222ページ 定価2,625円(本体2,500円)

ISO 31000:2009 リスクマネジメント
解説と適用ガイド
リスクマネジメント規格活用検討会 編著
編集委員長 野口和彦
A5判・148ページ
定価2,100円(本体2,000円)

安全の国際規格 第3巻
制御システムの安全
ISO 13849-1 (JIS B 9705-1), IEC 60204-1
(JIS B 9960-1), IEC 61508 (JIS C 0508)
向殿政男 監修
井上洋一・川池襄・平尾裕司・蓬原弘一 共著
A5判・288ページ 定価2,625円(本体2,500円)

リスクマネジメントの実践ガイド
ISO 31000の組織経営への取り込み
三菱総合研究所
実践的リスクマネジメント研究会 編著
A5判・160ページ
定価1,890円(本体1,800円)

機械・設備のリスクアセスメント
セーフティ・エンジニアがつなぐ,
メーカとユーザのリスク情報
向殿政男 監修
日本機械工業連合会 編
川池襄・宮崎浩一 著
A5判・310ページ 定価3,570円(本体3,400円)

OHSAS 18001:2007
労働安全衛生マネジメント
システム 日本語版と解説
監修 吉澤 正
岡本和哉・雫文男・豊田寿夫・平林良人・吉澤 正 著
A5判・286ページ 定価4,830円(本体4,600円)

電気・電子・機械系実務者のための
CEマーキング対応ガイド
梶屋俊幸・渡辺潮 共著
A5判・136ページ
定価1,680円(本体1,600円)

OHSAS 18001:2007/18002:2008
労働安全衛生マネジメント
システム-活用ガイド
豊田寿夫 著
A5判・148ページ
定価1,680円(本体1,600円)

安全とリスクのおはなし
－安全の理念と技術の流れ－
向殿政男 監修／中嶋洋介 著
B6判・182ページ
定価1,470円(本体1,400円)

やさしいシリーズ8
[2007年改正対応]
労働安全衛生(OHSAS)入門
平林良人 著
A5判・112ページ
定価945円(本体900円)

JSA 日本規格協会 http://www.webstore.jsa.or.jp/